알기 쉬운
건축설계도 그리는 법

| 편집부 엮음 |

BM (주)도서출판 성안당

머 리 말

건축설계도는 설계자가 의도하는 바를 현장의 실무자들에게 충분히 전달할 수 있도록 꾸며져야 한다.

그러나 건축설계도를 잘 그리기란 그리 쉬운 일이 아니다. 이에는 꾸준한 노력과 많은 시간이 요구된다. 그런데, 그러한 노력과 시간을 최대한으로 단축하면서 효과적으로 설계도면을 잘 그릴 수 있도록 도와줄 만한 길잡이는 그리 흔하지 않은 것 같다. 이러한 상황 하에서 건축학도들에게 조금이나마 도움을 줄 수 있는 방법은 없을까 하고 고심하던 끝에 이 책을 출판하게 되었다.

설계도면을 신속하고 정확하게 그릴 수 있는 방법은 설계도면 중에서 가장 중요한 부분을 재빨리 발췌해서 한 장의 도면에 많은 내용을 절도 있고 중복되지 않게 잘 표현하며, 어느 사람에게나 충분히 이해가 가도록 할 수 있는 능력을 키우는 것이다.

많은 설계도면 중 가장 중요하게 활용되면서 큰 역할을 하는 것이 주단면 상세도이다. 즉, 주단면 상세도를 잘 그린다는 것은 건축설계도 전부를 잘 그린다는 것과 같다.

이 책에서는 제도의 규약이나 각종 표시 기호와 기초적인 제도 방법은 「알기 쉬운 건축설계도 보는 법」에 있으므로 생략하고, 주로 주요 상세도를 예를 들면서 분석 설명하였다. 실습 과제를 알기 쉬운 것부터 차례로 첨부하였으므로 제도판에서 반복 연습하면 어떠한 어려운 설계라도 신속 정확하게 잘 그릴 수 있게 되리라고 믿는다.

더욱 효과적으로 이 책을 이용하려면 되도록 프리핸드(free hand)로 도면을 그려나가면서 그 내용을 익히도록 한다.

끝으로 원고 정리와 교정에 수고를 아끼지 않은 김한순 조교와 이 책을 발간하여 주신 성안당 이종춘 회장님께 깊은 감사를 드리는 바이다.

차 례

1. 설계도면에서의 주단면 상세도

주단면상세도를 그리기 전에 우선 주단면 상세도를 포함하는 설계도 전체에 대하여 일반적인 개념을 파악해 주기 바란다. 그리고, 전체 설계도에서 주단면상세도가 얼마나 중요한 역할을 하고 있는가를 정확히 인식해 주기 바란다.

1-1 설계도에는 어떠한 종류가 있는가

설계가 진행되어 가는 순서는 일반적으로 건축주의 여러 가지 요구를 정리한, 약설계(기본설계라고도 함)로부터 시작되고, 건축주와 설계자가 여러번 협의를 거쳐서 최종 계획안이 이루어진 후에 본설계에 들어가는 것이다. 본설계는 도급계약 및 공사실시에 대한 기준이 되는 것이므로 정확하게, 그리고 신속하게 진행할 것이 요구된다. 본설계도는 보통 일반도, 구조도, 설비도 등으로 분리되어 다음과 같은 도면이 작성된다.

표 1-1 본설계도의 종류

일반도	배치도, 평면도, 입면도, 단면도, 반자평면도, 전개도, 단면상세도, 각부상세도, 지붕평면도, 마무리표, 창호표, 투시도
구조도	기초평면도, 바닥틀평면도, 지붕틀평면도, 골조도 기타
설비도	급배수·위생설비도, 급탕·가스설비도, 공기조화설비도, 전기설비도, 기계설비도 기타

1-2 각 도면은 제각기 어떠한 역할을 하고 있는가

배치도

배치도는 건축물을 대지 중의 어느위치에 건축하는 가를 나타내는 도면이다. 그리고, 방위와 도로와의 관계 등을 그린다.

오늘날에 특히 중요시되는 용도지역이나 주위환경 등에 따라서 건축법규상의 제약이나 도시계획과 건축행정상 규제(건폐율, 용적률, 높이제한, 건축선 등)를 받는 일이 있다(그림 1-1).

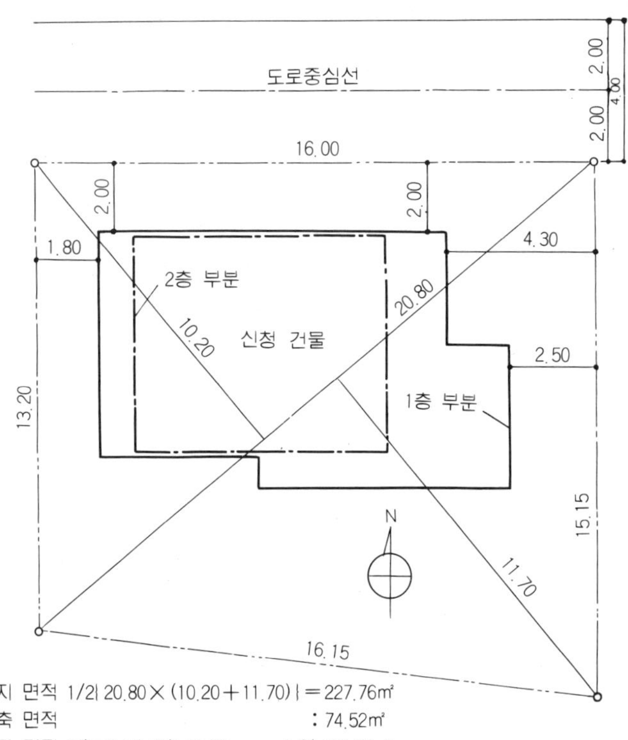

그림 1-1 배치도의 예(1/100)

대지 면적 1/2l 20.80×(10.20+11.70)l = 227.76㎡
건축 면적 : 74.52㎡
바닥 면적 1층 74.52 2층 45.36 : 연 119.88㎡

평면도

평면도는 보통 Plan이라고도 말하며, 도면 중에서 가장 기본이 되는 중요한 것이다. 평면도는 건축물의 각층을 일정한 높이(바닥상단으로부터 창문중간 정도까지의 거리)를 수평으로 절단하여 그것을 위에서 아래로 내려다 본 수평투영도이다. 그리고, 기둥, 벽, 출입구, 바닥 마무리, 계단 등을 평면표시 기호나 구조표시 기호를 표시하고, 방의 명칭이나 치수선과 치수 등을 그린다(그림 1-2).

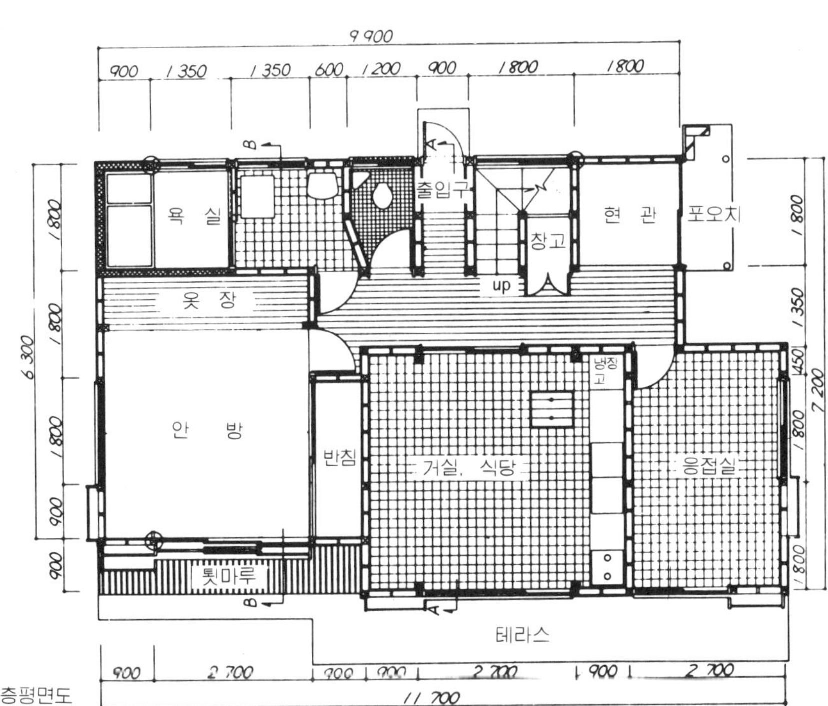

1층평면도

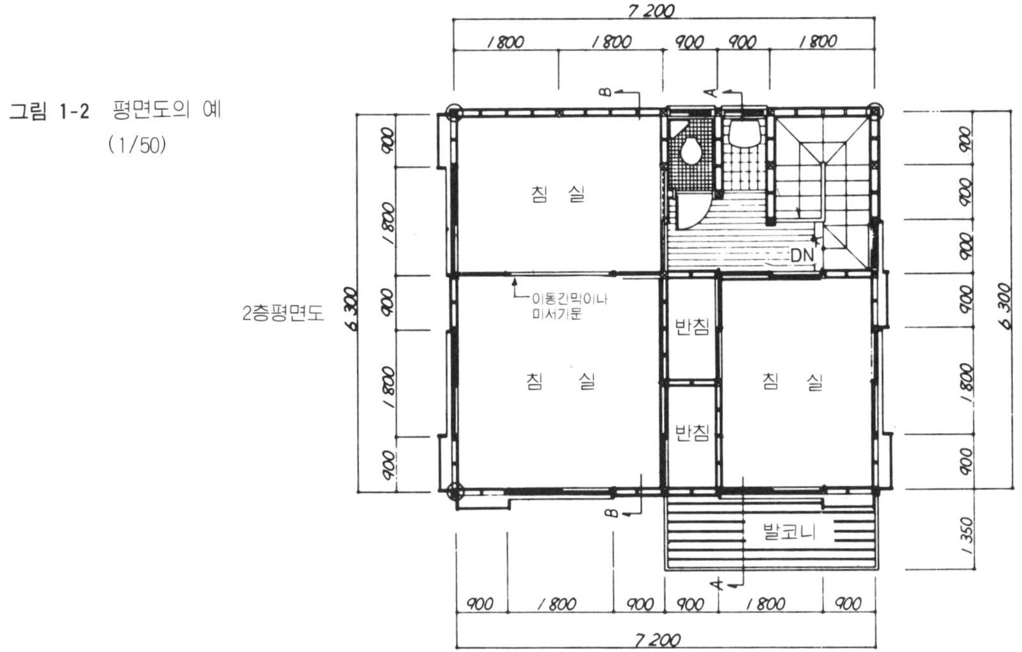

2층평면도

그림 1-2 평면도의 예
(1/50)

입면도

입면도는 정투상도 혹은 엘레베이션(elevation)이라고도 말하며, 완성된 건축물의 수직투영도이다. 입체구성을 확실하게 한다. 원칙으로는, 외관에서 보이는 모든 것을 방향에 따라서 보통 4면을 그린다. 또, 평면도가 원형이나 다각형인 경우에는 외관을 전개도로써 표현한다(그림 1-3).

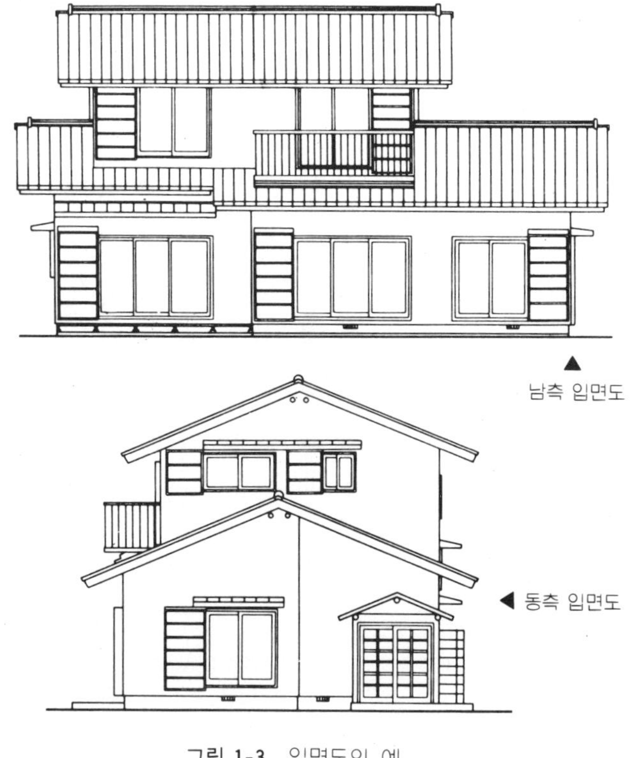

그림 1-3 입면도의 예

단면도

단면도는 건축물을 세로 또는 가로로 수직으로 절단한 절단면과 끝에 보이는 입면을 표현하는 도면이다. 그리고, 건축물의 대지 관계나 실내고저 등을 나타내는 역할도 하고, 특히 바닥높이의 고저가 큰 경우나 건축물이 경사지에 세워지는 경우에는, 평면도나 입면도만으로는 표현하기 어려우므로, 중요한 도면이 된다. 이런 경우, 바닥 밑부분이나 천정이면은 그리지 않는 것이 보통이다(그림 1-4).

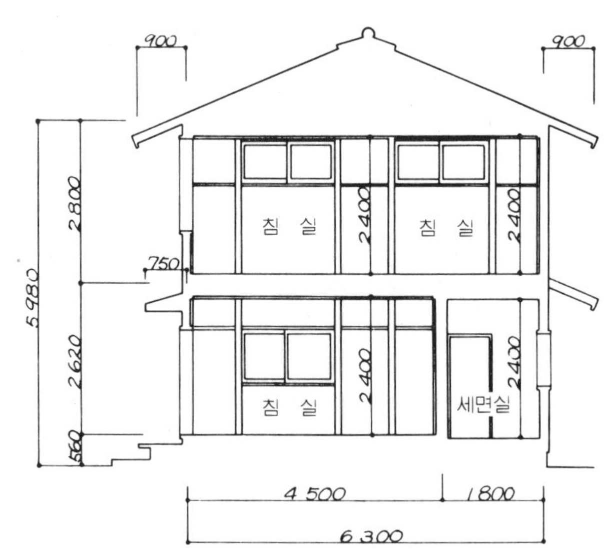

그림 1-4 단면도의 예
(그림 1-2의 B-B단면 1/100)

천정평면도

천정평면도는 천정의 마무리면을 밑에서부터 올려다 본 상태로서, 천정의 마무리 상태를 나타낸다(그림 1-5).

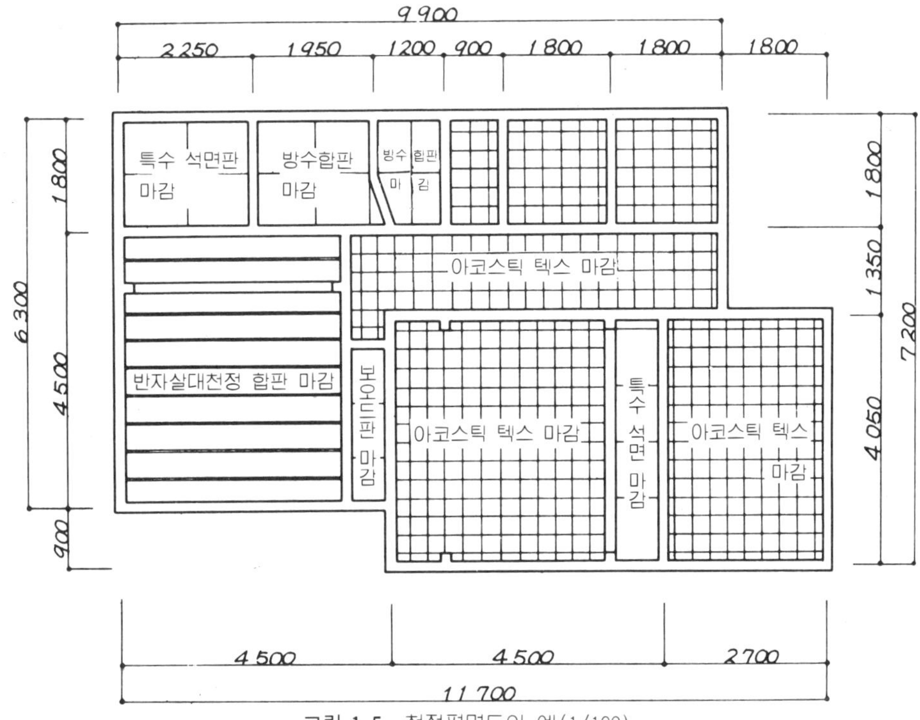

그림 1-5 천정평면도의 예(1/100)

전개도

전개도는 건축물의 각 방에서 볼 수 있는 4방의 벽면을 입면도로써 표현하기 위한 도면이다. 각 방마다의 실내 마무리 상태, 형상, 설비 등을 바닥 상단에서 천정 하단까지 그린다(그림 1-6).

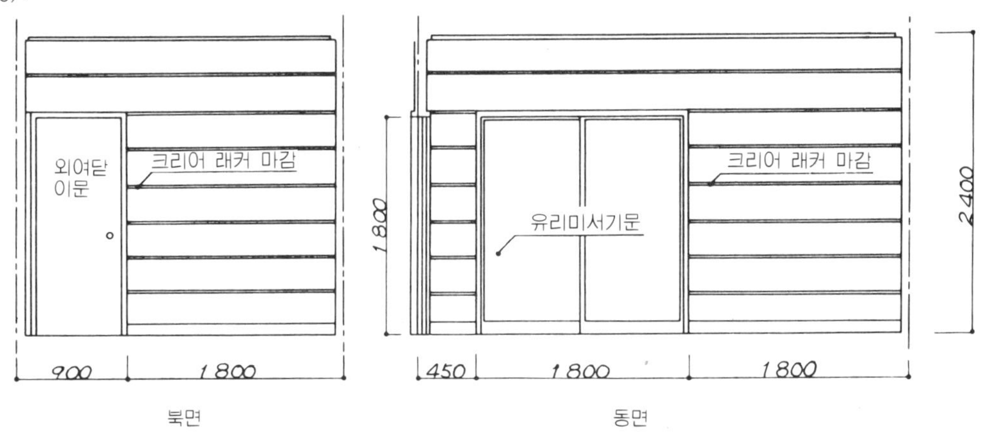

그림 1-6 전개도의 예(1/50)

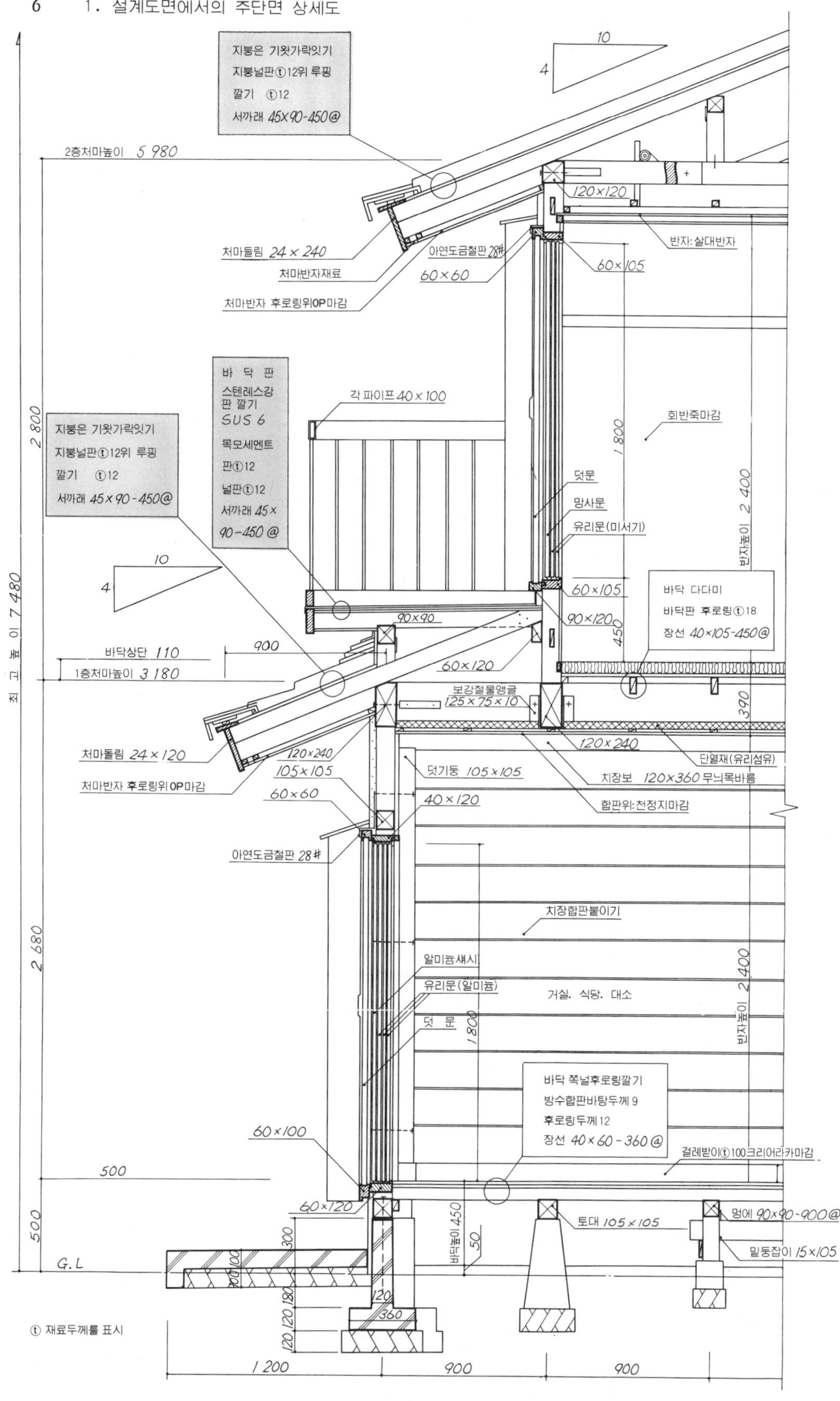
지붕은 기왓가락잇기
지붕널판 ⓣ12위 루핑
깔기 ⓣ12
서까래 45×90-450@
10
4
2층처마높이 5 980
처마돌림 24 × 240
처마반자재료
처마반자 후로링위OP마감
아연도금철판 28#
60×60
120×120
반자: 살대반자
60×105
1 800
회반죽마감
바 닥 판
스텐레스강
판 깔기
SUS 6
목모세멘트
판ⓣ12
널판ⓣ12
서까래 45×
90-450 @
지붕은 기왓가락잇기
지붕널판 ⓣ12위 루핑
깔기 ⓣ12
서까래 45×90-450@
각 파이프 40×100
덧문
망사문
유리문(미서기)
60×105
90×120
바닥 다다미
바닥판 후로링ⓣ18
장선 40×105-450@
반자높이 2 400
450
10
4
바닥상단 110
900
1층처마높이 3 180
90×90
60×120
보강철물앵글
125 × 75 × 10
120×240
단열재(유리섬유)
처마돌림 24 × 120
처마반자 후로링위OP마감
120×240
105×105
60×60
아연도금철판 28#
덧기둥 105×105
40×120
치장보 120×360 무늬목바름
합판위: 천정지마감
390
치장합판붙이기
알미늄섀시
유리문(알미늄)
덧 문
거실. 식당. 대소
1 800
반자높이 2 400
바닥 쪽널후로링깔기
방수합판바탕두께 9
후로링두께 12
장선 40×60-360@
걸레받이ⓣ100크리어라카마감
60×100
500
60×120
바닥높이 450
50
토대 105×105
멍에 90×90-900@
밑둥잡이 15×105
최 고 높 이 7 480
2 800
2 680
500
G.L
ⓣ 재료두께를 표시
120 120 120 180
120
360
100 100 100
1 200
900
900

주단면 상세도

주단면 상세도는 건축물의 단면도에 기준이 되는 부분을 표현하는 도면이다. 그리고, 건축물 단면 치수나 구조의 대략 등을 나타내는 가장 중요한 도면으로서, 각부 상세도의 기본도도 되며, 직접 공사에도 관계된다. 원칙으로는 기초의 밑부분에서부터 지붕 처마끝부분까지를 그린다(그림 1-7).

각부 상세도

각부 상세도는 주단면 상세도에 표현되지 않은 중요한 부분, 예를 들면 현관, 계단, 화장실, 욕실 등의 단면이 이해되기 어려운 부분의 구조, 마무리, 치수 등을 표현하는 도면이다(그림 1-8).

지붕 평면도

지붕평면도는 지붕의 형태나 마무리면을 위에서 본 상태로서, 현지붕의 모양, 지붕이음재료와 잇는 방법 등을 나타낸다(그림 1-9).

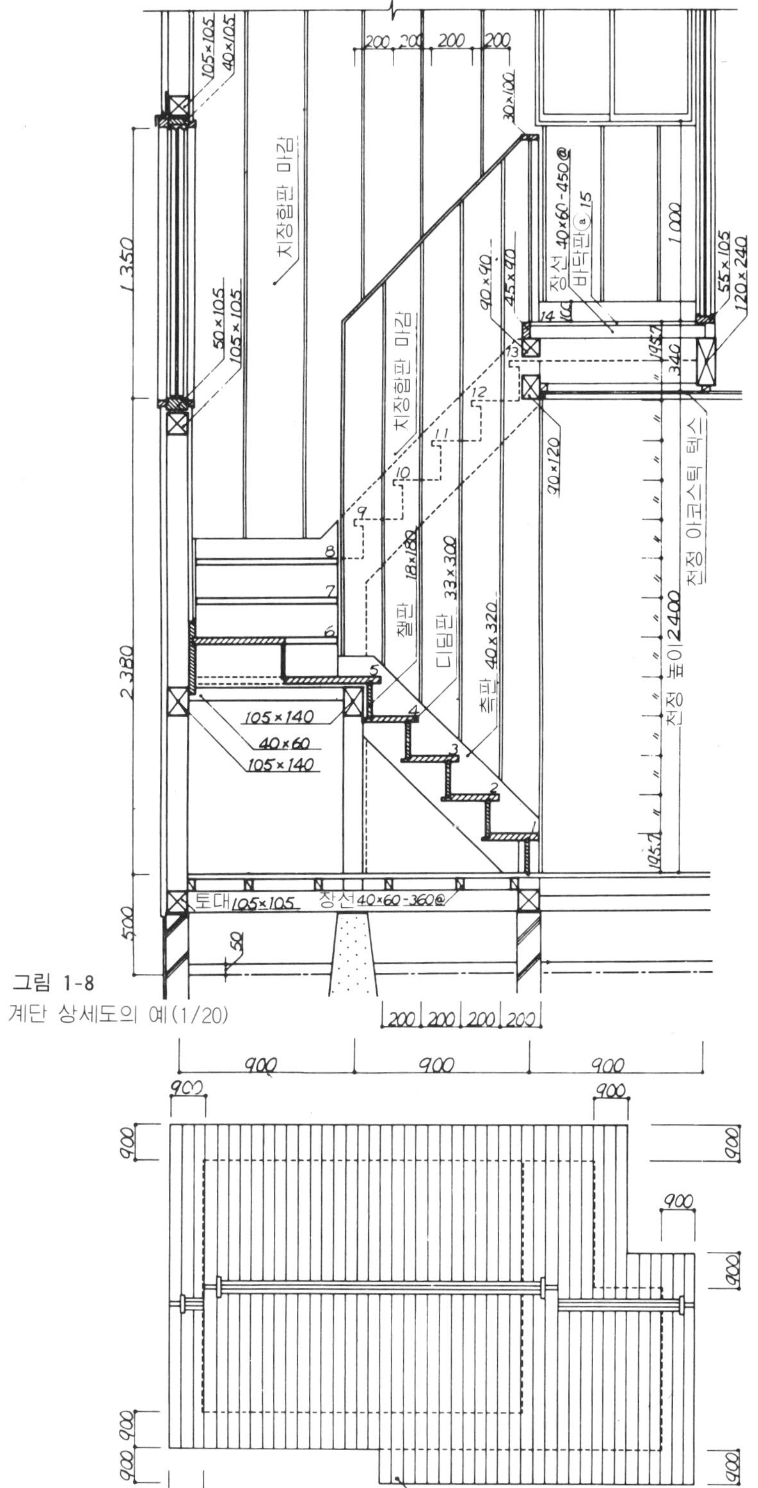

그림 1-8
계단 상세도의 예(1/20)

그림 1-9   지붕 평면도의 예(1/100)

마무리표

마무리표는 건축물 외부의 마무리 방법과 내부의 마무리 방법을 일람표로 표현한다. 상세도를 작성하거나 다른 도면에 그려지는 마무리 내용의 정리를 위해서 만들어지는 것이다.

창호표

창호표는 평면도나 상세도에서 창호만을 뽑아내 일람표로 표현한다. 그리고, 창호의 모양, 치수, 재료, 사용장소 등을 나타내는 것이다.

투시도

투시도는 설계된 건축물을 완성하였을 때의 모양을 완성예상도로서 그리는 도면이다. 보통 외관과 실내를 그린다.

기초 평면도

기초 평면도는 기초의 배치, 형태, 종류, 크기 등을 평면도로써 표현하는 도면이다. 목재나 철골조의 경우에는 기초의 종류, 형태, 크기, 위치, 앵커볼트의 배치 등을 나타내며, 그리고 철근콘크리트조의 경우에는 앞에 서술한 것 이외에 지중보의 단면도 등을 그린다(그림 1-10).

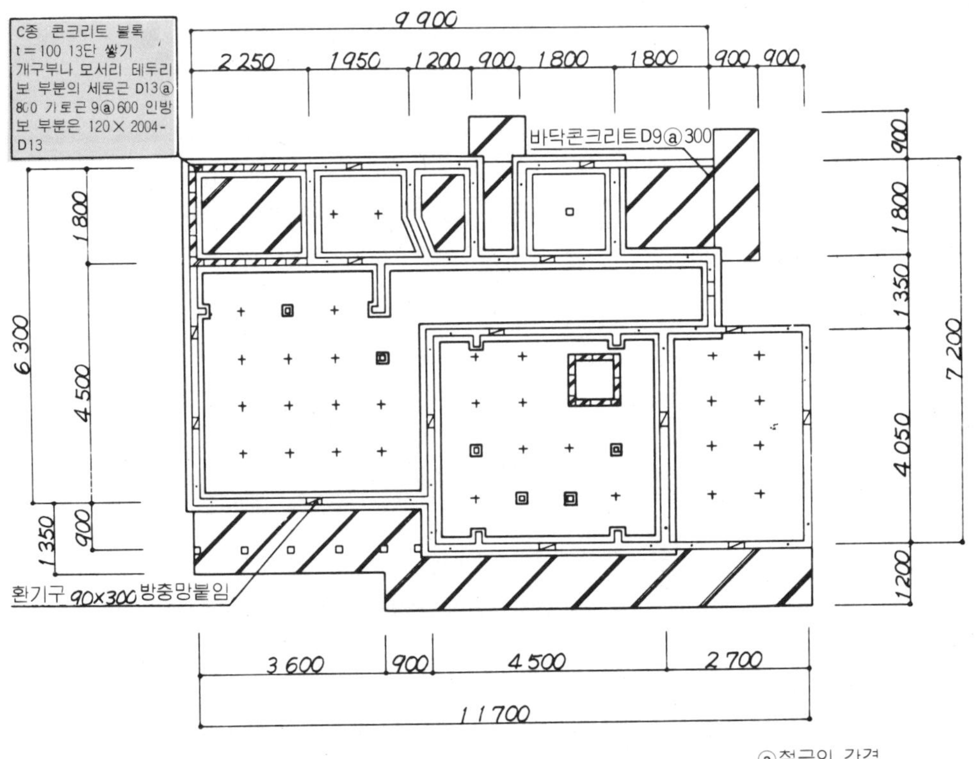

그림 **1-10**(a)   기초평면도의 예(1/100)

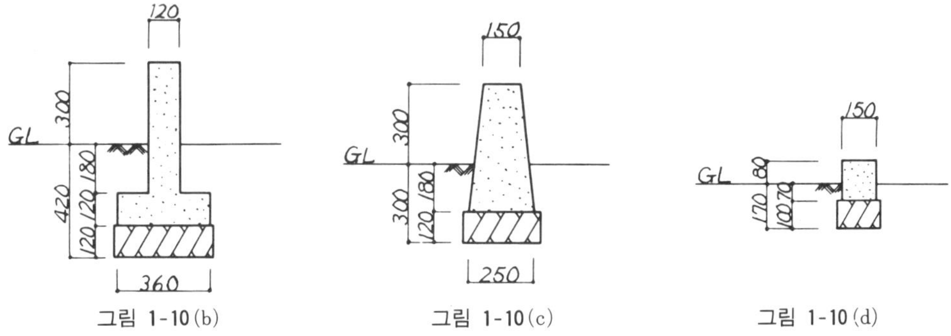

그림 1-10(b)   그림 1-10(c)   그림 1-10(d)

바닥평면도

바닥평면도는 토대, 멍에, 장선의 위치 등 바닥구조를 평면도로써 표현하는 구조도이다. 2층 이상의 바닥평면도는 보 바닥의 배치도라고도 한다. 목조의 경우, 1층 바닥에 대해서는 토대, 멍에, 장선의 위치 등을 그리고, 2층 바닥에 대해서는 층보를 거는법, 장선의 위치 등을 그린다. 철근 콘크리트조의 경우는 각층의 보나 바닥배치를 그리며, 더 나아가서는 큰보, 작은보의 위치 단면도를 그린다(그림 1-11).

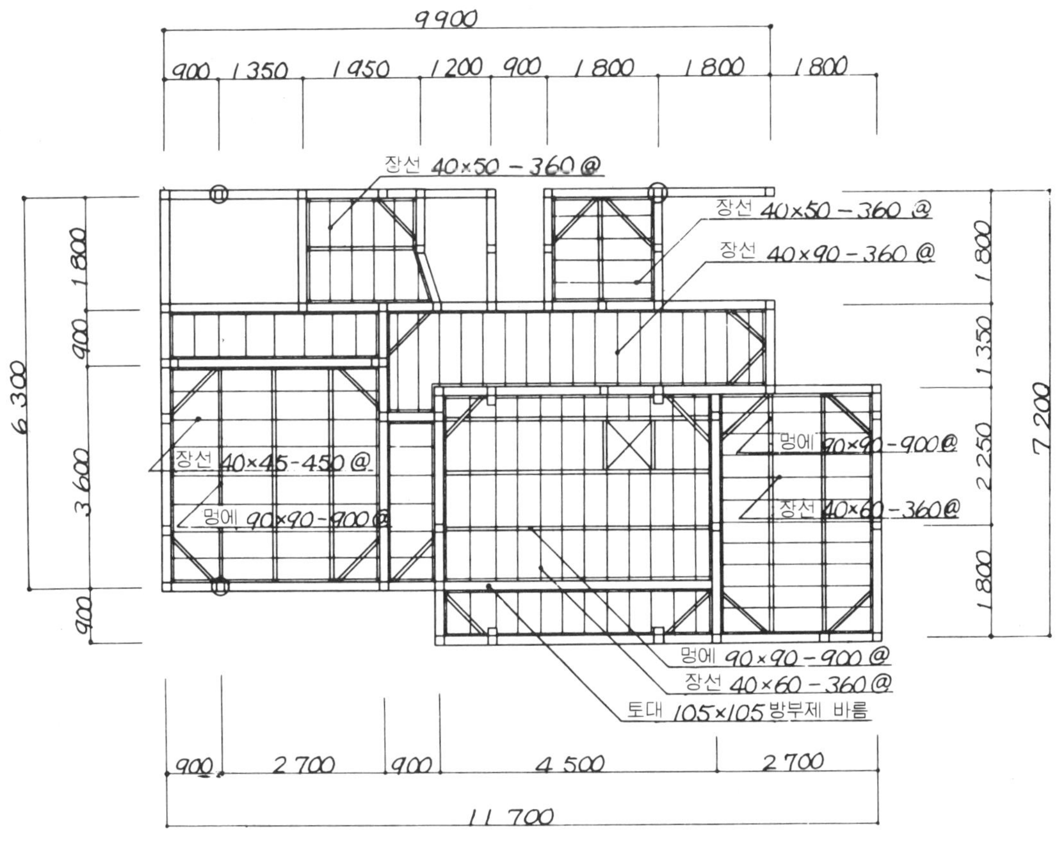

그림 1-11 1층바닥 평면도의 예(1/100)

지붕평면도

지붕평면도는 지붕과 천정 사이의 지붕의 뼈대를 평면도로써 표현하는 도면이다. 목조의 경우에는 도리, 보, 중도리, 서까래, 지붕널판 등을 그리고, 철골조의 경우에는 중도리면과 人자보면을 그린다. 철근 콘크리트조의 경우에는 지붕평면도를 그린다(그림 1-12).

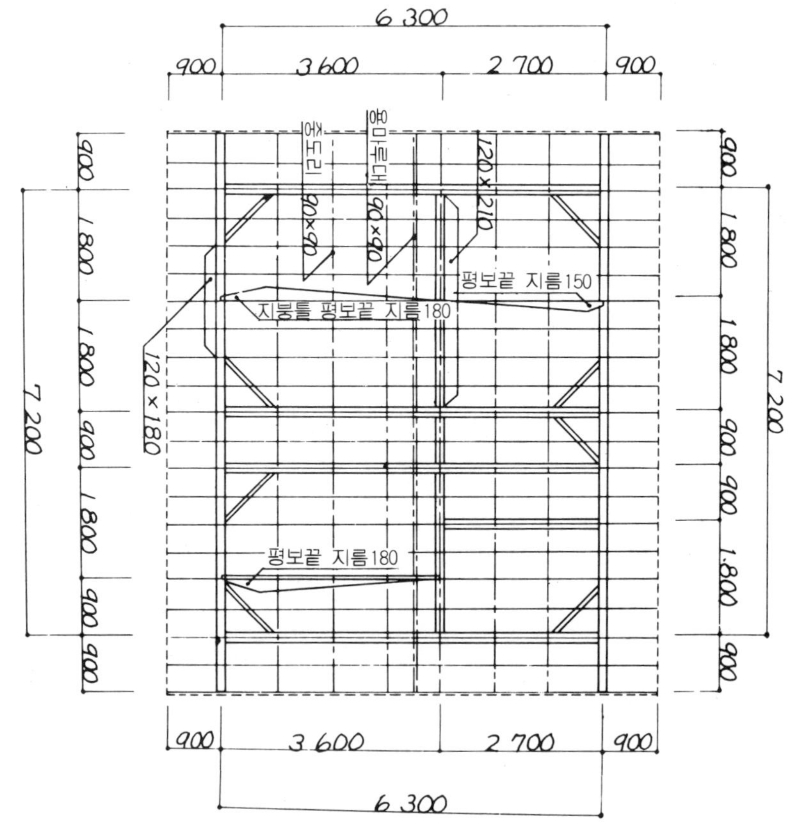

그림 **1-12** 2층 지붕평면도의 예(1/100)

뼈대도

뼈대도는 외벽, 칸막이벽에서 마무리 기초 부분을 제거한 벽의 뼈대를 입면도로써 표현한 도면이다. 목조의 경우, 평벽식에 관해서는 기초, 토대, 인방보, 기둥, 샛기둥, 가새, 층도리 등을 그리고, 심벽식에 관해서는 상술한 것 외에 창대, 창인방보 등을 그린다. 철골재의 경우에는 기초, 기둥, 가새, 트러스, 지붕틀 가새 등을 그린다(그림 1-13).

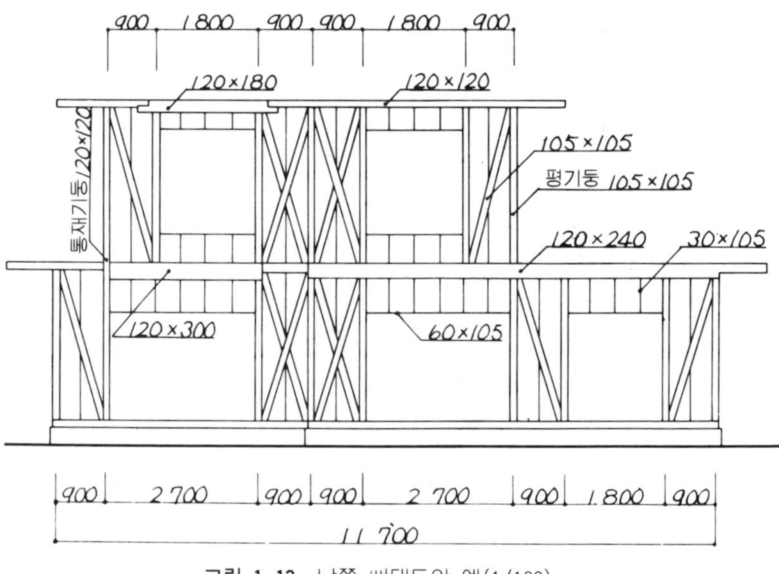

그림 **1-13** 남쪽 뼈대도의 예(1/100)

기타의 도면

설계도에는 포함되어 있지 않으나, 실시 설계도와 실적도가 있다. 실시 설계도는 일반적인 설계도가 현장에서 다시 검토되어 시공에 착오가 없도록 문제를 해결, 시공상 필요에 의해서 작성하는 도면이다. 실적도는 설계도를 기본으로 하여 주단면 상세도에서, 특히 복잡한 부분 (상세를 요하는 부분)을 커다란 제도판 위에 실물크기로 그리는 도면이다. 특히, 철골구조에 서는 없어서는 안되는 도면이다.

설비도

설비도는 배관, 배선, 덕트 등으로 표시되어 밸브, 코크, 기기는 어느 것이나 정해진 기호로 나타낸다.

1—3 설계도면에서의 주단면 상세도

건축물의 설계도에는 이와 같이 많은 종류의 도면이 있다. 이 도면이 필요에 따라 작성되어, 대규모적인 건축물 설계에서는 설계도의 매수가 상당한 매수에 달한다. 이것은 건축물이 입체적인 것이고, 더우기 내부에 생활 공간을 구성하기 때문이다. 따라서, 많은 매수의 도면을 보는 건축기술자는 그것들의 상호 관련을 통하여 입체적인 하나의 건축물을 볼 수 있어야 한다. 또, 이 도면을 그리는 설계자들은 이 많은 매수의 도면이 상호간에 모순이 없도록 신중히 작성하여 하나의 건축물을 완전하게 표현하여야 한다. 이를 위해서는 도면 상호간의 관련성과 도면 작성순서를 충분히 습득하여야 한다.

도면의 싱호 관계

이제까지 서술한 각종의 설계도면은 상호간에 관계가 깊은 것이지만, 비교적 관련이 적은 것도 있다. 각종 설계도면은 상호간의 관계를 도면으로 표현하면 그림 1-14와 같이 된다. 즉, 이것들의 관련을 구체적으로 설명하면 그림 1-15와 같이 되고, 아래에서부터 순서를 잡아 Ⓐ의 기초평면도, Ⓑ의 바닥평면도, Ⓒ의 마무리치수 관계, Ⓓ의 천정평면도, Ⓔ의 지붕평면도의 구조와 마무리 관계, 각부의 높이 등을 표시한다. 이상, Ⓐ로부터 Ⓔ까지를 연속하여 그린 것이 주단면상세도이다.

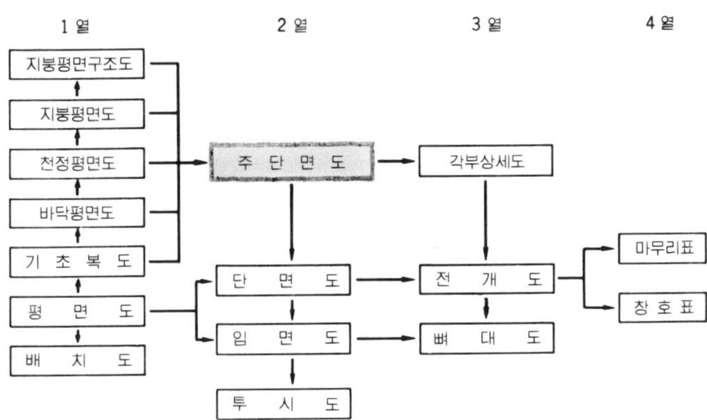

그림 **1-14** 도면의 상호 관계

이처럼 주단면상세도는 각 부분의 구조와 각종 수평 단면도를 연결시켜서 생각하지 않으면 정확하게 그릴 수가 없다.

주단면상세도의 역할

그림 1-14에서 예를 든 것처럼 건축물의 수평면상의 표현을 나타내는 것이 제1열 도면이고, 그중에서 가장 기본이 되는 것이 평면도이다. 또, 수직면상의 표현을 나타내는 것이 제2열의 도면이며, 그 기준이 되는 것이 주단면상세도이다. 이처럼, 주단면상세도는 평면도와 함께 많은 설계도면 중에서도 기준이 되는 도면으로서, 이것이 자세히 그려지지 않으면, 건축물의 입체적인 표현은 혼란을 일으키게 될 것이다.

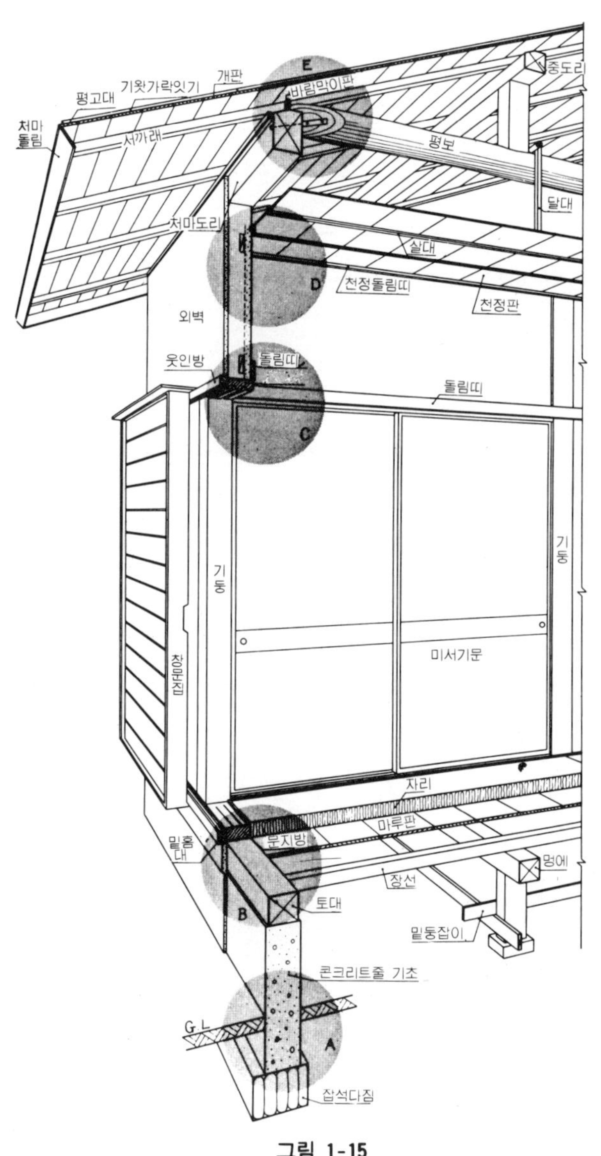

그림 1-15

2. 주단면상세도에서 중요한 포인트

주단면 상세도는 다른 도면에 비하여 상세히, 시간을 들여서 그린다, 이것은 도면의 밀도를 높게 해서 설계자의 생각이나 그 건물의 성격을 관계자에게 가능한 한 정확히 이해시켜야 하기 때문이다. 그리고, 견적이나 시공을 용이하게 할 수 있게 각 포인트(Point)를 상세히 그려야 한다..

2—1   주단면상세도에는 무엇을 표현하는가

주단면상세도는 앞에서 서술한 바와 같이, 건축물의 구조상 기준이 되는 대표적인 부분(목조 주택을 예로 들면 남쪽거실이나 객실 등의 외벽 개구부 부분)의 단면을 기초 밑부분에서 지붕 처마끝까지 1/20 정도의 축척으로 상세히 나타내어, 건축물 전체의 구조적인 기준을 삼는 것 이다. 그러므로, 주단면상세도에는 우선 각 부분에 사용되는 재료의 재질, 치수, 배치, 각 재 료의 배합, 마무리 등이 명시됨과 동시에 각 부분 상호의 관계 높이가 정확히 표시되어야 한 다. 그림 2-1은 목조주택의 주단면상세도이다. 우선, 이 그림에 대하여 주단면상세도에는 무 엇을 나타내지 않으면 안되는가 하는 개요를 이해해야 한다.

2—2   주단면상세도의 치수와 표현법

이처럼 주단면상세도에서는 기초밑 부분에서 지붕처마끝 부분에 이르는 단면상세도가 보통 1/20의 축척으로 표시된다. 따라서, 각 부분의 상호 관계의 높이는 스케일을 대는 것에 따라 서 읽을 수 있는 것이지만, 중요한 부분의 높이를 나타내는 치수는 치수선을 그어서 명기해 둔다. 목조의 경우에서 설명하면, 그림 2-2에 나타낸 것과 같이, 그 치수에는 지반면(G.L), 지정(地定)의 깊이·폭, 기초의 높이, 바닥높이, 처마높이, 마무리치수높이, 창문높이, 천정높 이, 층높이, 지붕의 경사, 처마의 돌출 등이 있다. 또, 제도용지 길이가 모자랄 경우에는 그 림 2-2(b), 그림 2-3처럼 마무리치수 부분 등을 절단하여 좁혀서 그리고, 치수는 정확히 기 입한다.

지반면(G.L)

지반면이라는 것은 건축물 주위의 지면과 접하는 위치의 수평면을 말하며, 지면이 경사지거 나 凹凸이 있는 경우에는 보통 그 평균 높이의 수평면을 취하여 지반면이라고 한다.

지정(地定)의 깊이, 폭

지정의 깊이는 지반에 따라서 정한다. 그림 2-4(b)처럼 보통은 약 60㎝ 이상이고, 원칙적으 로는 동결선끝이 1m 전후로 하는 것이 좋다. 또 폭은 지면폭이 약 40㎝, 윗면폭이 약 60㎝ 이 상으로 판다. 그리고 쇄석(砕石)의 두께를 15㎝ 이상으로 깔고 버림 콘크리이트로 골고루 바 른후 그 위에 기초가 되는 콘크리이트 공사를 한다.

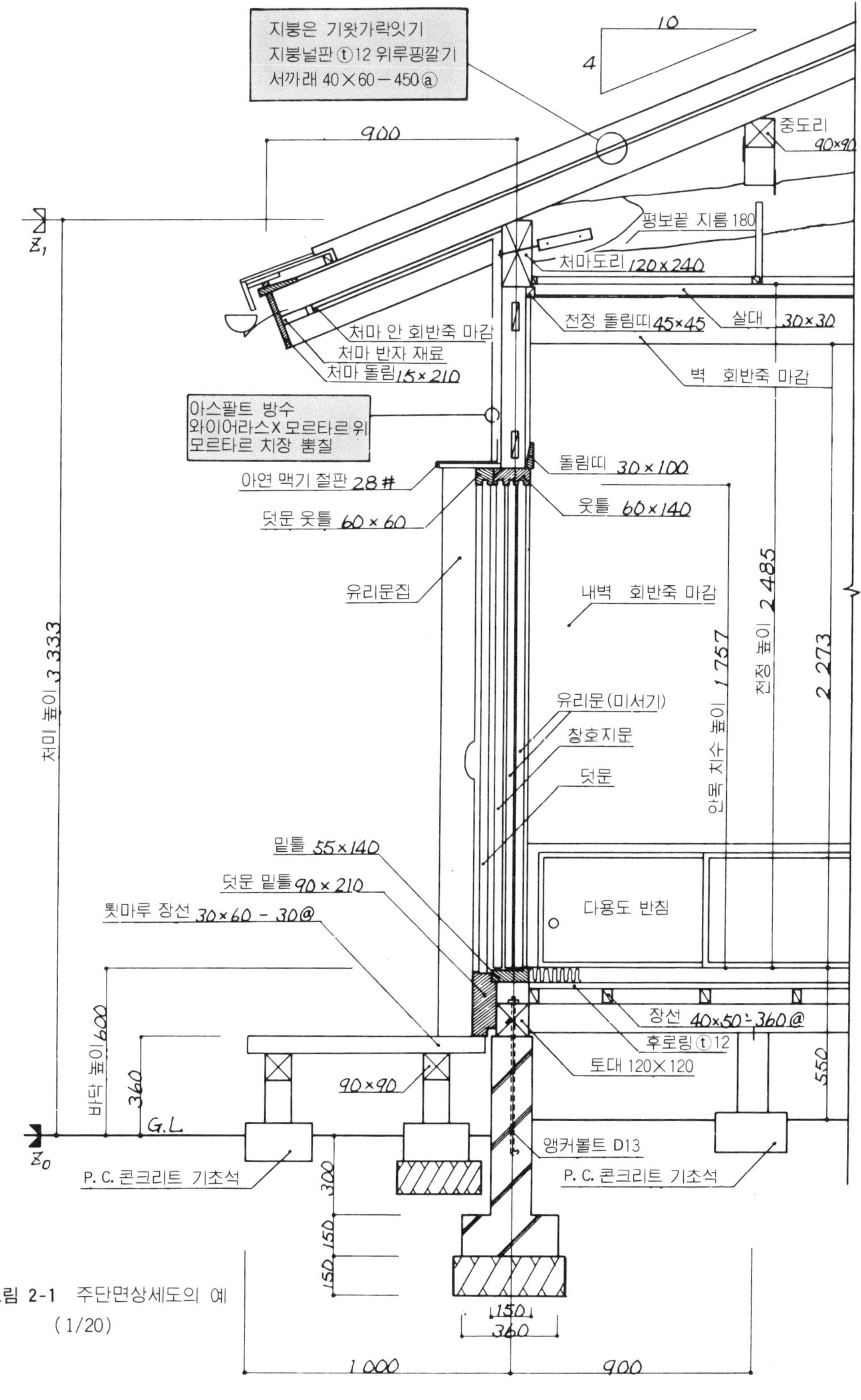
지붕은 기왓가락잇기
지붕널판 ⓣ12 위루핑깔기
서까래 40×60 — 450 ⓐ
10
4
900
중도리 90×90
평보끝 지름 180
처마도리 120×240
천정 돌림띠 45×45
살대 30×30
벽 회반죽 마감
처마 안 회반죽 마감
처마 반자 재료
처마 돌림 15×210
아스팔트 방수
와이어라스X 모르타르위
모르타르 치장 뿜칠
돌림띠 30×100
아연 맥기 절판 28#
덧문 웃틀 60×60
웃틀 60×140
유리문집
내벽 회반죽 마감
전정 높이 2 485
반자 안 지수 높이 1 757
2 273
처마 높이 3 333
유리문(미서기)
창호지문
덧문
밑틀 55×140
덧문 밑틀 90×210
툇마루 장선 30×60 — 30 ⓐ
다용도 반침
장선 40×50 — 360 ⓐ
후로링 ⓣ12
토대 120×120
550
바닥높이 600
360
G.L
90×90
300
앵커볼트 D13
P. C. 콘크리트 기초석
P. C. 콘크리트 기초석
150 150
150
360
1 000
900
Z₁
Z₀

그림 2-1 주단면상세도의 예
(1/20)

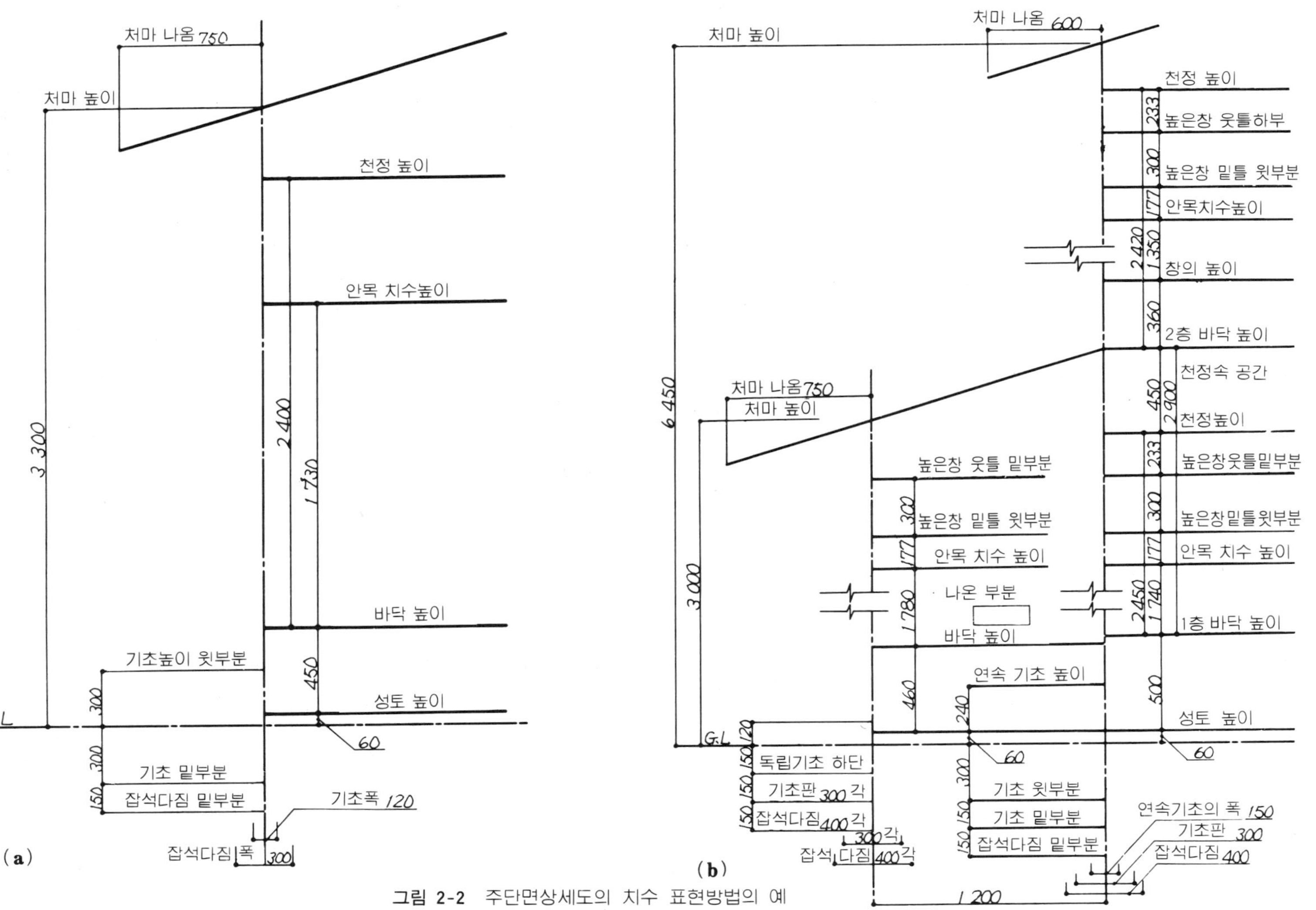

그림 2-2 주단면상세도의 치수 표현방법의 예

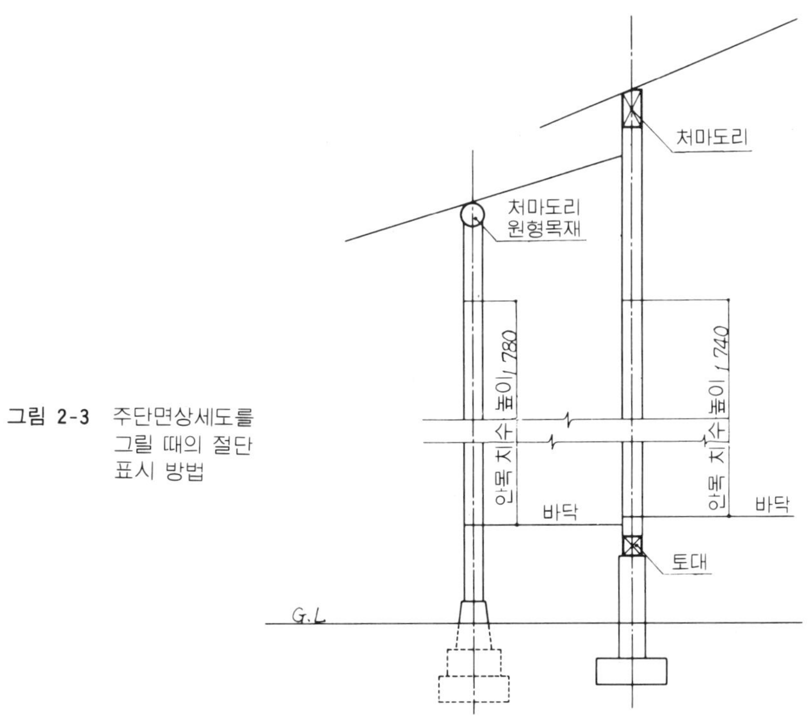

그림 2-3 주단면상세도를 그릴 때의 절단 표시 방법

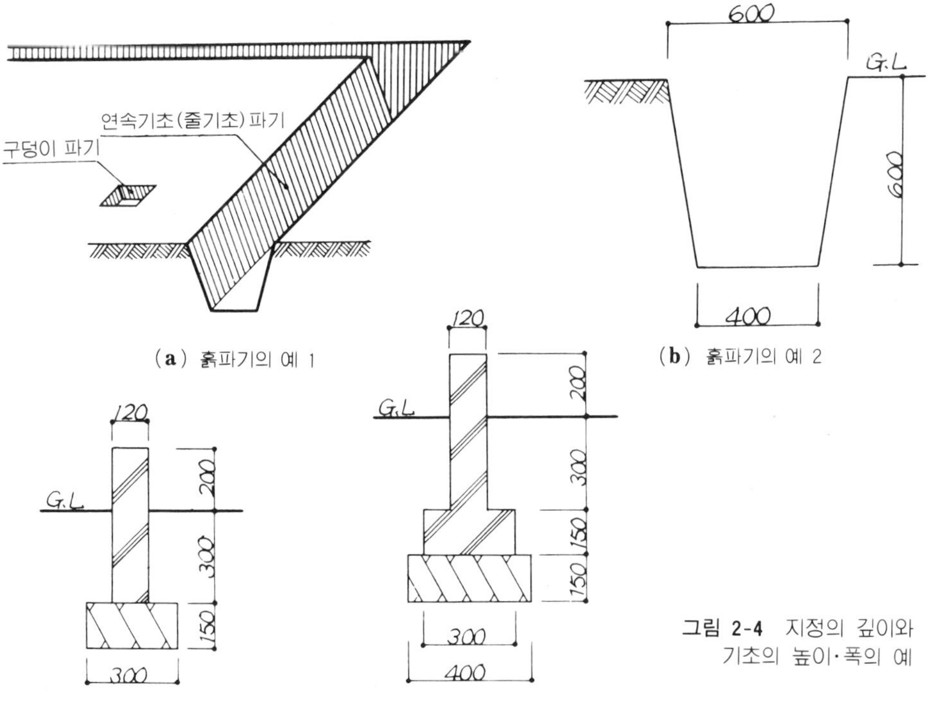

(a) 흙파기의 예 1

(b) 흙파기의 예 2

(c) 단층 건물기초의 예

(d) 2층 건물기초의 예

그림 2-4 지정의 깊이와 기초의 높이·폭의 예

기초 높이

콘크리트 연속 기초의 경우 기초의 깊이도 지반의 조건에 따라서 정한다. 그림 2-4(c), (d) 처럼 보통 단층건물은 지반면 아래로 30㎝ 이상, 2층 건물은 40㎝ 이상이다. 지반면에서의 높이는 높을수록 좋은 것이나, 보통 20㎝ 이상으로 한다. 기초의 폭은 12~20㎝, 기초 바닥의 폭은 30~50㎝ 정도이다.

바닥 높이

그림 2-2처럼 바닥밑은 지반면(G.L)에서 약 6㎝ 정도 높게 흙을 쌓는데, 그 쌓은 면에서 바닥까지의 높이를 말한다. 원칙으로는 45㎝ 이상이 되나, 여름철의 고온다습을 생각하면 높을수록 좋다.

안목 치수 높이

안목 치수 높이는 그림 2-5(a) 처럼 창호(개구부)의 높이를 말한다. 안목 치수 높이는 보통 1.73~1.76m (5.7~5.8尺) 정도이다.

창 높이

창 높이는 그림 2-5(b)처럼 바닥면부터 창문 문턱면까지의 높이를 말한다. 보통, 좌식(座式) 생활의 경우에는 36~40㎝, 입식(立式) 생활의 경우에는 70~100㎝ 정도이다. 1.2m 이상은 높은 창이므로 외부로부터는 볼 수 없다. 또, 돌출 창의 경우는 실내를 넓게 하기 위하여, 또 밝게 보이게 하기 위하여 돌출시키는 창문이고, 기둥 중심에서 45㎝ 전후에 달아야 한다.

처마 높이

처마 높이는 그림 2-2처럼 지반면에서 처마도리 상단, 또는 평보밑까지의 높이를 말한다. 보통, 단층 건물 주택에서는 3~4m 정도를 처마 높이로 결정하면 좋고, 2층 주택의 경우에는 처마 높이가 6~7m정도로 되게 잡으면 좋다.

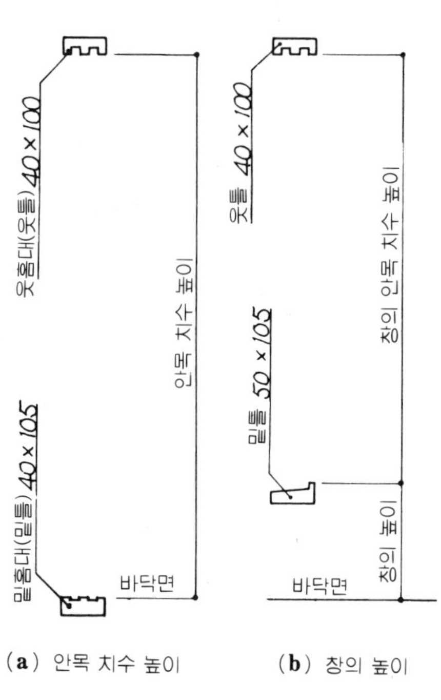

(**a**) 안목 치수 높이   (**b**) 창의 높이

그림 2-5 안목치수높이의 예

천정 높이

천정 높이는 그림 2-6처럼 바닥면에서 천정면까지의 높이를 말한다. 건축법에서는 최저 2.1 m 이상이나, 보통 2.4m 정도로 잡는다. 큰방은 천정을 높게 한다. 또, 2층 건물인 경우에는 천정속 공간이라고 하여 그림 2-2(b)처럼 1층 천정과 2층 바닥의 사이는 바닥틀 뼈대가 들어가 있을 정도의 치수가 필요하다. 보통, 45~75cm 정도이면 적당하다.

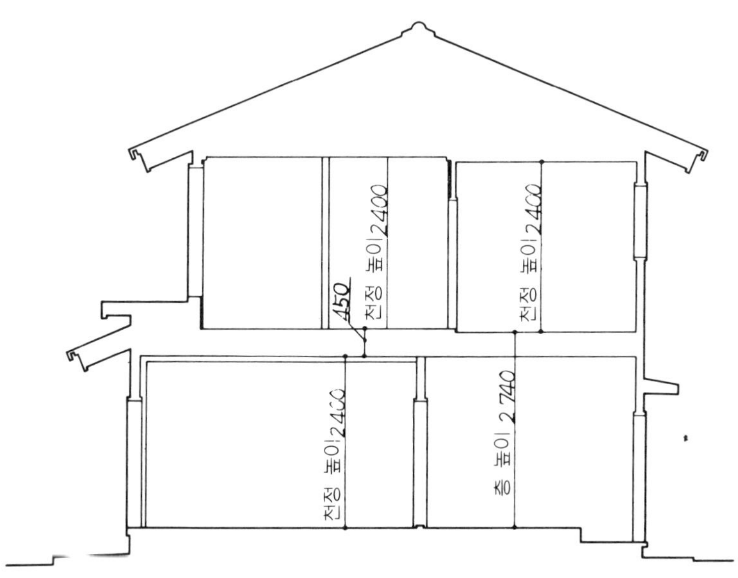

그림 2-6   천정 높이, 층 높이를 표시한 단면도의 예(1/50)

층 높이

각층의 바닥면에서 다음층의 바닥면까지의 높이를 말한다.

지붕의 물매

지붕의 물매는 지붕 잇는 재료와 방법에 따라 다르다. 지붕 잇는 재료와 지붕 물매를 표 2-1에 표시한다.

표 2·1   지붕물매의 표준

지붕 재료	물 매 (mm)	지붕 재료	물 매 (mm)
함석, 기왓가락	25 ~ 35	슬레이트(소판)	50
루 핑	20 ~ 35	골 슬 레 이 트	30
기 와	40 ~ 50	골 함 석	30

※ 물매는 수평 길이 100mm에 대한 직각삼각형의 수직높이로 나타낸다.

처마 나옴(돌출)

처마돌출은 그림 2-7(a) 처럼 처마도리 중심에서 서까래선끝까지이다. 처마돌림틀을 붙이는 경우는 그림 2-7(b)처럼 그 선끝까지이고, 치수는 보통 45~90cm 정도이다. 툇마루의 처마돌출 등은 90cm 내외 정도이면 적당하다.

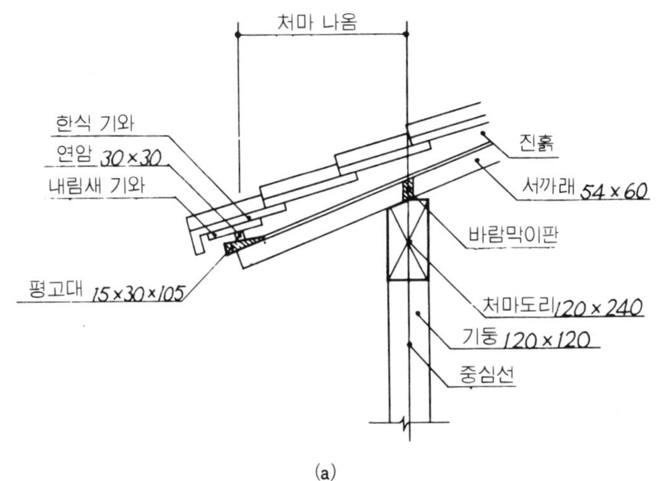

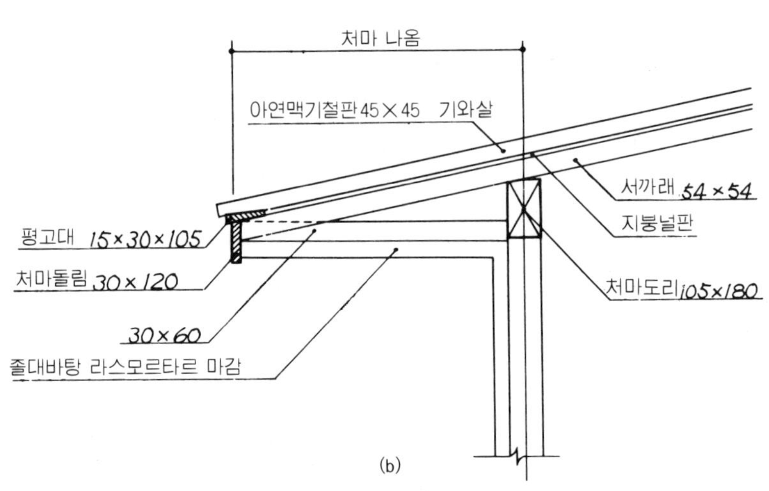

그림 2-7 처마 나옴의 예

주단면상세도는 앞에서 설명한 치수 외에 그림 2-8처럼 기둥에 붙이는 각 재료의 배치, 치수, 간격, 바닥, 벽, 천정, 지붕의 마감과 마무리 방법 등을 표시한다. 각 재료의 단면은 굵은선으로 그리고, 그림 2-9와 같이 규정된 재료 표시 기호(KS)를 사용해서 나타낸다. 단면 이외에 입면으로 보이고 있는 선은 외형선으로 그린다. 재료의 명칭이나 인출선을 인출하여 그 위에 그린다. 인출선은 치수선과 동일하게 가는 선으로 그린다.

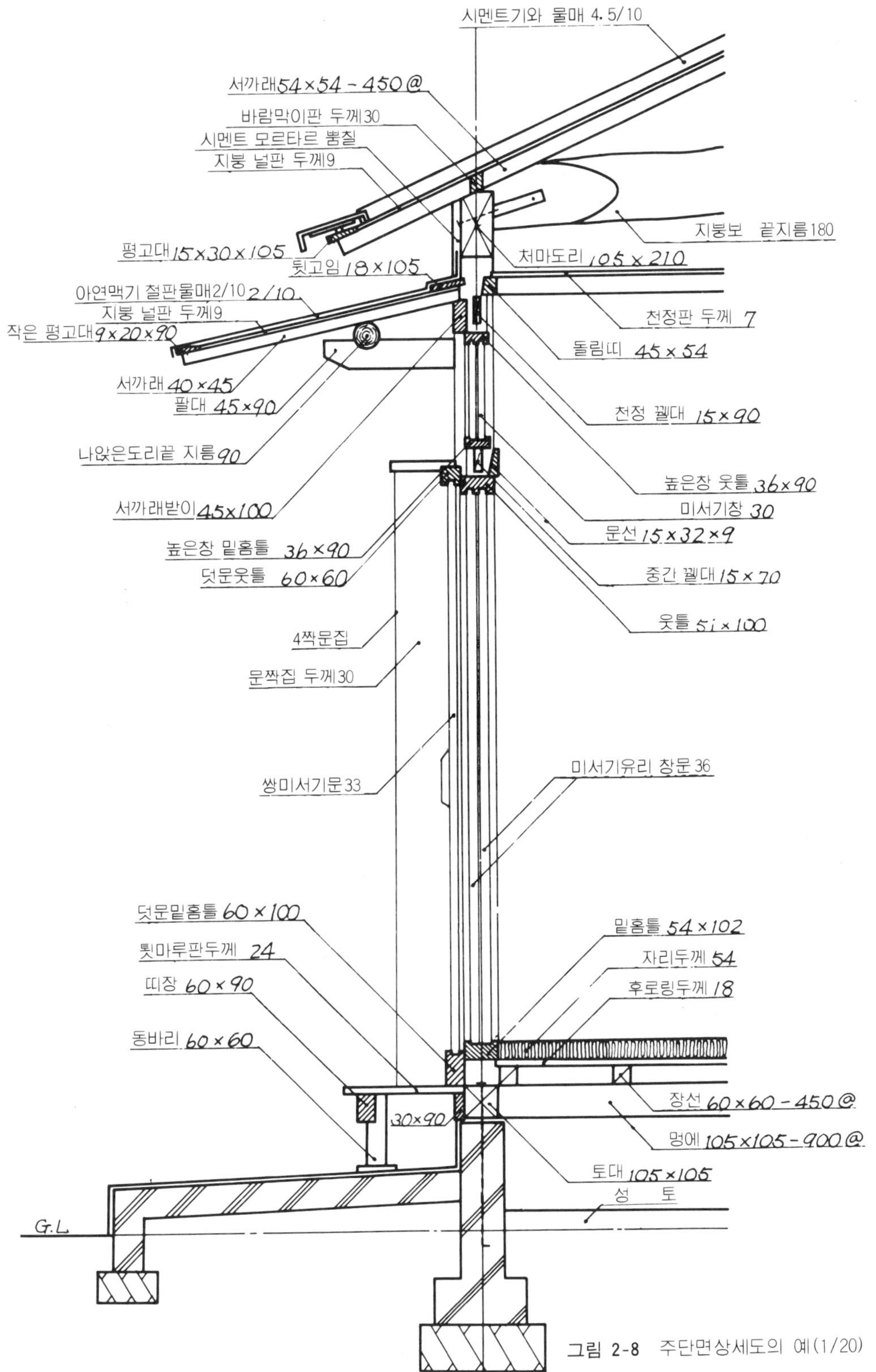

그림 2-8 주단면상세도의 예 (1/20)

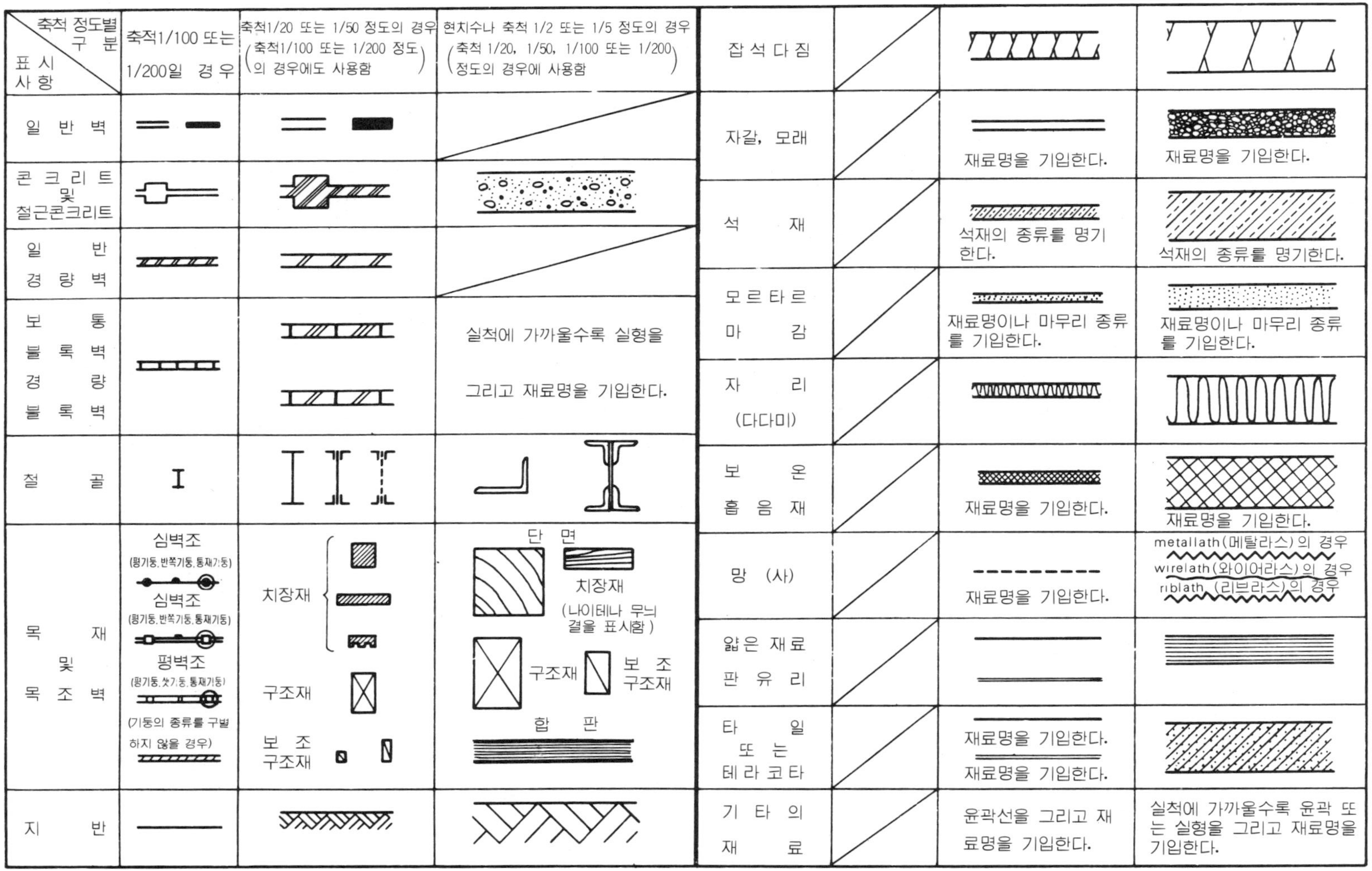

축척 정도별 구분 / 표시 사항	축척1/100 또는 1/200일 경우	축척1/20 또는 1/50 정도의 경우 (축척1/100 또는 1/200 정도의 경우에도 사용함)	현치수나 축척 1/2 또는 1/5 정도의 경우 (축척 1/20, 1/50, 1/100 또는 1/200 정도의 경우에 사용함)
일 반 벽			
콘크리트 및 철근콘크리트			
일반 경량벽			
보통블록벽 / 경량블록벽			실척에 가까울수록 실형을 그리고 재료명을 기입한다.
철 골			
목재 및 목조벽	심벽조 (평기둥,반쪽기둥,통재기둥) / 심벽조 (평기둥,반쪽기둥,통재기둥) / 평벽조 (평기둥,샛기둥,통재기둥) / (기둥의 종류를 구별하지 않을 경우)	치장재 / 구조재 / 보조 구조재	단 면 / 치장재 (나이테나 무늬 결을 표시함) / 구조재 / 보조 구조재 / 합 판
지 반			

재료			
잡 석 다 짐			
자갈, 모래		재료명을 기입한다.	재료명을 기입한다.
석 재		석재의 종류를 명기한다.	석재의 종류를 명기한다.
모르타르 마감		재료명이나 마무리 종류를 기입한다.	재료명이나 마무리 종류를 기입한다.
자 리 (다다미)			
보온 흡음재		재료명을 기입한다.	재료명을 기입한다.
망 (사)		재료명을 기입한다.	metallath(메탈라스)의 경우 / wirelath(와이어라스)의 경우 / riblath(리브라스)의 경우
얇은 재료 판유리			
타 일 또는 테라코타		재료명을 기입한다. / 재료명을 기입한다.	
기 타 의 재 료		윤곽선을 그리고 재료명을 기입한다.	실척에 가까울수록 윤곽 또는 실형을 그리고 재료명을 기입한다.

그림 2-9 재료 구조 표시법 (KS F 1501)

3. 목조 건축물의 각부 구조와 주단면 상세도

건축물에는 목조, 철골조, 철근 콘크리트조 등 여러 가지의 구조방식이 있다. 주단면 상세도는 각기 취향을 달리하나, 이 책에서는 목조, 철골조, 철근 콘크리트조의 순서로 그 주단면상세도의 그리는 방법을 설명하고자 한다.

3-1 목조 건축물의 주단면 상세도

주단면상세도는 앞에서도 설명한 바와 같이, 건축물 전체의 구조적인 기준을 주는 것이다. 그러므로, 주단면상세도를 그리기 위해서는 건축물의 구조에 대한 지식이 필요하다. 주단면상세도를 그리는 것이 어렵다고 하는 것은 건축물의 구조에 대한 이해가 불충분하기 때문이다.

그래서, 이 책에서는 건축물의 구조에 관하여 이해를 쉽게 하면서 주단면상세도의 그리는 방법을 상세하게 설명하고자 한다. 우선, 목조 건물의 주단면상세도에 관해서 설명하기로 한다. 그림 3-1, 그림 3-2는 목조 건축물의 표준인 주단면상세도인데, 이와 같은 주단면상세도는 기초→토대→기둥→처마→안목치수 높이의 순서로 그려가기 때문에, 그 순서에 따라서 차례로 설명해 가기로 한다.

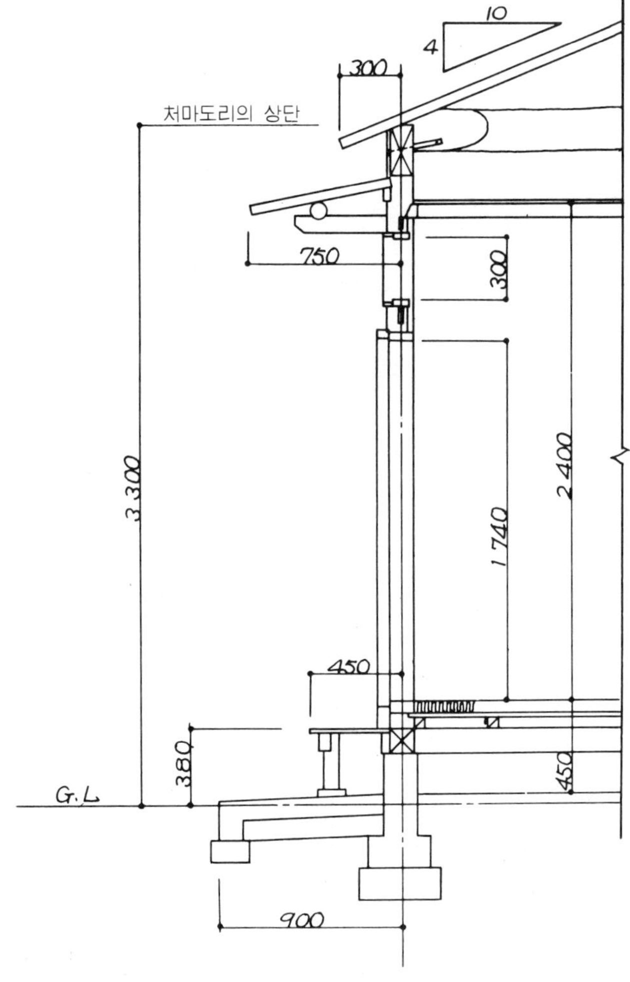

그림 3-1 단층주택의 주단면상세도의 표준 예(1/30)

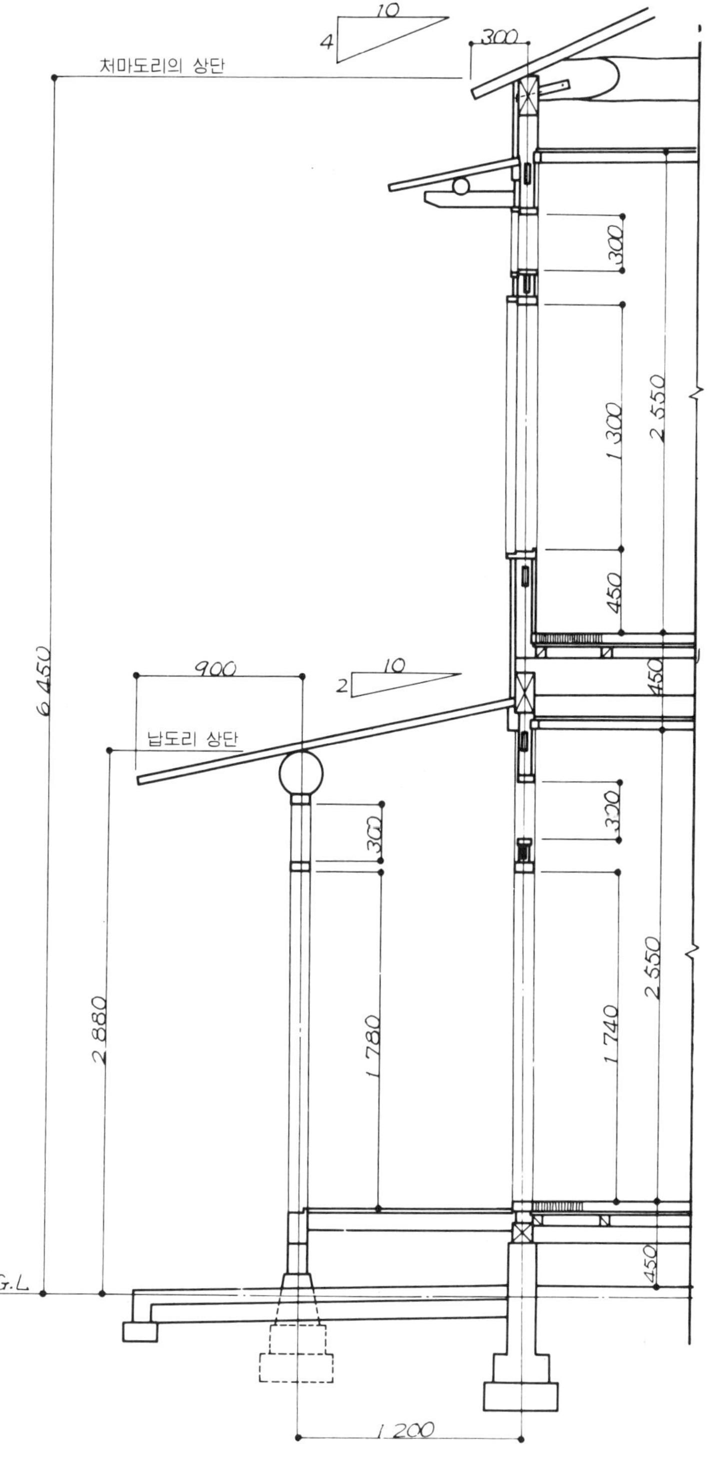

그림 3-2   2층주택의 주단면 상세도의 표준예(1/30)

3-2   기초, 1층 바닥틀, 1층 바닥 마무리와 주단면 상세도

그림 3-1의 아래 부분(그림 3-3)의 주단면상세도를 더욱 상세히 그리면 그림 3-4처럼 된다. 이 그림을 중심으로 기초, 1층 바닥틀, 1층 바닥틀 마무리에 관해서 설명하고자 한다.

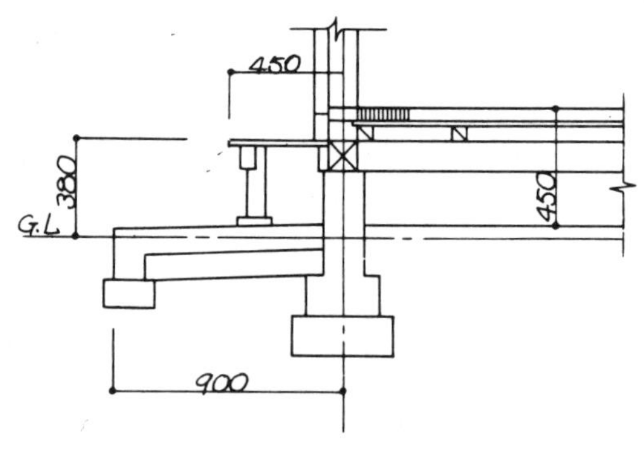

그림 3-3   기초·바닥부분 단면도(1/30)

그림 3-4   기초·바닥부분 상세도(1/10)

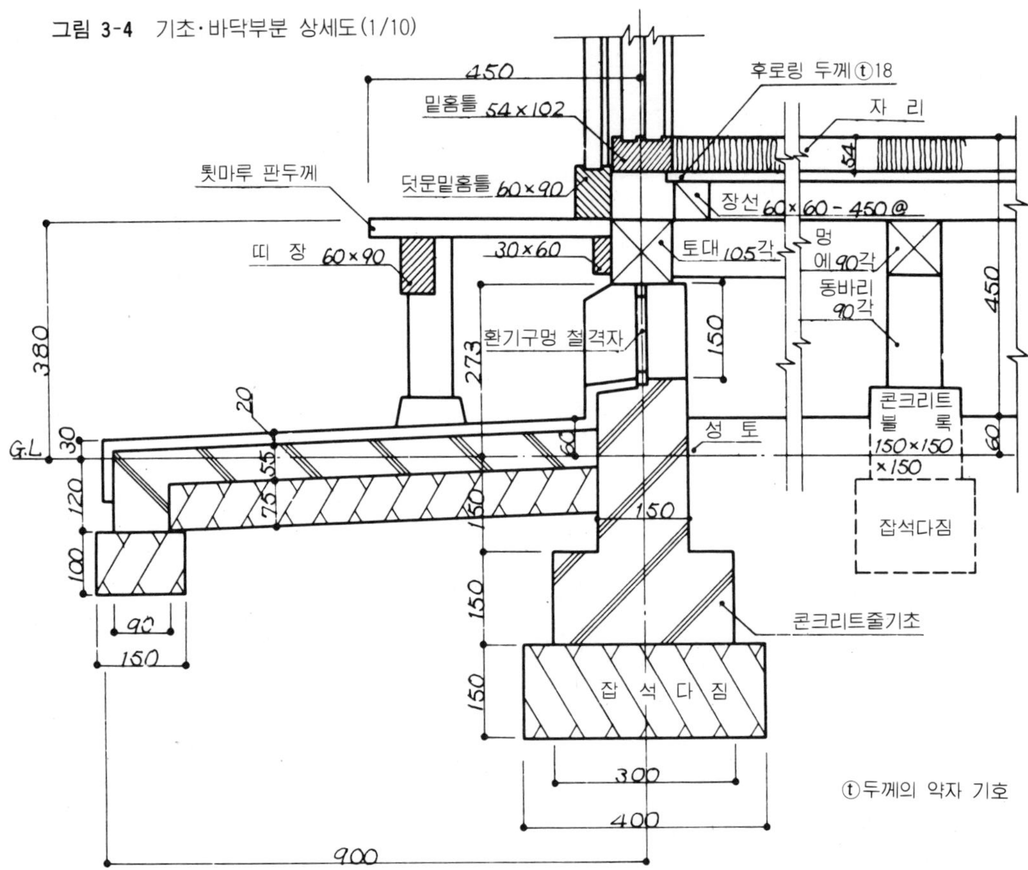

기초

기초의 크기는 건축물의 중량이나 지내력에 따라 틀린다. 보통, 목조의 경우에는 통례에 따라 설계하고 있으나, 일반 목조에 사용되는 기초에는 독립 기초와 줄 기초가 있다.

a. 독립 기초——독립 기초는 기둥 등의 위에서 걸려 오는 하중을 한 개의 기초로 받는 것이고, 그림 3-5의 호박돌 기초, 그림 3-6의 주춧돌 기초 등이 있다. 호박돌 기초는 호박돌이나 블록 등을 사용하고, 주춧돌 기초는 그림 3-6처럼 잡석지정을 하고, 석재나 콘크리트로 기둥형으로 만들어 세운다.

b. 줄 기초(연속 기초)——줄 기초는 그림 3-7처럼 기초가 연속되어 있는 것이고, 석재나 콘크리트를 사용하고 있으나, 최근에는 모두 콘크리트로 만들어진다. 기초판의 형태는 보통 단층 건물은 장방형, 2층 건물은 지반의 저항력을 증가시키기 위하여 ⊥자 형태를 사용한다. 그리고, 토대와 긴결(緊結)시키기 위하여 1.2m ～ 1.8m 간격에 직경 13～16mm 정도의 앵커볼트를 묻어 넣는다.

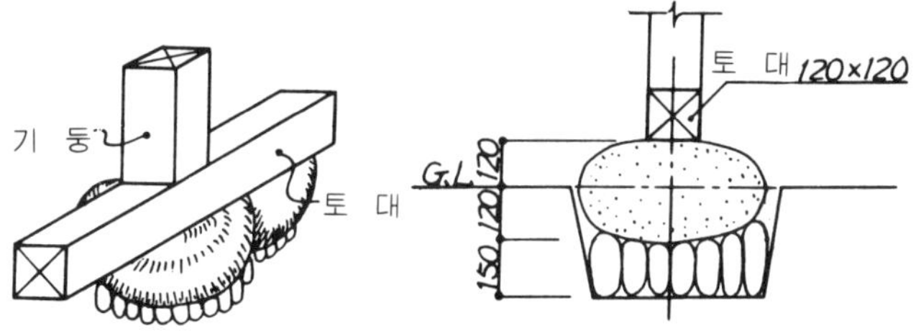

그림 3-5 호박돌 기초의 예

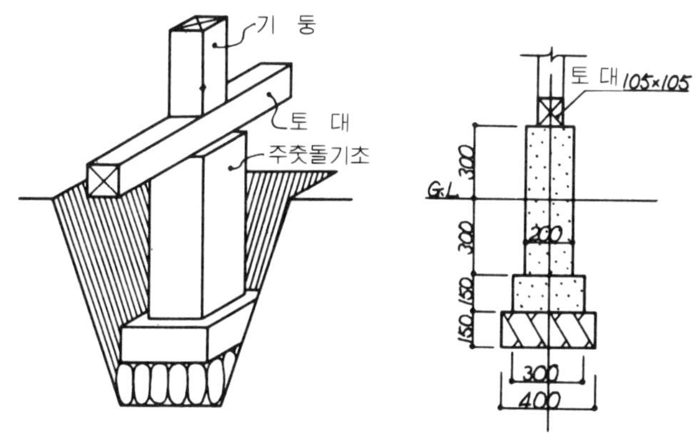

그림 3-6 주춧돌 기초의 예

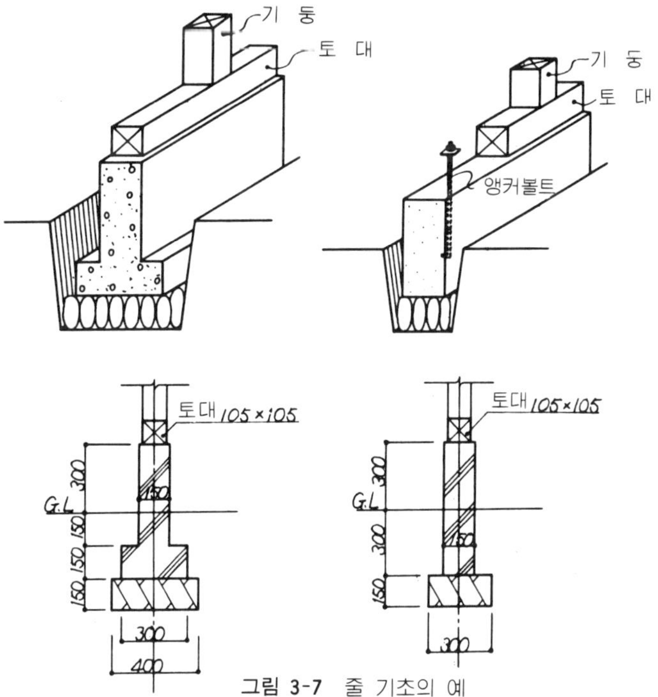

그림 3-7 줄 기초의 예

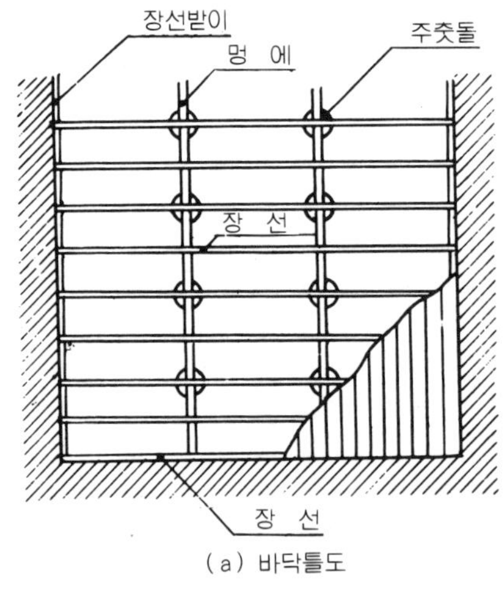

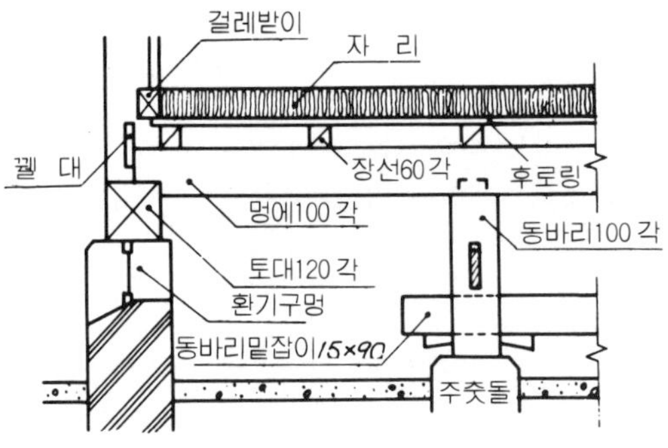

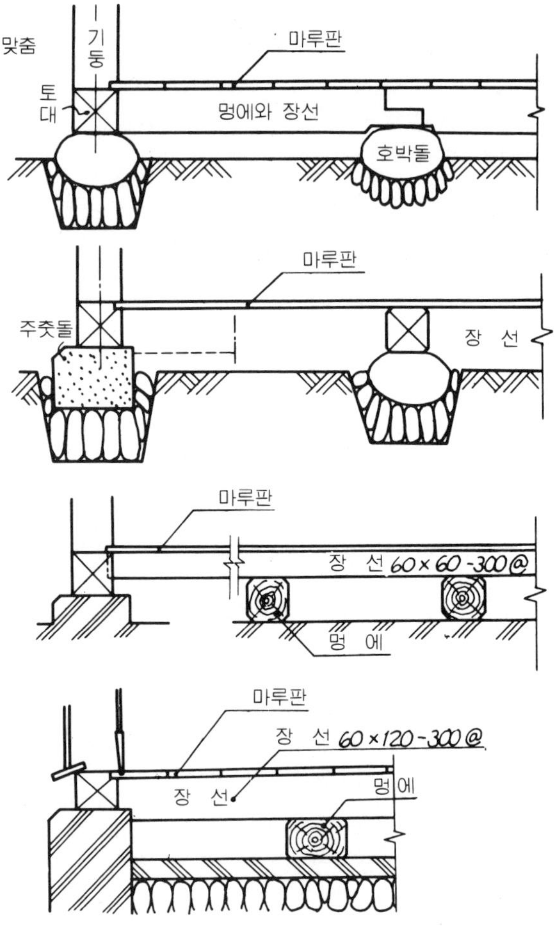

1 층바닥틀도

주택등의 바닥 부재의 크기는 경험을 토대로 정한다. 주택은 보통 그림 3-8의 동바리마루틀 바닥, 상점의 창고 등에서는 그림 3-9의 납작마루틀 바닥으로 한다. 또, 1 층바닥이 높은 경우에는 그림 3-10처럼 밑둥잡이를 넣는다.

a. 동바리 마루틀 바닥

동바리마루틀 바닥은 멍에의 크기가 10～12cm 각이고, 약 90～100cm 간격에 방의 길이 방향으로 건넨다. 재료는 소나무 등을 사용한다. 이것을 받치는 동바리 기둥은 9～10cm각을 90～120cm 간격으로 세운다.

(a) 바닥틀도

(b)

(c)

그림 3-8 (d) 동바리마루틀의 예(1/10)

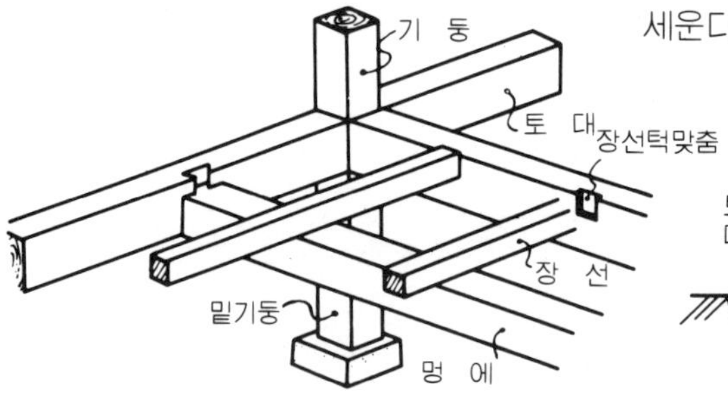

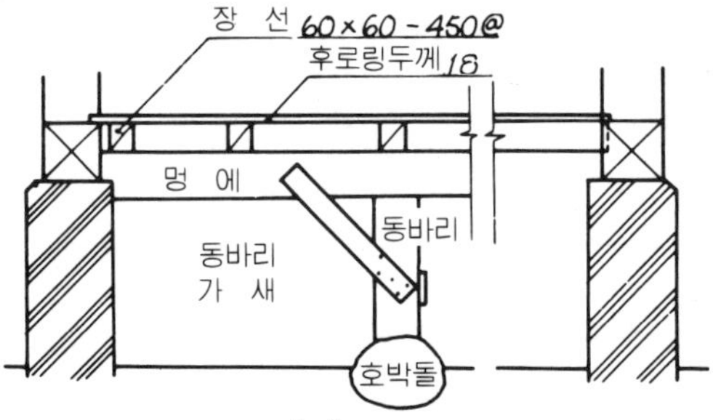

그림 3-9 납작마루틀의 예(1/10)

재료로는 육송, 나왕, 등을 사용한다. 장선의 크기는 6~9cm각의 부재를 켜낸 것이고, 30~50cm 간격으로 멍에와 직각방향으로 대고 재료는 나왕, 미송 등을 사용한다. 바닥판은 1.8cm 두께 이상의 후로링을 제혀쪽매 또는 맞댐쪽매 이음으로 한다.

b. 납작마루틀 바닥

납작마루틀바닥은 크기 10~12cm각의 멍에를 주춧돌이나 호박돌 또는 콘크리트의 바닥에 90~100cm 간격으로 실의 길이방향으로 대고 장선과 바닥판은 앞의 설명과 같이 한다. 또, 멍에를 사용하지 않고 커다란 장선을 질러서 후로링을 까는 경우도 있다.

1층바닥 마무리

바닥마무리에는 후로링깔기, 바닥바름 마감, 인조석물갈기, 각종 타일붙임 마무리 등이 있다.

a. 후로링깔기—— 후로링깔기에는 자리 밑에 밑창 후로링 마무리, 제혀쪽매 후로링깔기쪽매 후로링깔기 등이 있다. 재료는 괴목, 흑단, 참죽나무, 나왕, 티크 등이고, 판두께는 보통 1.5~1.8cm 정도이다.

●**밑창 후로링**……융단이나 자리 등을 깔 경우에 밑에 또는 쪽널후로링 깔기의 밑창에 쓰이는 바닥판재료로서, 두께 1.3cm, 폭 15cm의 널판을 그림 3-11처럼 못으로 박는다.

●**제혀쪽매깔기**……보통 미송, 나왕, 괴목, 참죽 등의 후로링을 그림 3-12 처럼 두께 1.5~1.8cm, 폭 10cm 정도로 깐다. 못은 보이지 않게 제혀부분에 경사

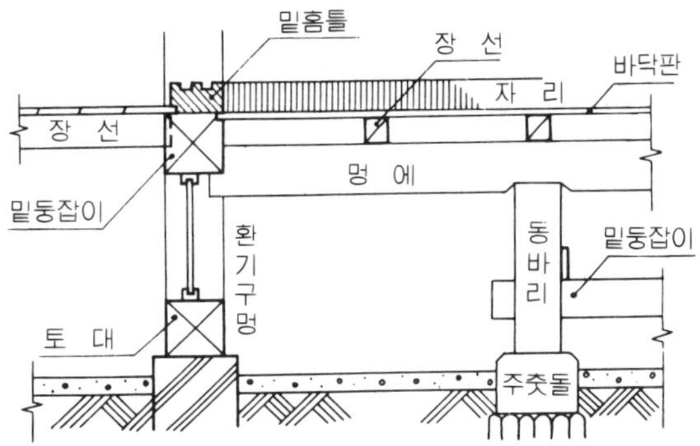

그림 **3-10** 밑둥잡이의 예

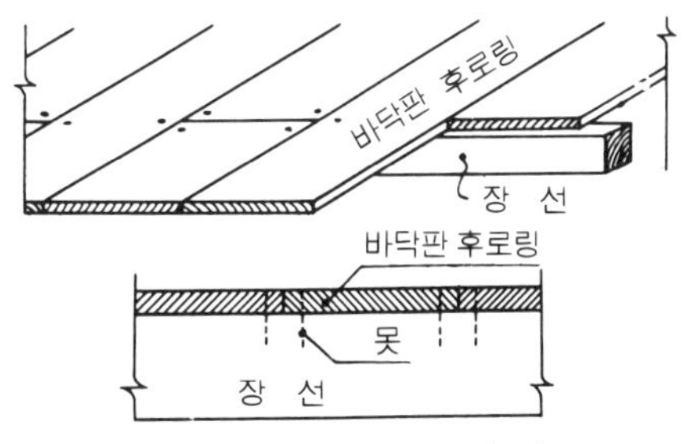

그림 **3-11** 후로링깔기의 예

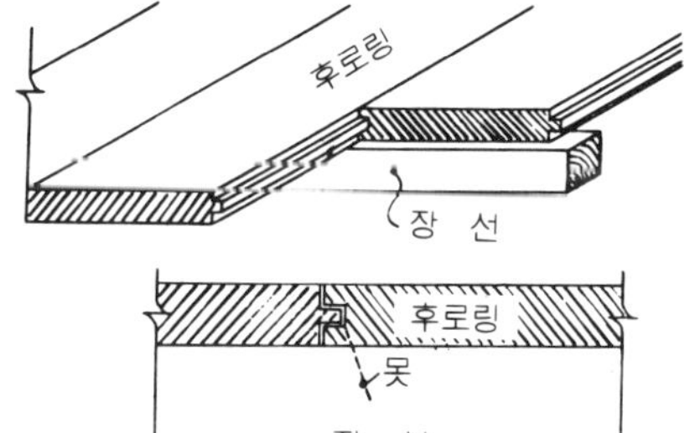

그림 **3-12** 제혀쪽매깔기의 예

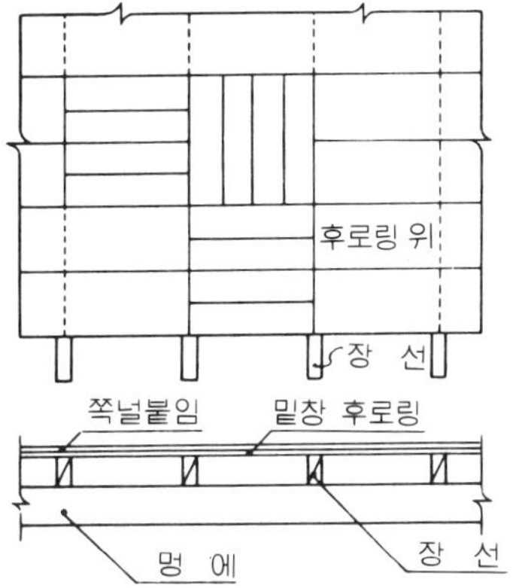

그림 **3-13** 쪽널붙임의 예

지게 박는다.

●**쪽널붙임**······ 그림 3-13처럼 두께 1.8cm 정도의 후로링을 깔고, 그 위에 두께 8mm 정도의 괴목, 참죽, 박달, 티크 등을 접착제를 사용하거나 보이지 않게 못을 박아 깔아야 한다. 또, 최근 에는 치장면이 30cm각, 두께 1.8cm 이나, 길이 180cm 정도의 후로링을 사용하거 나 쪽널을 무늬목으로 치장한 90×180cm 의 합판 등을 접착제로 깔기도 한다.

b. 바닥바름마감 —— 바닥바름마감은 지면에 닿는 바닥마무리를 말하는 것이 고, 그림 3-14처럼 고운 진흙에 석회와 모래를 섞어서 6~10cm 두께 정도로 바 르고 모르타르 등으로 마무리하는 것이 다.

c. 인조석물갈기 —— 인조석물갈기에 는 모르타르나 인조석을 사용한다. 바 름면을 현장에서 마무리하는 경우에는 재료의 신축으로 금이 가거나 표면에 얼 룩짐을 방지하고, 또 치장을 하기 위하 여 그림 3-16처럼 놋쇠의 줄눈대를 가로 세로에 0.9~1.2m 정도의 간격으로 배 치하고 현장물갈기를 하여 마무리한다.

d. 각종 타일붙임 —— 리노륨, 아스팔 트 타일, 비닐 타일 등을 내수합판 또는 모르타르면을 평활하게 하여 충분히 길 들인 다음에 접착제로 그림 3-17과 같이 붙인다.

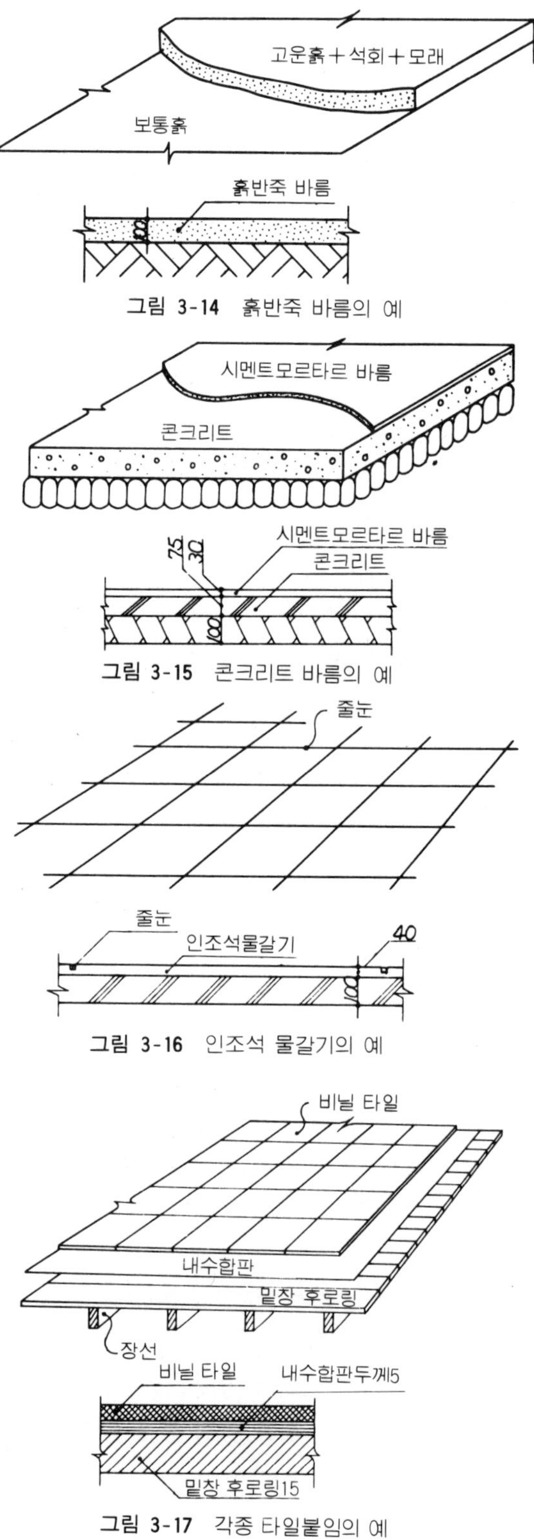

그림 3-14 흙반죽 바름의 예

그림 3-15 콘크리트 바름의 예

그림 3-16 인조석 물갈기의 예

그림 3-17 각종 타일붙임의 예

3-3 뼈대, 외벽, 개구부와 주단면 상세도

그림 3-2에서 2층 개구부 단면도(그림 3-18)의 주단면 상세도를 상세하게 그리면, 그림 3-19처럼 된다. 이 그림을 중심으로 뼈대, 외벽, 개구부에 관해서 설명하고자 한다.

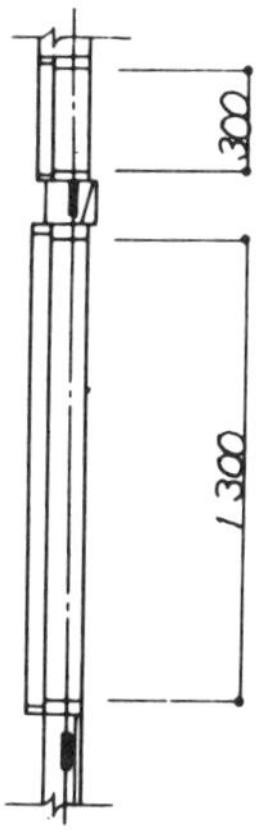

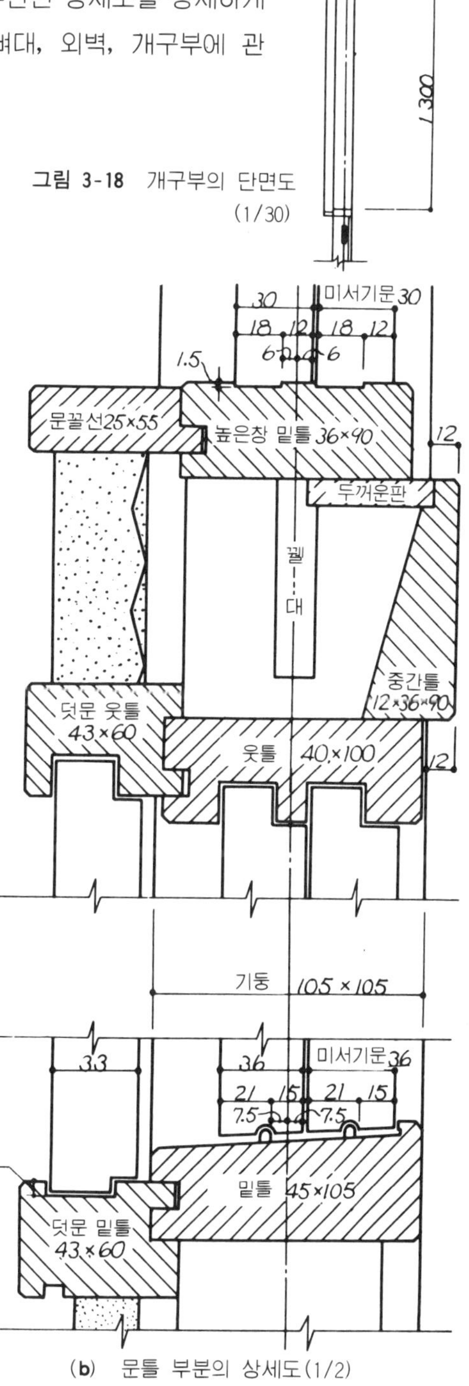

그림 3-18 개구부의 단면도 (1/30)

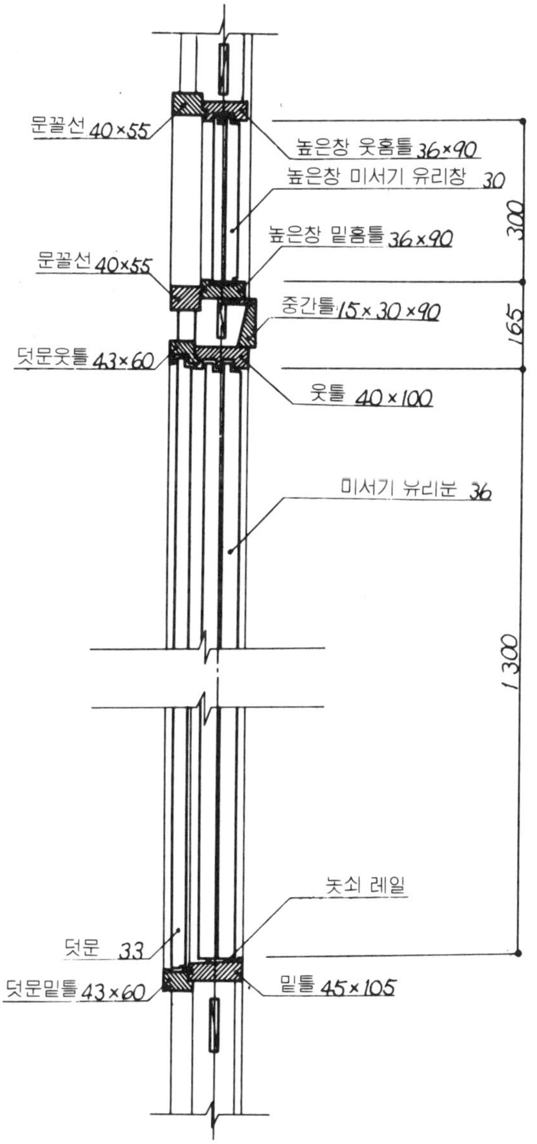

그림 3-19(a) 개구부의 상세도 (1/10)   (b) 문틀 부분의 상세도 (1/2)

뼈대

뼈대에는그림 3-20의 평벽식과 그림 3-21의 심벽식이 있다. 평벽식은 절충식 구조에 사용되고, 심벽식은 한식 구조에 사용된다.

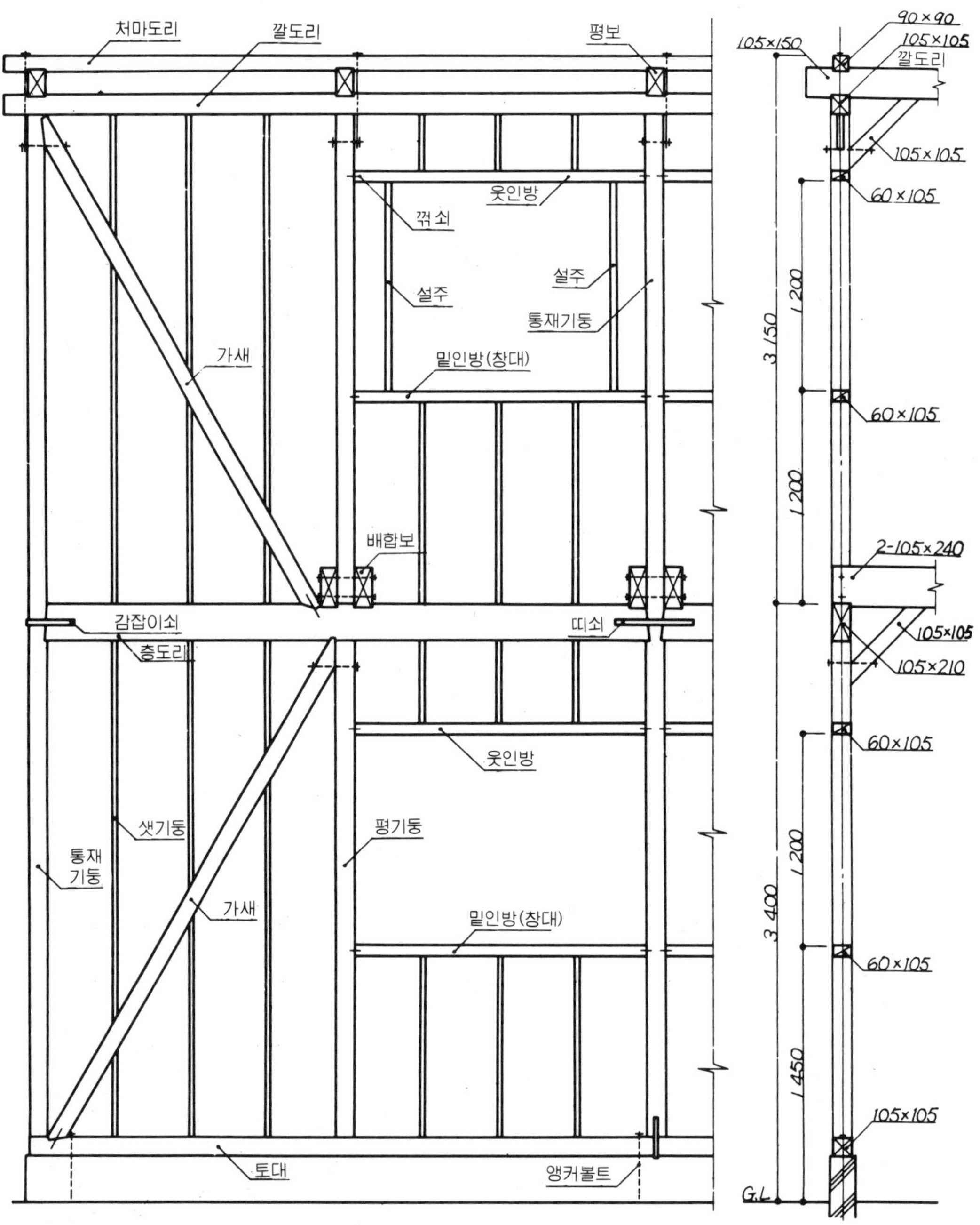

그림 3-20 (a) 뼈대도(평벽식)의 예(1/30)　　　　　　　　(b) 단면도(1/30)

이처럼, 뼈대는 벽체의 구조이고, 토대, 기둥, 층도리, 보, 가새, 꿸대 등으로 되어 있다.

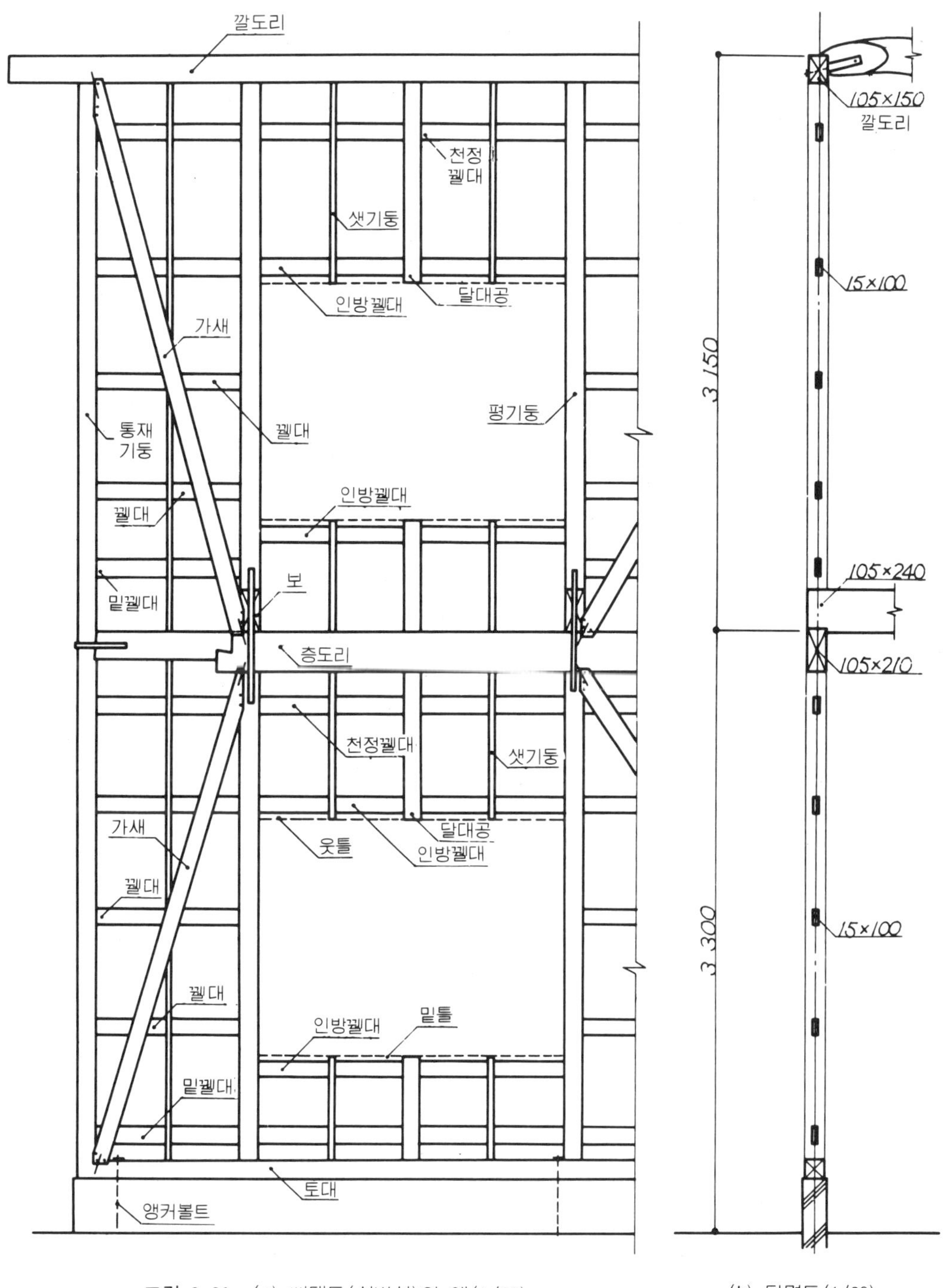

그림 3-21　(a) 뼈대도(심벽식)의 예(1/30)　　　　(b) 단면도(1/30)

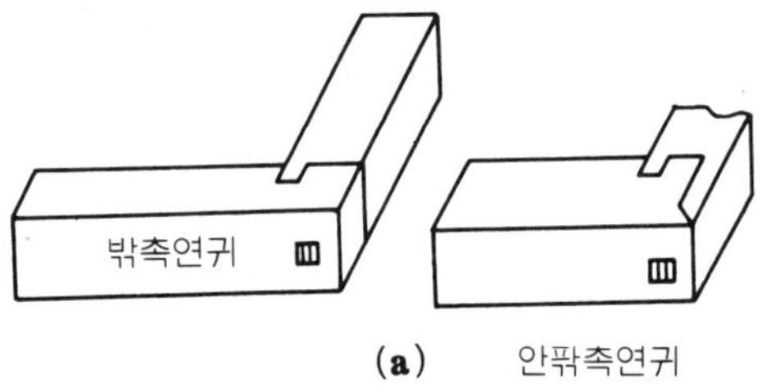

(a)

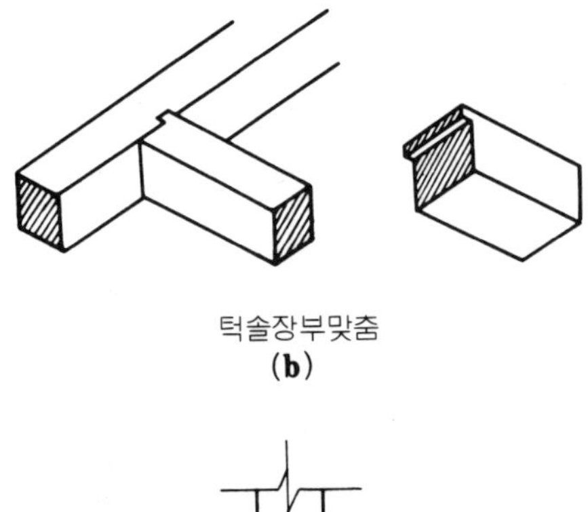

(b)

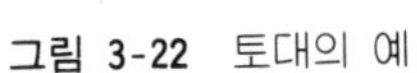

(c)

그림 3-22　토대의 예

a. 토대——토대는 그림 3-22처럼 외부로 돌고 있는 것과 내부의 칸막이벽 밑을 돌고 있는 것이 있다. 크기는 10.5～12cm각 정도이고, 재료로는 소나무, 나왕 등을 사용한다. 또, 부패되기 쉬우므로 반드시 방부제를 칠하도록 한다. 기초에는 약 1.2～1.8m 간격으로 앵커볼트(직경 13～16ϕ)로 긴결한다.

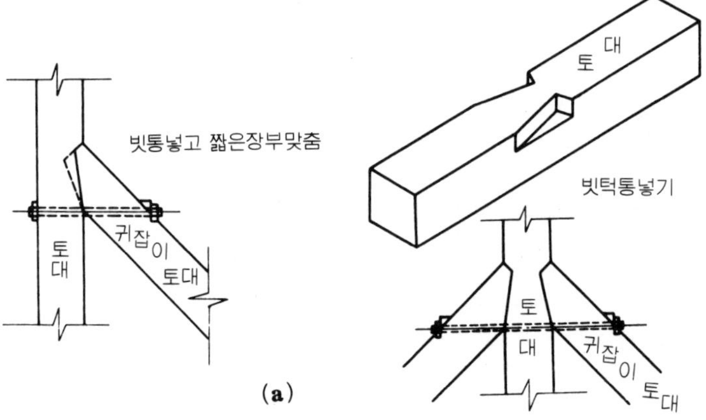

(a)

그림 3-23　귀잡이 토대의 예

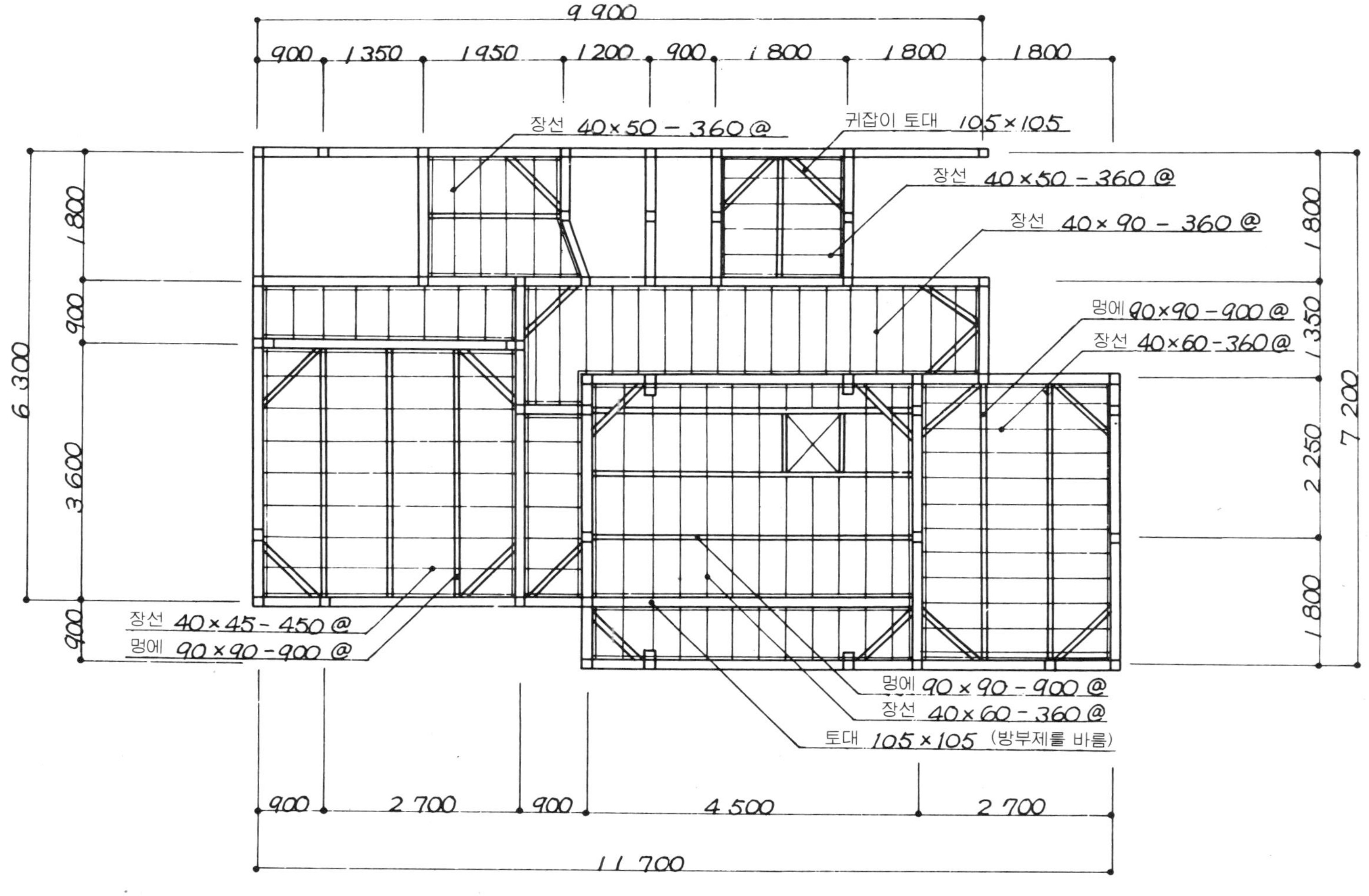

그림 3-23 (b) 바닥틀도의 예(1/100)

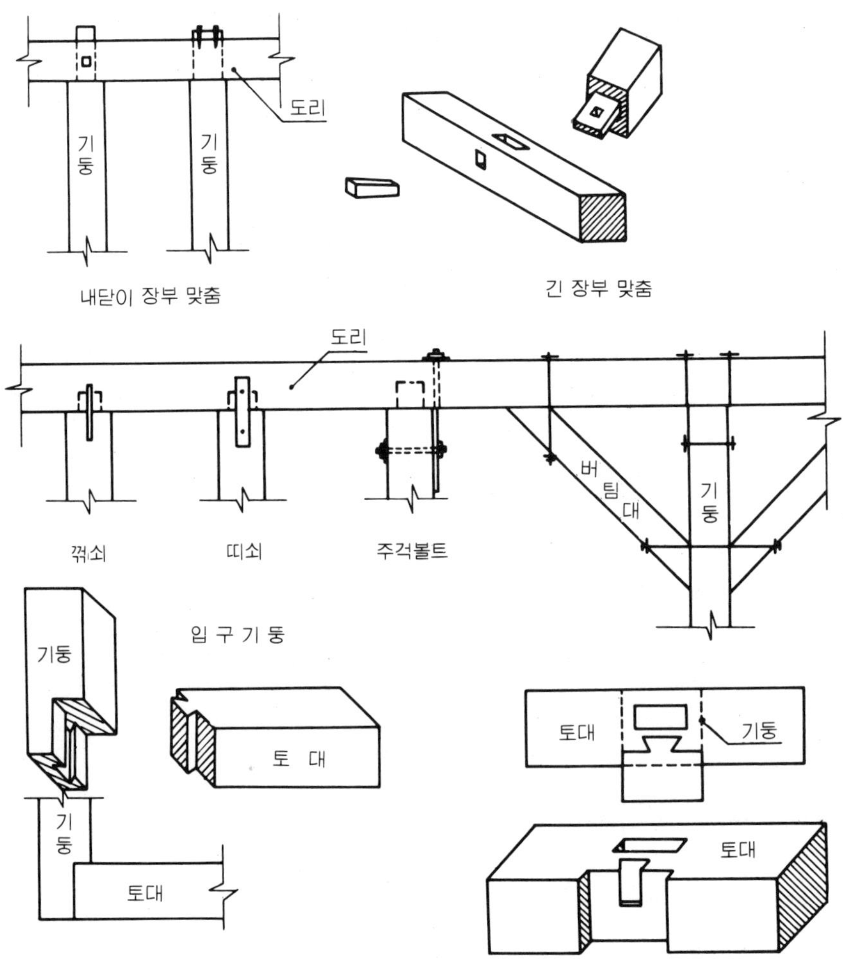

그림 **3-24** 토대, 기둥, 도리의 마무리 예

b. 기둥——그림 3-20, 그림 3-21처럼, 평기둥과 통기둥이 사용된다. 통기둥은 평기둥보다 뼈대짜는 방법이 튼튼하며, 2층 건물의 구석에는 반드시 배치되어야 한다. 토대 및 도리의 맞춤은 그림 3-24처럼 된다. 기둥의 크기는 일반적으로 주택의 단층건물에서는 10∼12cm각, 2층 건물에서는 12∼13.5cm각 정도이다. 재료의 종류는 육송, 나왕 등이다. 그림 3-25는 기둥의 모서리를 따낸 것이다. 또, 샛기둥은 심벽식에서는 4.5cm각목, 평벽에서는 기둥을 3으로 쪼갠 정도로 하고, 45∼50cm 간격으로 넣는다.

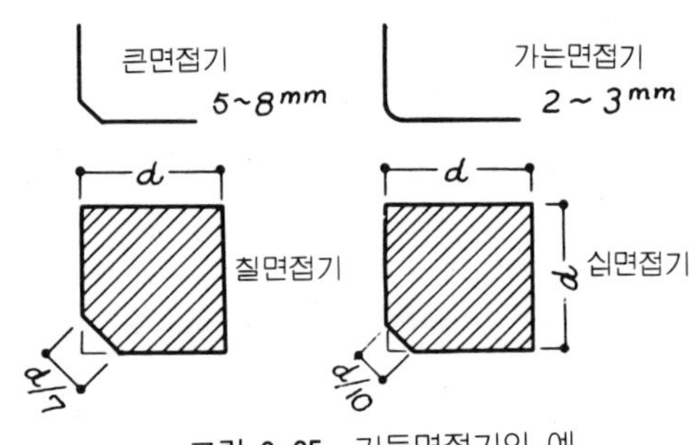

그림 **3-25** 기둥면접기의 예

c. 층도리——층도리는 그림 3-21처럼 2층건물인 경우에 사용된다. 외벽 2층의 평기둥을 받는데, 2층 바닥과 보받이 역할을 하고, 크기는 폭이 기둥과 같은 치수이며, 춤은 구조계산으로 정하는데, 일반적으로 폭의 1.5배 정도이면 된다. 그리고, 재료로는 소나무, 나왕, 미송 등이 쓰인다. 그림 3-26은 기둥과의 맞춤이다.

d. 깔도리와 처마도리——깔도리는 그림 3-20, 그림 3-21처럼 기둥의 윗부분을 연결하는 것과 지붕하중을 기둥에 받게 하기 위하여 가로 지른다. 그림 3-21과 같은 목구조의 경우를 깔도리라고 한다. 재료는 층도리와 같고, 크기도 동일하게 정해진다.

e. 가새——가새는 그림 3-20, 그림 3-21처럼 뼈대의 대각선 방향으로 경사지게 재료를 맞추어

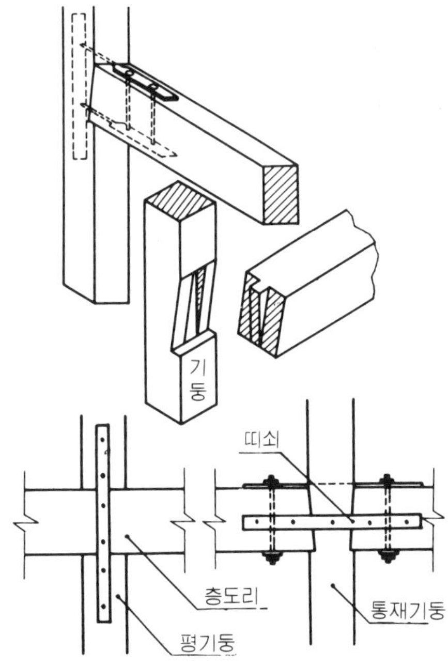

그림 3-26 기둥과 층도리의 맞춤예

구조의 변형을 막기도 하고, 전체를 튼튼하게 하기 위해서 반드시 사용해야 한다. 인장가새는 그림 3-21 (a)와 같이 맞추고 못으로 박는다. 못길이는 판 두께의 약 2.5~3배 정도이면 된다. 압축력을 받는 가새는 평벽에 많은데, 그림 3-27(b)와 같이 맞춘다. 또, 일반적으로 가새와 깔도리나 층도리에 이르는 각도가 작은 경우에는 수평재에 맞추고, 경사가 급한 경우에는 경사를 기둥에 맞추고, 수평재를 조금 깎아서 붙인다. 재료로는 육송, 나왕, 미송 등이 사용된다.

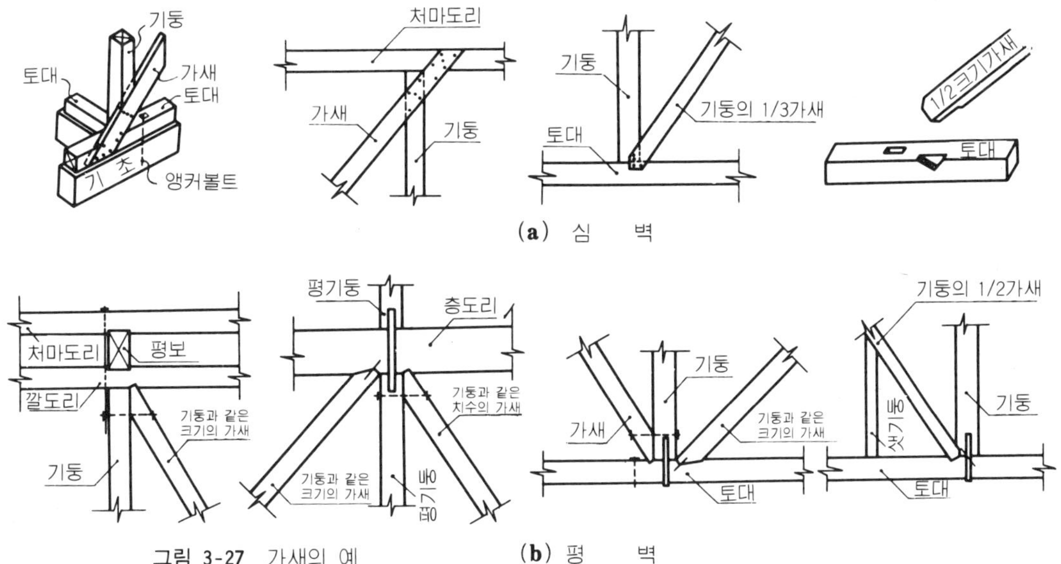

그림 3-27 가새의 예

f. 꿸대——보통은 4줄로 하고, 좋은 건축물에서는 5줄 정도로 한다. 즉, 그림 3-21처럼 바닥 밑부분을 밑꿸대, 문지방 위는 인방꿸대, 천정부분을 천정꿸대라 한다. 재료는 육송, 나왕 등이고, 크기는 두께 1.5~2.5cm, 폭 10~12cm 정도이다. 맞춤은 그림 3-28과 같이 한다.

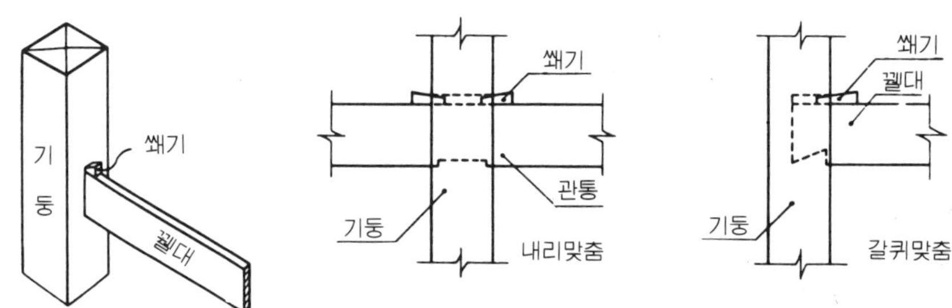

그림 3-28 꿸대의 예

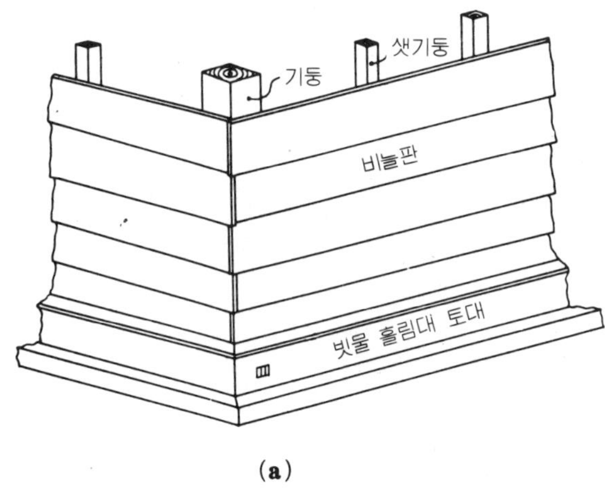

외벽

외벽에는 널판벽, 금속판벽, 석면판벽, 바름벽 등이 있다.

a. 널판벽——널판을 가로로 붙이는 것을 비늘판벽이라고 하고, 세로로 붙이는 것을 세로판벽이라고 한다. 재료로는 육송, 나왕 등을 사용한다.

●**비늘판벽**……널판을 대는 방법은 그림 3-29와 같이 널판을 포개서 대는 경우와 경사 단면으로 하는 경우가 있다.

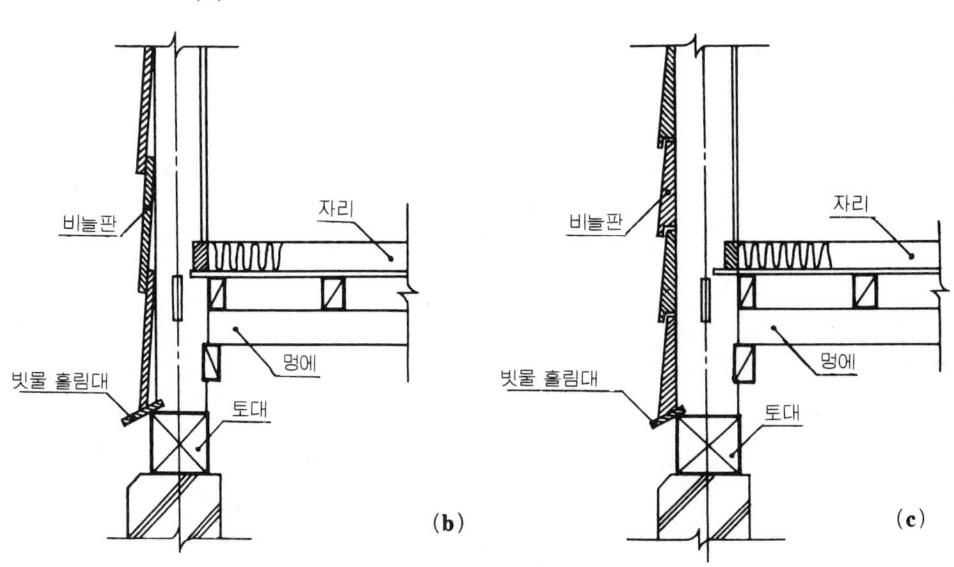

그림 3-29 널판벽의 예

그리고, 기둥이나 샛기둥에 은혈못으로 고정시킨다. 판두께는 1～2cm 정도이다.

● **반턱줄눈 비늘판벽**(독일식 비늘판벽)——그림 3-30처럼 두께 2cm 이상의 판을 경사지지 않게 반턱쪽매 맞춤으로 하고 줄눈을 약간 벌린다.

● **누름대 비늘판벽**——그림 3-31처럼 판두께 7～10mm의 비늘판을 2cm 정도 겹쳐 붙이고, 그 위에 누름대를 대서 기둥과 샛기둥에 못으로 고정시킨다.

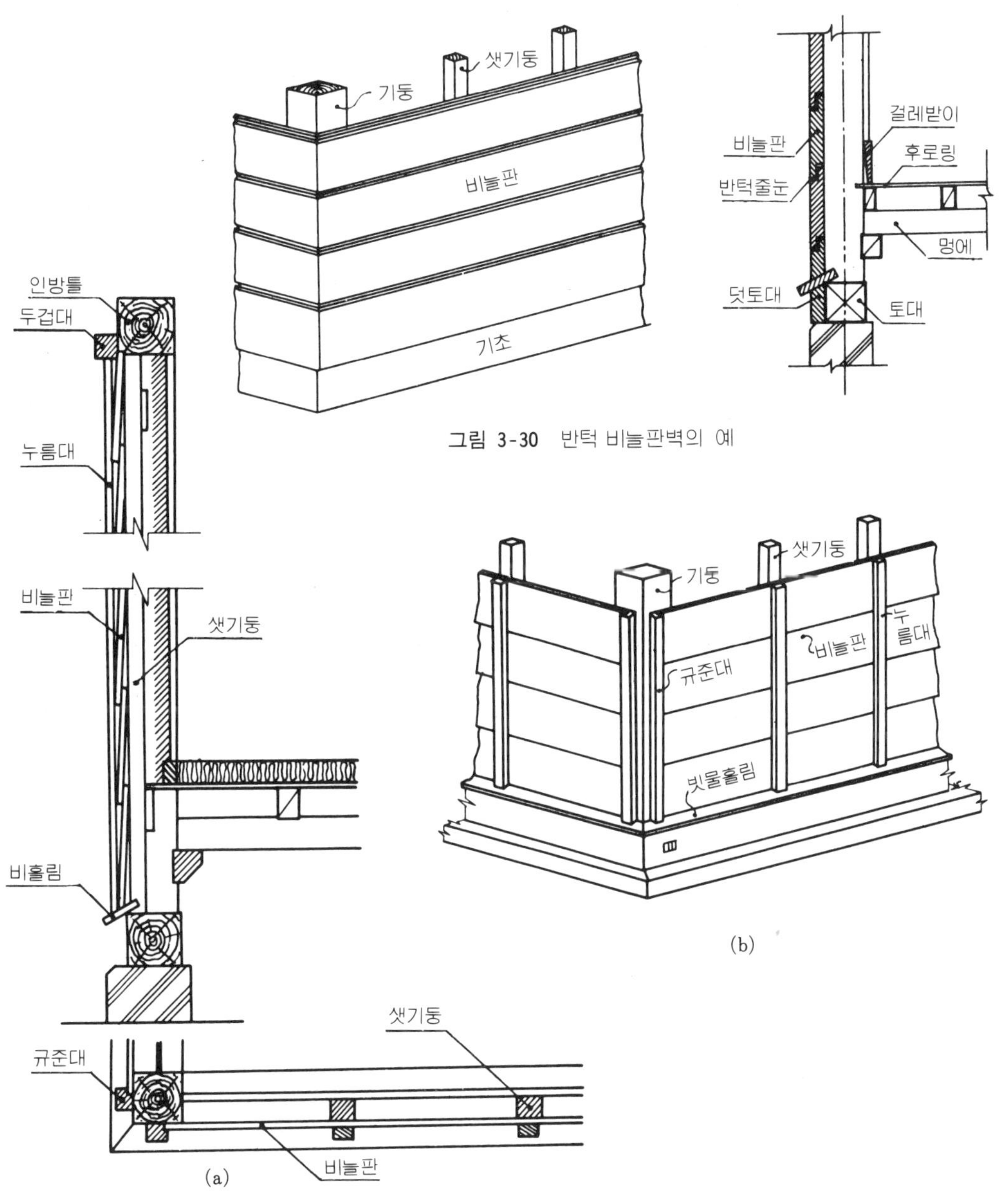

그림 **3-30** 반턱 비늘판벽의 예

(a)

(b)

그림 **3-31** 누름대 비늘판벽의 예

●**세로판벽** —— 그림 3-32처럼 띠장을 바탕으로 하여 판두께 1~1.5cm의 널을 세워서 붙인다.

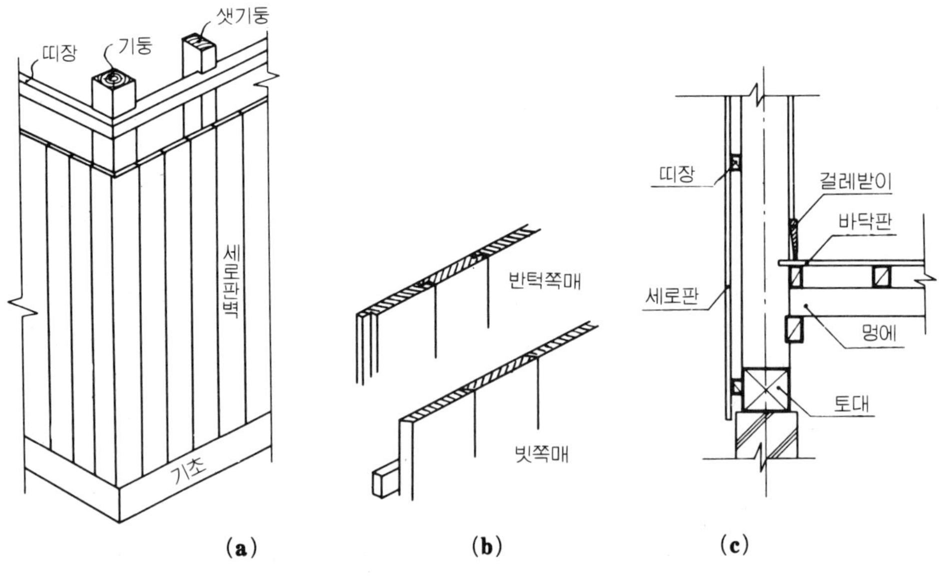

그림 **3-32** 세로판벽의 예

b. 금속판붙임과 석면판붙임

●**금속판붙임** —— 아연도금철판, 알미늄판, 동판 등이 있고, 붙임방법은 지붕을 잇는 것과 같다〔그림 3-33(a)〕.

●**골판붙임** —— 아연도금철판(함석), 골석면, 슬레이트 등을 45~60cm 간격으로 기둥과 샛기둥에 부착시킨다. 골판의 올라간 부분에서 도금한 못이나 볼트를 매장마다 상하로 3개 이상 고정시킨다〔그림 3-33(b)〕.

●**석면판붙임** —— 띠장을 바탕으로 하여 석면판을 아연도금 나사못 또는 못 등으로 고정시킨다. 줄눈대는 금속제 등을 사용한다〔그림 3-33(c)〕.

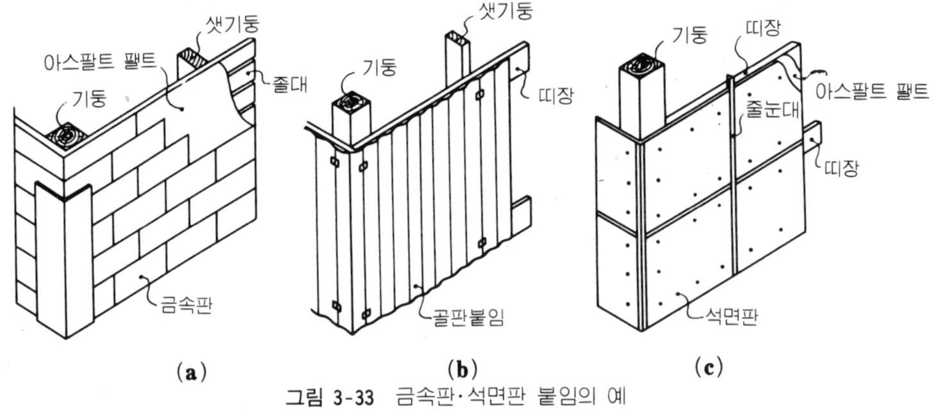

그림 **3-33** 금속판·석면판 붙임의 예

c. 바름벽

● **모르타르바름**——졸대 또는 라스보드를 바탕으로 하여, 그 위에 아스팔트 펠트를 치고, 그 위에 와이어 라스를 친 후 모르타르바름으로 마무리한다. 바르기 종류는 쇠흙손 마감, 나무흙손 마감, 물솔질, 시멘트 뿜칠, 긁어내기, 줄긋기 (scratch) 등이다. 초벌바름벽의 두께는 약 6mm 정도이고, 전체두께는 3~4cm 정도이다〔그림 3-34(a), (b)〕.

● **인조석바름 테라조**(terrazzo) **바름**——테라조 바름은 대리석, 종석을 사용하고 모르타르와 혼합하여 마감하는 것이다. 테라조가 인조석에 비하여 고급 마감공법이다. 즉, 종석의 입자가 테라조일 경우에는 2.4~12mm, 인조석일 때에는 1.5~5mm인 것을 사용한다. 마무리두께는 1~3cm 정도이다.

● **회반죽바름**——두께 9mm, 나비 3.6cm 되는 졸대를 7.5mm 사이로 떼어 기둥, 샛기둥에 수평으로 대고 적당한 간격으로 못을 2개씩 박고 그 위에 삼줄을 두가닥으로 댄 수염을 박아 늘인다음 회반죽을 바른다.

d. 붙임벽——타일붙임, 돌붙임은 모르타르바름을 바탕으로 한다. 그리고, 타일이나 얇게 가공한 돌 등은 모르타르 또는 접착제로 붙이고, 기타의 돌붙임은 보강철물로 벽에 긴결하여 뒷채움 모르타르로 마무리한다〔그림 3-34(c)〕.

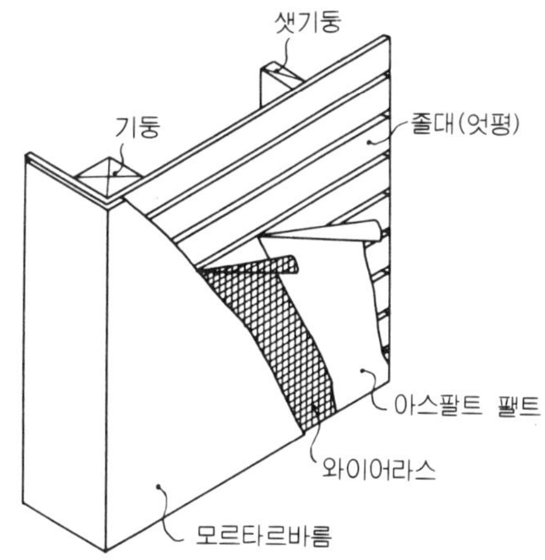

(**a**) 졸대바탕 모르타르바름

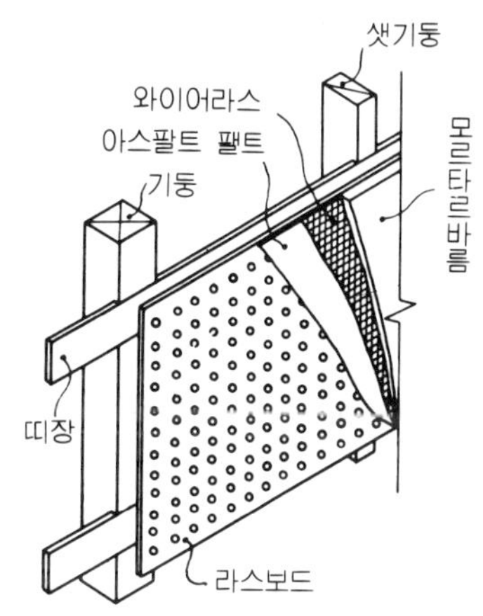

(**b**) 라스보드 바탕 모르타르바름

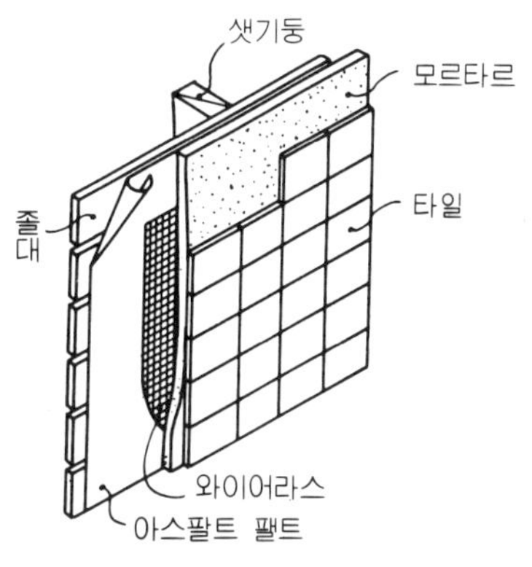

그림 3-34 바름벽과 붙임벽

(**c**) 타일붙임

개구부

a. 출입구인방, 창인방, 창대——창문을 붙이기 위하여 평벽식일 경우에는 그림 3-20처럼 개구부의 상부는 웃인방, 하부는 밑틀로 구성된다.

개구부 양측에 기둥이 없을 때(창문폭이 작을 때)는 문설주를 세운다. 심벽식일 경우에는 그림 3-21처럼 웃인방 대신에 웃홈틀, 창대 대신에 밑틀을 사용한다. 창문에는 목제와 금속제가 있다. 금속제는 문틀과 창문이 하나로 되어 있다. 그림 3-35는 알루미늄 섀시의 예이다.

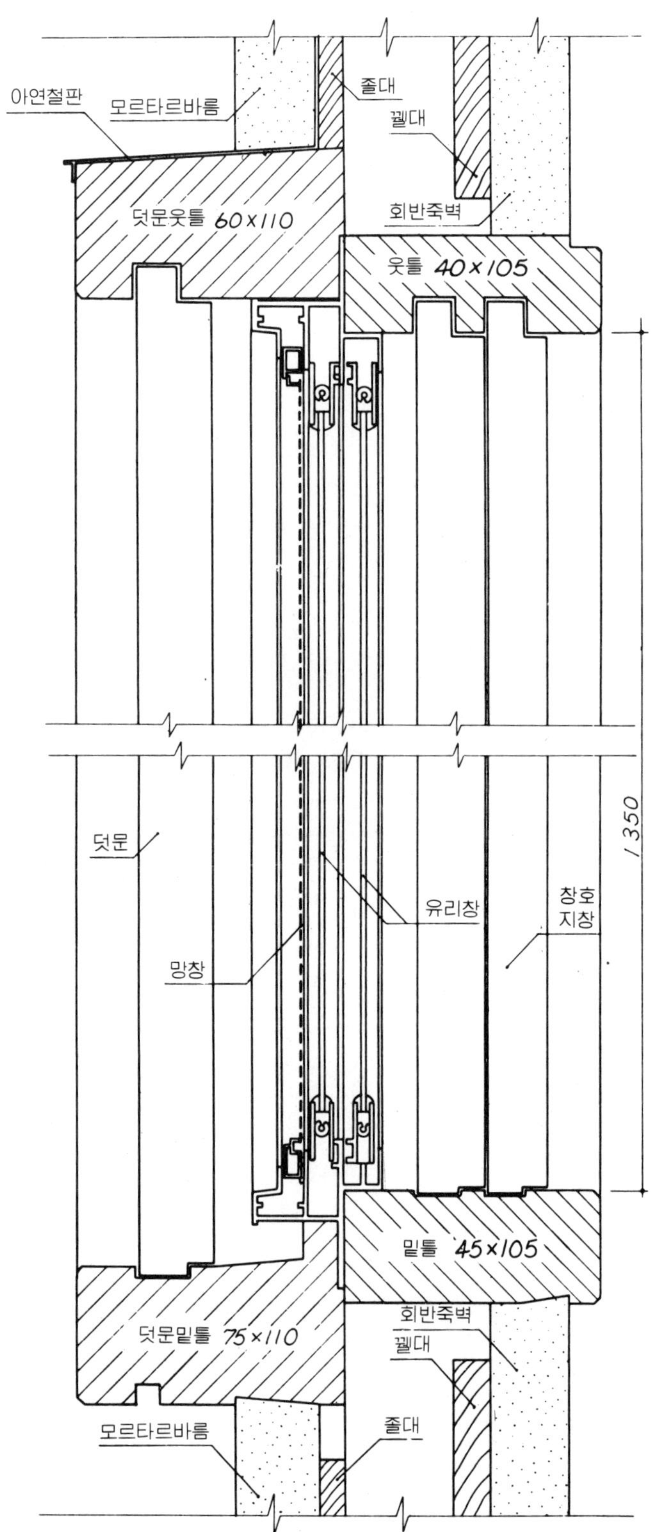

그림 **3-35** 알루미늄개구부 상세도의 예

b. 평벽개구부인 경우——창문틀은 그림 3-36처럼 문선틀(벽선)과 웃틀(웃홈대), 밑틀(밑홈대)로 짜여지고, 필요에 따라서 중간틀(중간홈대), 중간선틀(설주) 등을 설치한다. 출입구의 밑틀은 문지방이라 하고, 또 밑틀은 외부에 면한 경우, 물흘림경사와 물끊기를 붙인다. 그리고, 창밑틀은 창선받이라고 한다. 문선은 출입구, 창둘레의 장식과 벽면의 마무리를 잘하기 위하여 설치한다.

c. 심벽개구부인 경우——출입구, 창문틀은 그림 3-37처럼 기둥, 웃홈대, 밑홈대 등으로 구성되어 있고, 외관상 문제도 있기 때문에 사용재료의 종류와 마무리공법에는 충분히 주의해야 한다.

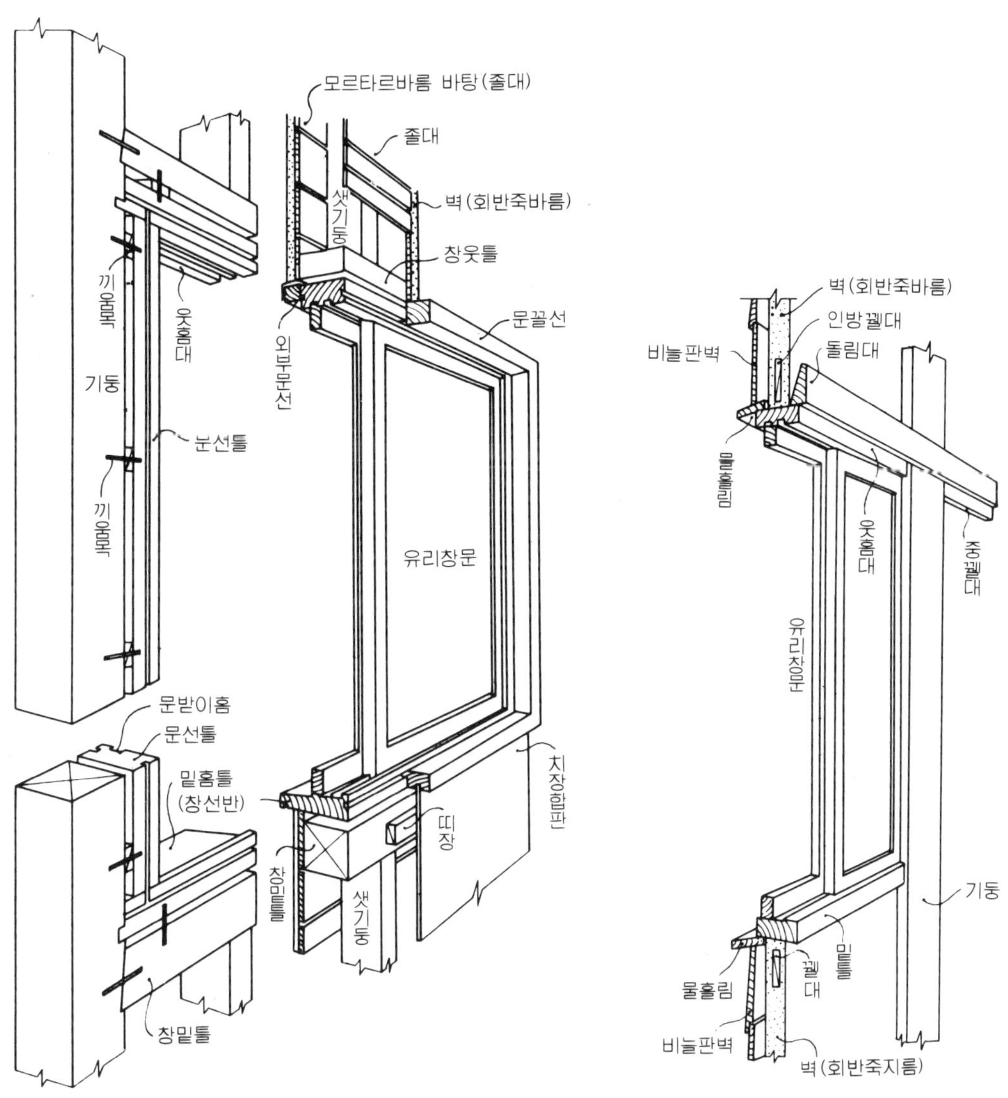

그림 **3-36** 평벽개구부의 예   그림 **3-37** 심벽개구부의 예

3—4 지붕틀과 주단면 상세도

그림 3-1 중 윗부분(그림 3-38)의 단면 상세도를 좀 더 상세히 그리면 그림 3-39처럼 된다.

지붕틀

지붕틀은 조립방법에 따라 양식지붕틀과 절충식지붕틀 구조가 있다. 그리고, 양식지붕틀에는 왕대공 지붕틀(King post truss) 등이 있는데, 여기에서는 일반적인 왕대공 지붕틀과 절충식지붕틀에 관해서만 설명한다.

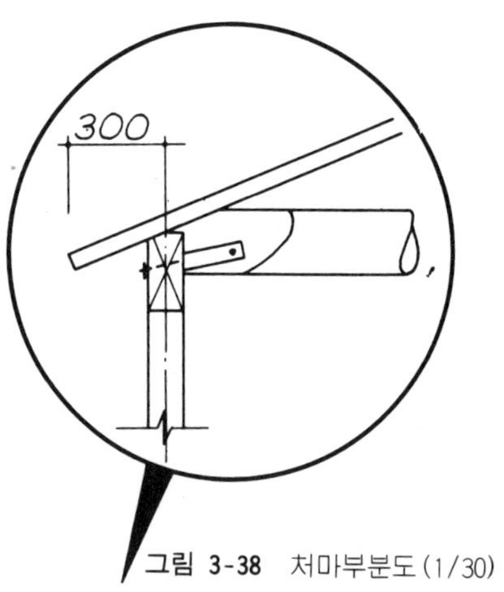

그림 3-38 처마부분도 (1/30)

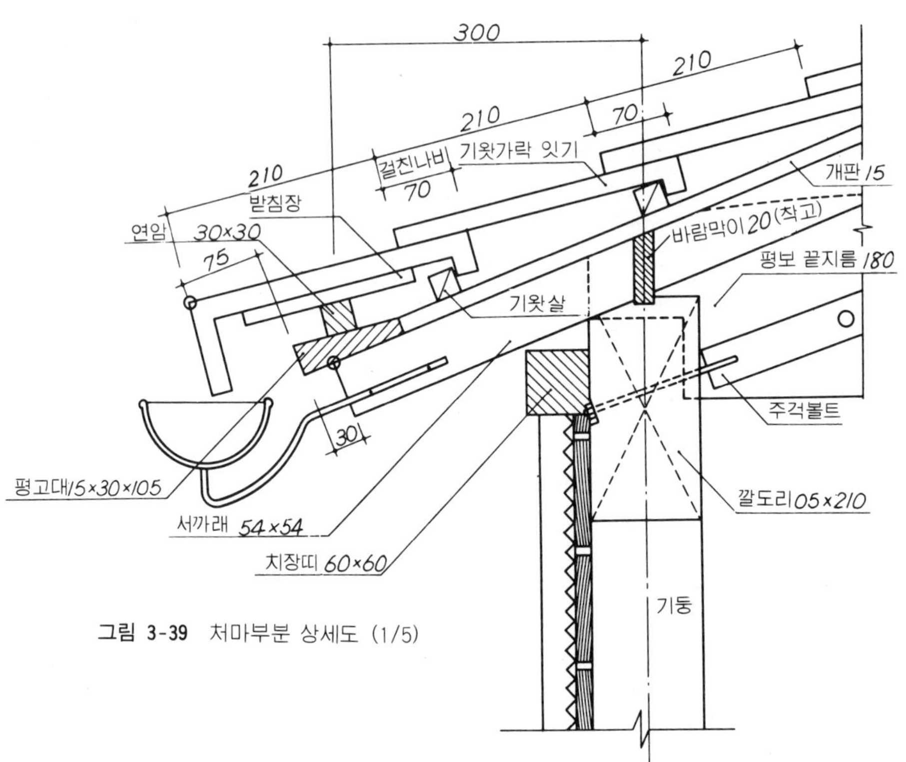

그림 3-39 처마부분 상세도 (1/5)

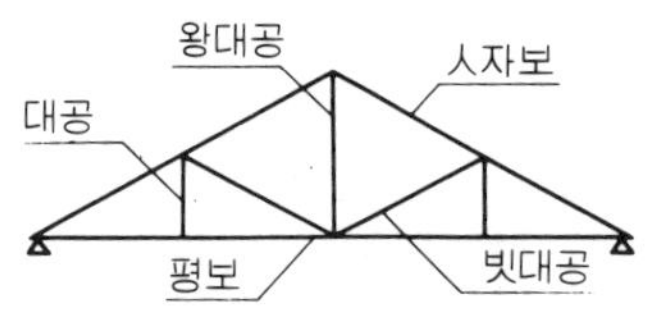

그림 3-40 지붕 트러스의 예

a. 왕대공 지붕틀——왕대공 지붕틀은 그림 3-40과 같이 트러스로 구성되고, 주되는 부재는 그림 3-41에 표시한 것처럼 왕대공, 평보(지붕보), 人자보, 빗대공, 버팀대공(strut), 대공(달대공), 대공밑잡이, 지붕틀가새 등으로 되어 있다.

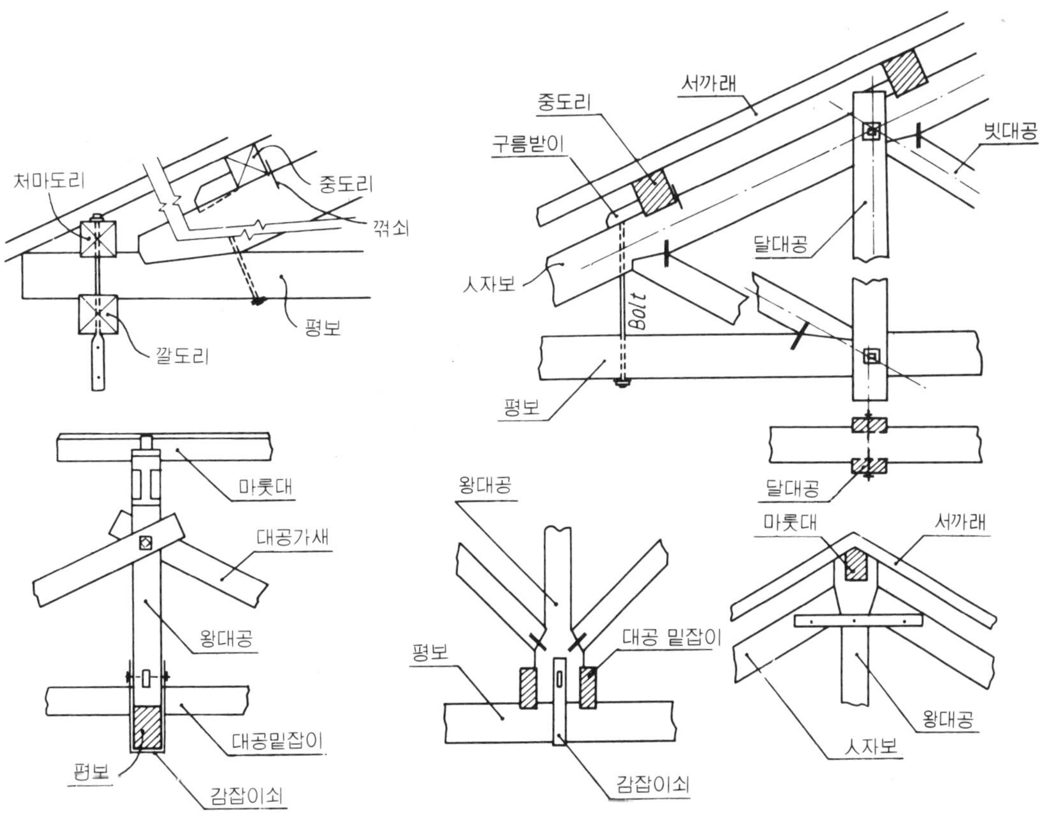

그림 3-41 왕대공 지붕틀의 예

	스 팬 (span)	
	12m 이 하	20m 이 하
외쪽지붕		
박공지붕		
맨사드지붕		

그림 3-42 트러스 형식의 예

스팬(span)에 따른 적합한 지붕틀의 형식을 그림 3-42에 표시하였다.

● **평보**——평보는 인장력을 받는 수평부재이며, 반자틀을 지지하는 부재이다. 평보는 긴 부재이므로 1개의 재료로 곤란할 경우에는 이음을 하여야 한다.

● **人자보**——人자보(압축재)는 평보에 비스듬히 파서 걸침턱으로 하거나 장부맞춤으로 하고 볼트(bolt)로써 보강한다. 人자보와 왕대공의 맞춤은 그림 3-41과 같이 하여 띠쇠로 보강한다.

● **왕대공**——왕대공은 인장력을 받는 중앙의 수직부재이다. 왕대공과 人자보와의 맞춤은 그림 3-41과 같은 방법으로 하고, 왕대공과 평보와의 이음에는 감잡이쇠를 사용한다.

● **빗대공**——빗대공은 압축재로서 人자보와 왕대공에 빗턱장부 맞춤으로 하고 양면을 꺽쇠로 보강한다.

● **달대공**(hanging post pendant)——달대공은 인장력을 받는 부재이므로, 그림 3-41과 같이 볼트로 조인다. 한편, 달대공을 긴 볼트로 사용하는 경우도 있다.

● **대공밑잡이**——대공밑잡이는 각 지붕틀의 왕대공 하부를 연결하여 평보의 옆방향의 휨을 막는다.

● **지붕틀가새**——지붕틀가새는.지붕틀을 안정시키는 빗 방향의 부재로서, 볼트를 써서 고정한다. 부재의 크기는 그림 3-43, 44 및 표 3-1, 2, 3, 4로 표시한다.

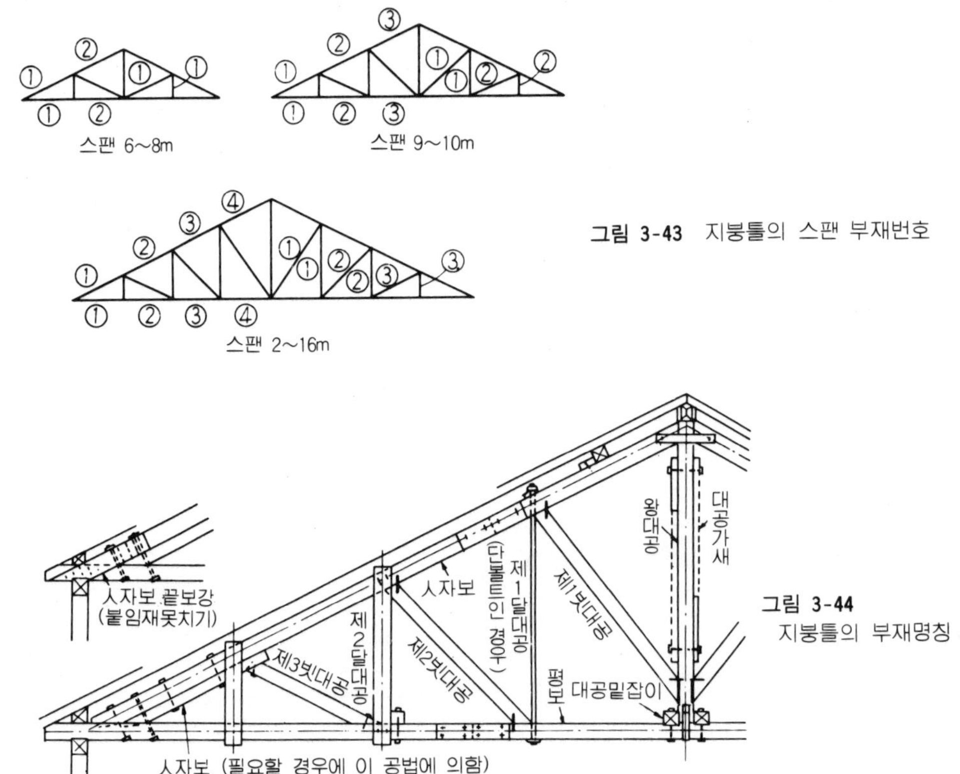

그림 3-43 지붕틀의 스팬 부재번호

그림 3-44 지붕틀의 부재명칭

표 3-1 지붕틀 부재의 조건

적용지역	적설량(m)	고 정 하 중 의 조 건		지붕간격(m)	지붕번호 No.
일반지역		A (가벼운 지붕, 반자) 지붕 · 슬레이트, 유리지붕, 함석, 　　　석면슬레이트, 골함석. 천정 · 반자틀 　　　목조시멘트판, 합판, 금속판, 　　　섬유판, 반자살		2	1
				3	2
				4	3
		B (무거운 지붕, 반자) 지붕 · 기와이음(채움 흙이 없음) 천정 · 모르타르바름, 또는 회반죽바름		2	4
				3	5
				4	6
위의 지역 외에 눈이 많이 오는 지방	0.5 이하	A		2	7
				3	8
				4	9
		B		2	10
				3	11
				4	12
	1.0 이하	A		2	13
				3	14
				4	15
		B		2	16
				3	17
	1.5 이하	A		2	18
				3	19
		B		2	20

〔주〕 예를 들면, 적용지역이 일반지역, 고정하중 조건이 A(가벼운 지붕, 반자), 지붕간격이 2m 라
면 이 표에 의해 지붕번호는 No. 1에 해당하므로, 다음 표 3-2의 지붕틀 치수표의 지붕번호 1
에 의해 사용 부재치수를 알 수 있다.

표 3-2 지붕틀 치수표(스팬6~8의 경우)

(단위 목재 cm
　　　철물 mm)

지 붕 번 호 No.	1	2, 4, 7	3, 10, 13	5, 8, 16, 18	6, 9, 11, 14	12, 15, 17, 19, 20
부재 人 자 보　①~②	10.5×10.5	10.5×10.5	12×12	12×12	12×12	13.5×15
평　보　①~②	10.5×10.5	10.5×10.5	12×12	12×12	12×12	13.5×13.5
왕　대　공	10.5×10.5	10.5×10.5	12×12	12×12	12×12	13.5×13.5
빗　대　공	9×9	10.5×9	12×9	12×9	12×9	13.5×9
달대공 { 볼트의 경우	2-6×9	2-6×9	2-6×9	2-6×9	2-6×9	2-6×9
못 의 경우	2-3×9	2-3×9	2-3×9	2-3×9	2-3×9	2-3×9
보강철물 人 자 보 끝 볼 트	B 16	B 19	B 19	B 22	2 B 16	2 B 19
겹 친 人 자 보 띠 쇠	4.5×32	4.5×32	4.5×32	4.5×38	4.5×38	4.5×38
人 자 보 조 임 볼 트	B 13	B 13	B 13	B 16	B 16	B 16
감 잡 이 쇠	4.5×32	4.5×32	4.5×32	4.5×38	4.5×38	4.5×38
감 잡 이 쇠조임볼트	B 13	B 13	B 13	B 16	B 16	B 16
달 대 공 볼 트	B 13	B 16	B 16	2 B 13	B 22	B 22
평 보 이 음 (붙임널은 평보를 반나눈 것)	4 B 16	4 B 19	6 B 16	8 B 16	10 B 16	8 B 19

〔주〕 나무 종류 : 소나무, 미송, 나왕, 등의 재료
평보, 人자보의 이음철물은 1개소의 소요량.
평보이음 ②는 ②의 부분에 이음하는 것을 표시한다.

표 3-3 지붕틀가새 단면배치표

지붕틀간격 \ 지붕틀스팬	9 m 미만	9 ~ 12m	14 m 이상
2 m	① 4.5×10.5	① 5.5×12	⊗ 4.5×10.5
3 m	① 5.5×12	⊗ 4.5×10.5	⊗ 5.5×12
4 m	⊗ 4.5×10.5	⊗ 5.5×12	⊗ 6 ×12
볼트 조임	B 13	B 13	B 13

① 한쪽가새 ⊗ 양쪽가새

표 3-4 지붕틀진동방지용 단면표

지붕틀간격 \ 지붕틀스팬	9 m 미만	9 ~ 12m	14 m 이상
2 m	① 9 × 9	① 9 × 9	③ 9 × 9
3 m	①10.5×10.5	①10.5×10.5	③10.5×10.5
4 m	①10.5×10.5	①10.5×10.5	③ 12×12
볼트 조임	B 13	B 13	B 16 (지붕틀간격2m는 B 13)

①, ③ 은 통수

b. 절충식 지붕틀——절충식 지붕틀은 보통 그림 3-45처럼 지붕보 위에 대공을 세우고 중도리를 받아 그 위에 서까래를 올려서 만든다. 간사이(span)는 5.5m 정도까지이고, 일반적으로 통나무가 사용되며, 끝지름은 간사이에 따라서 틀리는데, 보통 12~20cm 정도이다. 지붕보와 처마도리의 마무리로는 그림 3-46처럼 지붕보 위에 처마도리맞추기와 깔도리 위에 지붕보맞추기가 있다. 주택에서는 거의 깔도리 위에 지붕보 맞추기가 사용된다.

● **종보**……이것은 지붕이 클 때, 지붕공간을 사용하는 경우에 이용된다.

● **대공밑잡이**……이것은 지붕보의 좌굴을 방지한다. 크기는 10.5×10.5cm 정도이다.

● **지붕대공**……지붕대공은 지붕보와 종보에 짧은 장부맞춤으로 세워 꺾쇠로 고정시킨다. 그리고, 중도리를 받는다. 크기는 9×9cm 정도이다.

● **중도리**……중도리는 서까래를 받는다. 크기는 지붕대공과 같다.

● **지붕꿸대**……지붕꿸대는 대공 위에 중도리와 평행으로 가로낸다.

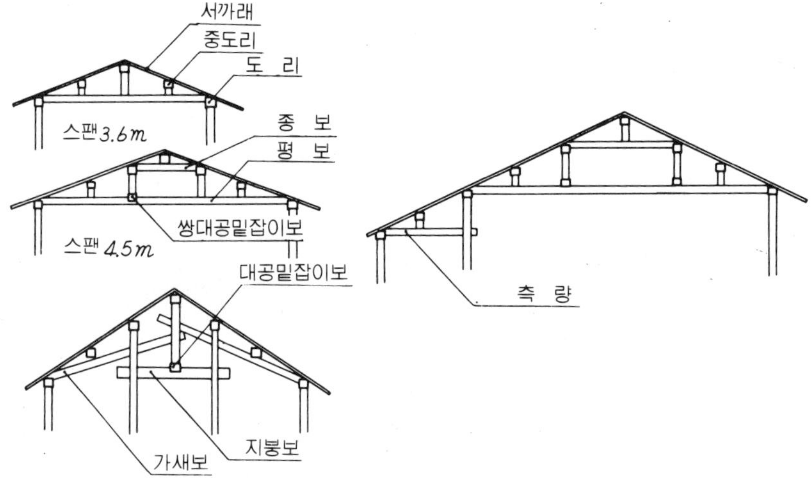

그림 3-45 절충식 지붕틀의 예

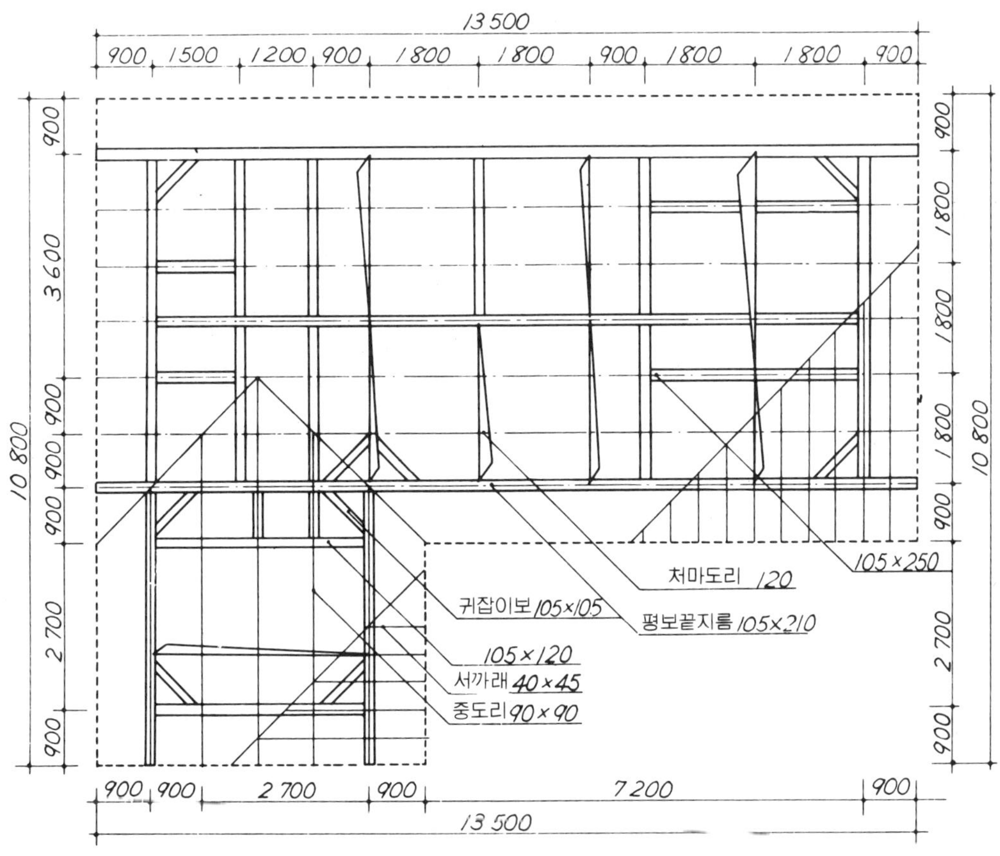

(a) 지붕틀도

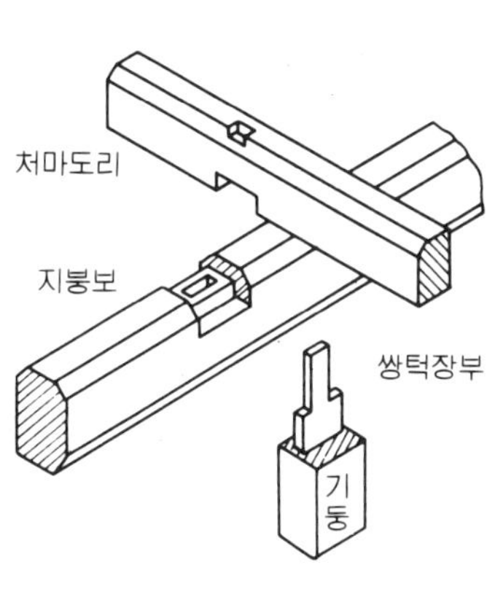

(b) 지붕보 위에 처마도리맞추기

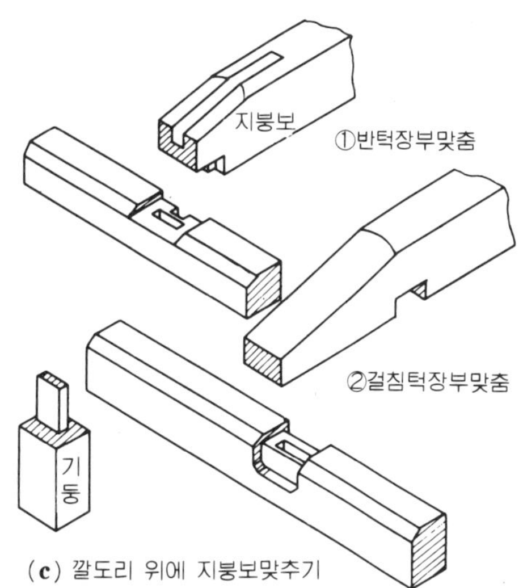

(c) 깔도리 위에 지붕보맞추기

그림 3-46

지붕

지붕 이음재료로서 사용되는 것에는 기와, 슬레이트 금속판, 유리, 합성수지제품 등이 있다.

a. 기와잇기 —— 기와잇기에는 한식 기와잇기와 양식 기와 잇기가 있다.

● **한식기와잇기**……한식기와잇기에는 암키와, 수키와를 쓰고, 진흙을 이겨 붙이면서 잇는 것으로서, 이것을 정기와잇기라 하는데, 그림 Ⓐ와 같은 종류가 있다. 또한, 기와잇기는 걸침 턱 기와잇기와 평기와잇기가 있고, 일반적으로는 그림 3-39, 그림 3-47처럼 걸침 기와잇기가 많이 사용되고 있다. 이것은 지붕개판 위에 아스팔트 팰트를 펴고 기와 크기에 맞추어 2㎝ 각 재의 기왓살을 못박아 댄 다음 기와의 턱을 기왓살에 걸치고 줄을 맞추어 깔아가는 것이다. 처마끝은 평고대와 연암 위에 내림새기와로 깔기 시작하여 5단 걸름으로, 또한 지붕끝은 2열로, 기타 중요부는 1렬로 동선이나 철선, 못 등으로 지붕널에 연결한다.

● **양식기와잇기**……양식 기와잇기에는 프랑스 기와잇기, 스페인 기와잇기 등이 있고, 역시 지붕널 위에 방수지를 펴고 기와를 잇는다.

b. 슬레이트이음 —— 천연슬레이트, 골슬레이트, 석면 슬레이트판 등이 있는데, 일반적으로는 골슬레이트가 사용되고 있다. 골슬레이트는 직접 중도리 위에 잇는 경우가 많다. 그 경우에는 골 슬레이트판의 크기에 맞추어서 중도리 간격의 나누기를 한다. 그림 3-48처럼 겹치게 하고 중도리 위에서 아연도금의 큰못이나 볼트로 중도리에 붙인다.

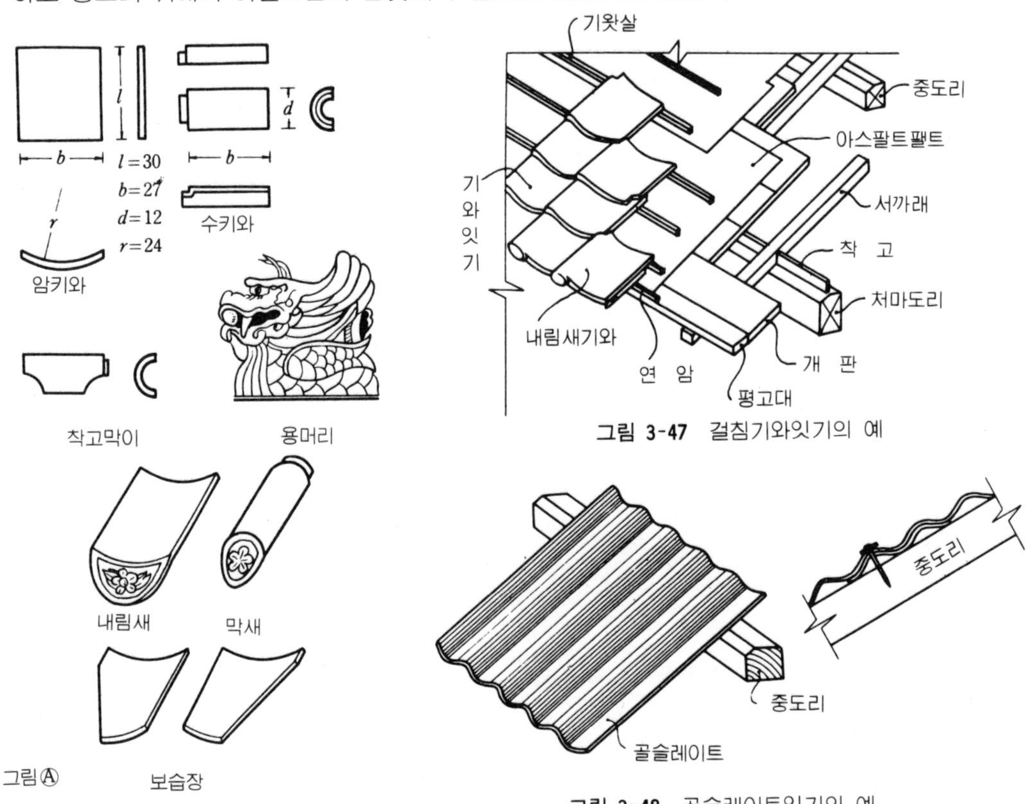

그림 **3-47** 걸침기와잇기의 예

그림 **3-48** 골슬레이트잇기의 예

c. 금속판잇기 —— 아연철판(함석판), 알루미늄판, 동판 등의 재료로 평판잇기, 기왓가락잇기, 골판잇기 등의 잇기법이 있다.

● **평판잇기**……이것은 개판 위에 아스팔트 루핑을 깔고 그 위에 규격의 평판으로 잇는다. (그림 3-49).

● **기왓가락잇기**……이것은 개판 위에 약 5 cm각의 기왓가락을 서까래선에 맞추어 지붕널 위에 못을 박아 댄다. 평판은 기왓가락 사이에 맞추어 깔되, 양쪽은 기왓가락 옆에 3cm 이상 꺾어 올린 다음, 사방 거멀접기로 하여 거멀쪽을 써서 못을 박아대고 덮개를 접어 감싼다.

● **파형판이음**……지붕개판 위에 잇는 경우와 직접 중도리 위에 이을 경우가 있고, 잇기방법은 골슬레이트의 경우와 같다(그림 3-51).

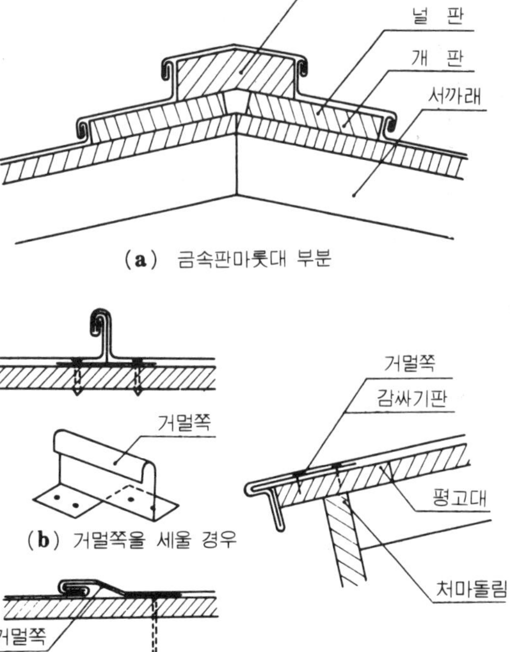

그림 3-49 평판잇기의 예

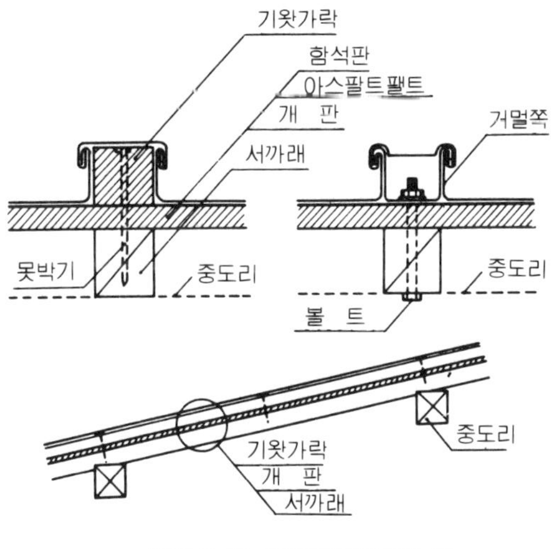

그림 3-50 기왓가락잇기의 예

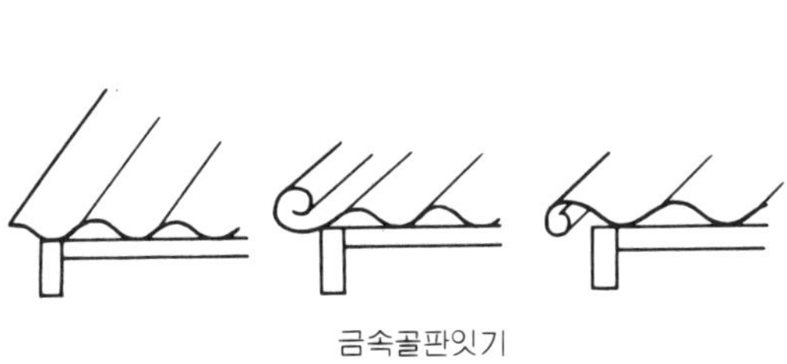

금속골판잇기

그림 3-51 골판잇기의 예

3—5   2 층바닥틀, 2 층바닥마무리, 반자마무리와 주단면 상세도

그림 3-2에서 중앙 부분(그림 3-52)의
단면도를 상세하게 그리면 그림 3-53 처
럼 된다. 이것을 중심으로 2층 바닥틀,
2층바닥 마무리, 반자에 관하여 설명
하고자 한다.

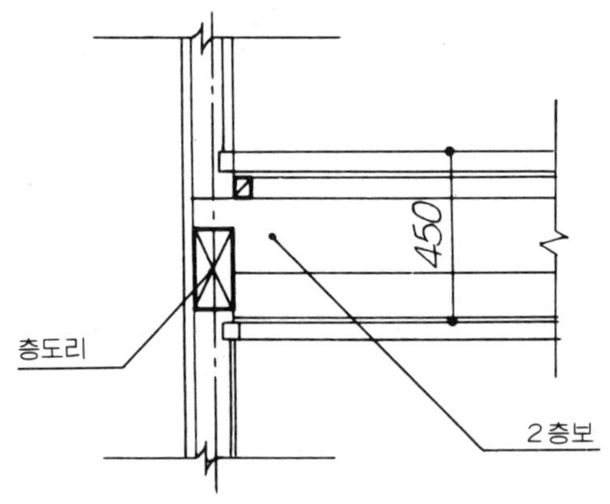

그림 3-52 그림 3-2 중앙부분의 단면도(1/30)

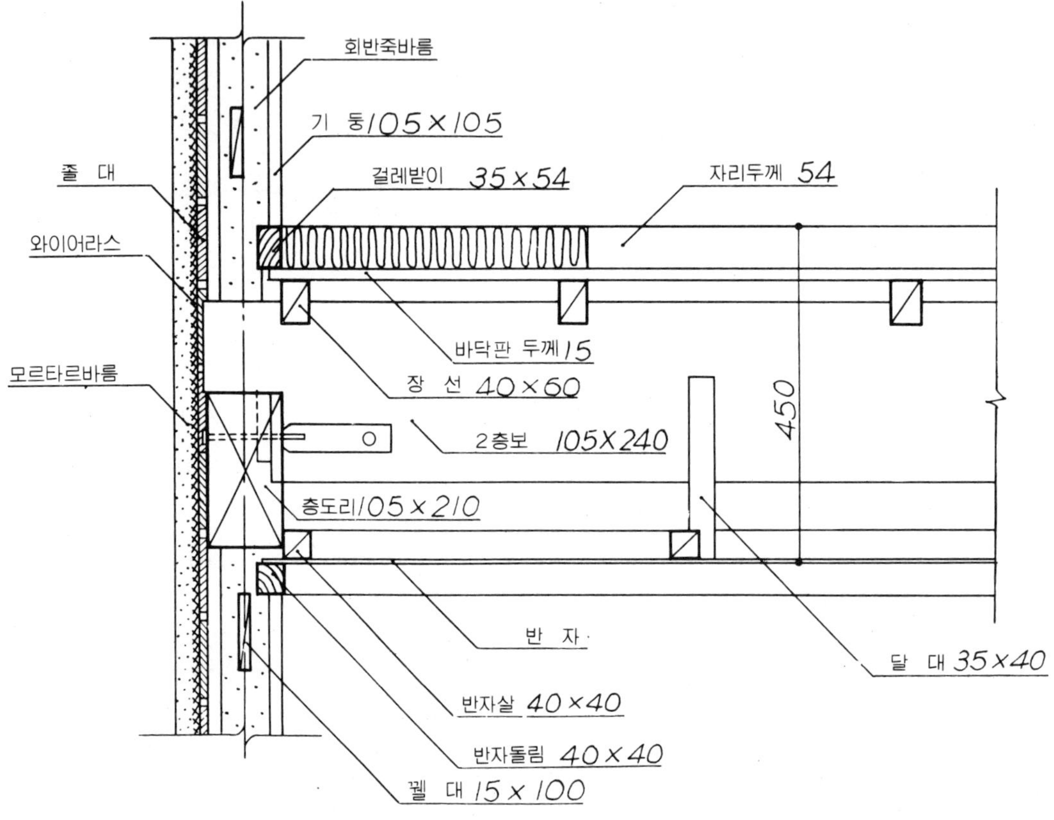

그림 3-53 중앙부분 단면상세도의 예

2 층바닥틀(층마루)

2층바닥틀에는 장선마루, 보마루, 짠마루가 있다.

a. 장선마루——복도와 같이 간사이가 좁을 때에는 보를 쓰지 않고, 층도리에 직접 장선을 (36~50cm) 약 45cm 간격으로 걸쳐 대고 그 위에 널을 깐다(그림 3-54). 이것을 장선마루 또는 홀마루라 한다. 장선의 춤은 다소 높은 것을 쓰는데, 춤의 규모에 따라 옆진동을 막기 위하여 장선받이를 대기도 한다. 크기는 9~12cm의 것을 둘로 쪼갠 치수의 것을 많이 사용하고 있다.

b. 보마루——일반적인 바닥 만드는 방법이다. 보의 간사이가 2m 이상의 경우에 그림 3-55처럼 보를 기둥 또는 층도리에 걸고, 그 보에 직각으로 장선을 건 다음, 그 위에 바닥판을 깐다. 보의 크기는 구조계산으로 결정하지만, 일반적으로 사용하고 있는 것은 다음과 같다.

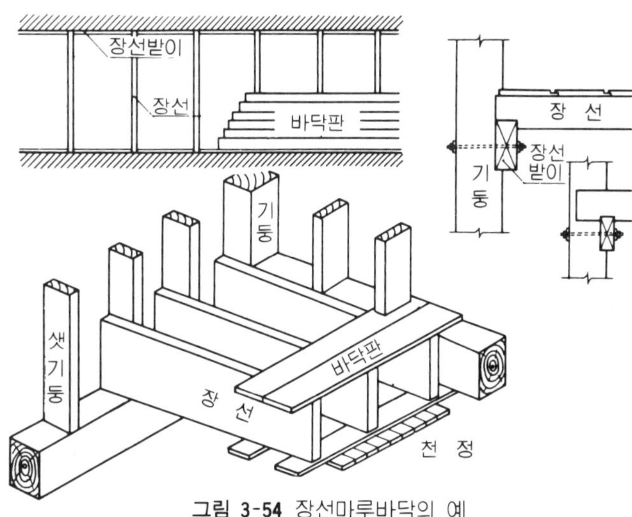

그림 3-54 장선마루바닥의 예

그림 3-55 보마루틀의 예

간사이가 2.7m 일 때 10.5×18cm이고, 3.6m 일 때 10.5×24cm이며, 4.5m 이면 12×30cm 정도이다. 장선의 크기는 6×12cm 정도이고, 36~50cm 간격으로 배치하며, 장선이음은 보 중심에서 맞댄 이음 또는 턱솔이음으로 한다. 또, 밑잡이보는 2층평 기둥의 밑 부분을 토대와 같이 받치는 경우에 사용된다. 보와 기둥과 층도리의 맞춤은 그림 3-56과 같이 표시한다.

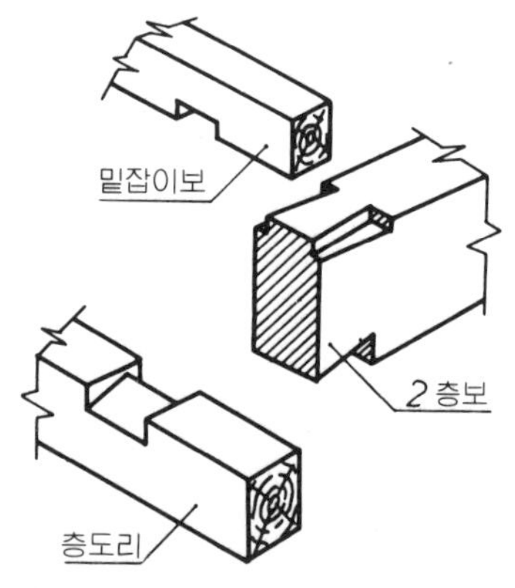

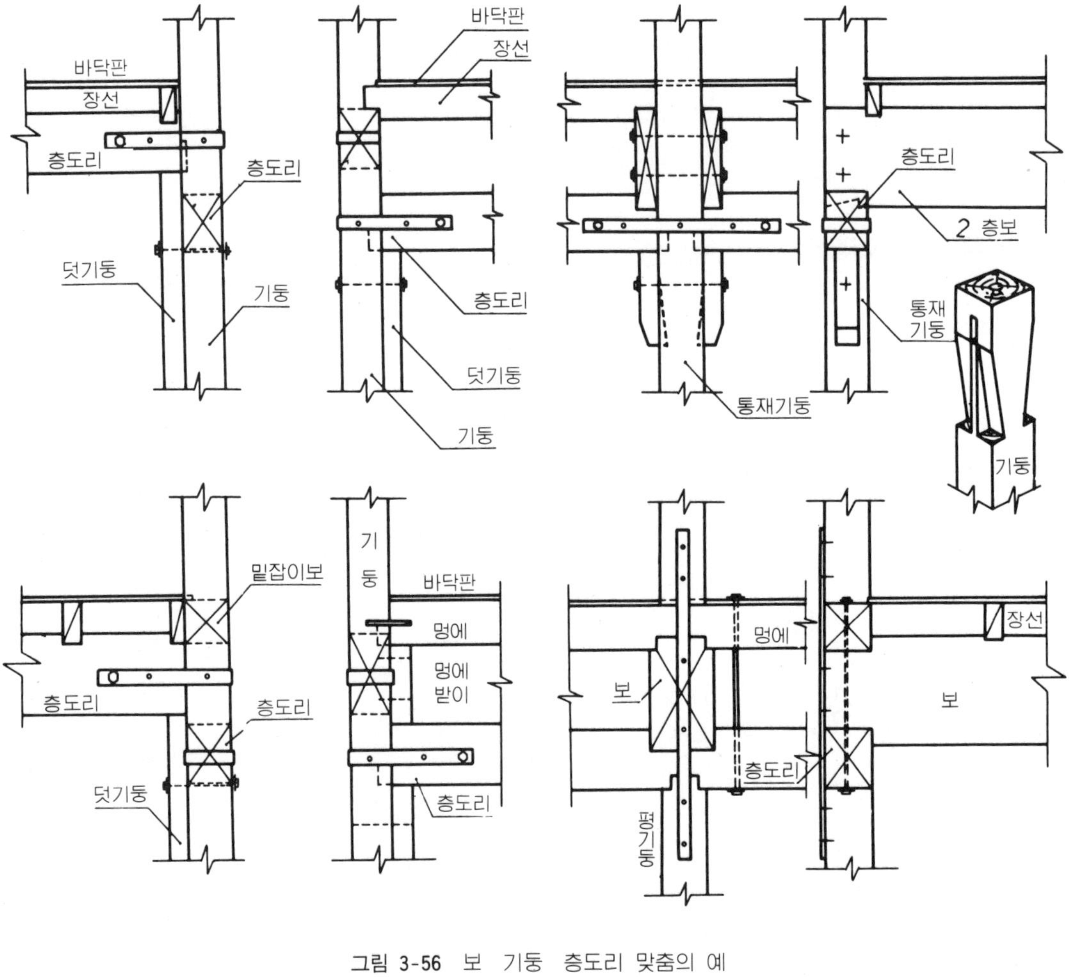

그림 **3-56** 보 기둥 층도리 맞춤의 예

c. 짠마루틀—— 짠마루틀은 간사이가 5−6m 이상일 때 사용한다. 즉, 그림 3-57 처럼 큰보 간사이를 2.7∼4m 정도로 걸고 작은보를 직각으로 1.8∼2m 간격으로 건다. 그 위에 장선을 36∼50cm 간격으로 대고 마루판을 깐다. 크기는 계산에 의하여 산정하지만, 일반적으로는 배합보로 하여 받침 기둥으로 보강한다. 최근에는 가볍고 튼튼한 경량철골보가 많이 사용되고 있다(그림 3-58). 크기는 2⊏−100×50×20×3.2 정도이다.

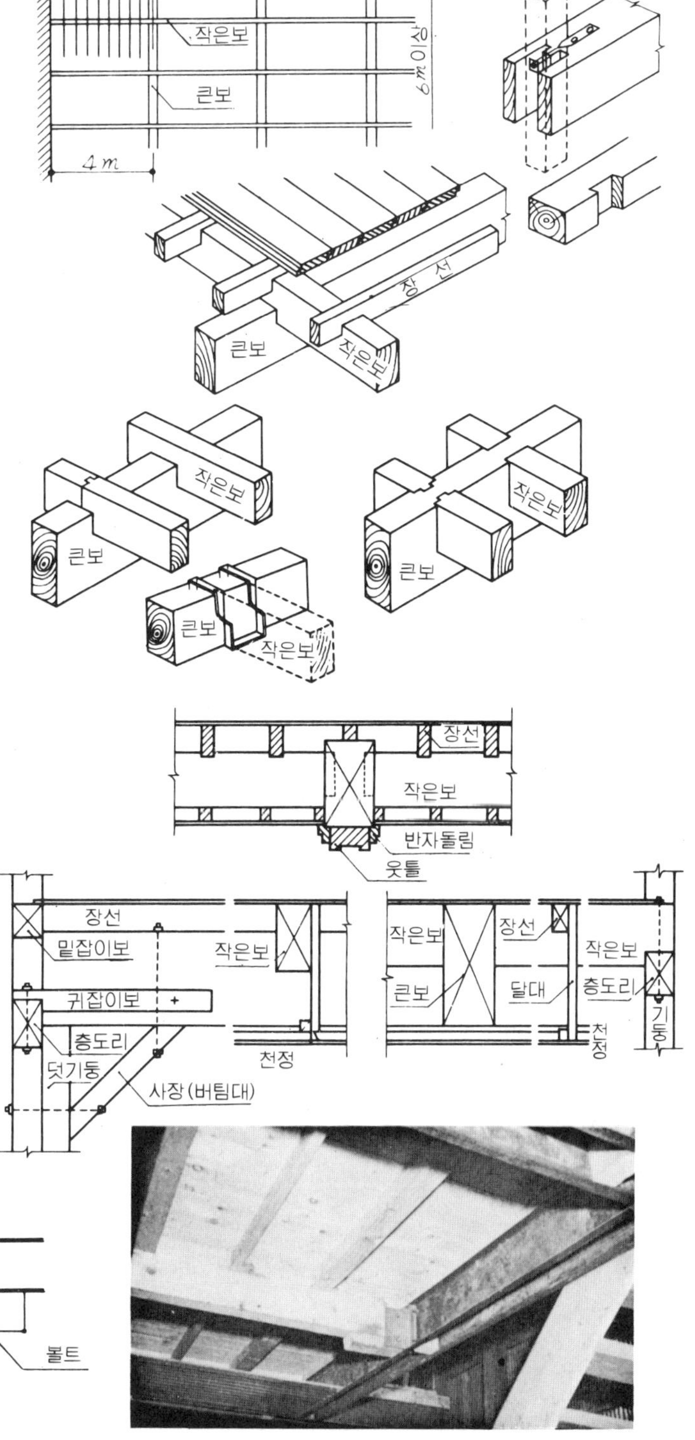

그림 **3-57** 짠마루틀의 예

그림 **3-58** 경량철골보의 예

2층바닥 마무리

2층바닥의 마무리는 1층바닥의 마무리 공법에 준한다.

반자틀마무리

마무리 방법에 따라 널반자, 회반죽바름 반자, 붙임반자 등이 있다. 일반 반자의 반자틀은 그림 3-59처럼 우선 반자틀받이를 90~100 cm 간격으로 짜고 직각으로 반자틀을 마무리재의 바탕으로 해서 45~60 cm 간격으로 짠다. 각재의 크기는 3~5 cm 각 정도의 각재로 반턱맞춤 또는 못으로 고정하고, 상부는 끝지름 8~10 cm 정도의 통나무나 각재로 달대받이에 꺾쇠나 못으로 고정시킨다. 달대받이의 간격은 90~100 cm 정도이다.

a. 널반자—— 널반자에는 살대반자, 우물반자, 구성반자 등이 있다.

● **살대반자**…… 반자틀 밑에 두께 9 mm 정도의 넓은 널 또는 합판 등을 대고 그 밑

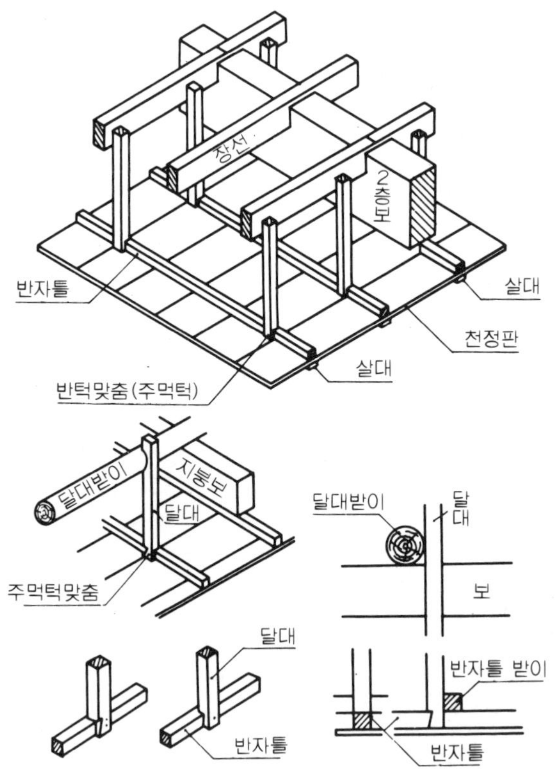

그림 **3-59** 반자틀의 예

에 36~45 cm 간격으로 살대를 박아댄다. 살대는 면을 접고 반자 돌림대에 통맞춤으로 맞춘다 (그림 3-60).

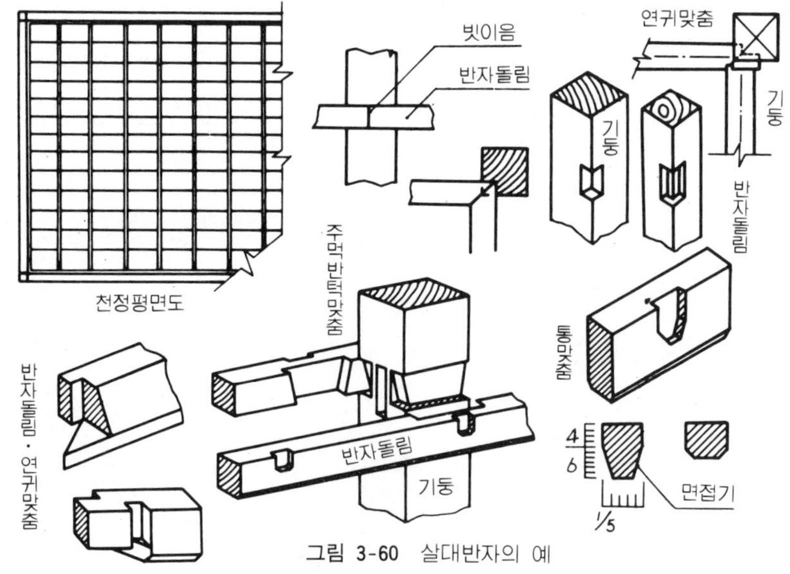

그림 **3-60** 살대반자의 예

● **우물 반자**……반자틀은 바둑판 모양으로 네모 반듯하게 격자틀을 짜고, 서로 만나는 곳은 연귀 맞춤으로 하며, 이음은 턱솔 또는 주먹장으로 한다. 달대는 반자틀에 주먹장 맞춤으로 하며, 나사못을 박고 철사로 매달기도 한다. 넓은 반자틀 위에 대거나 틀에 턱솔을 파고서 끼운다.

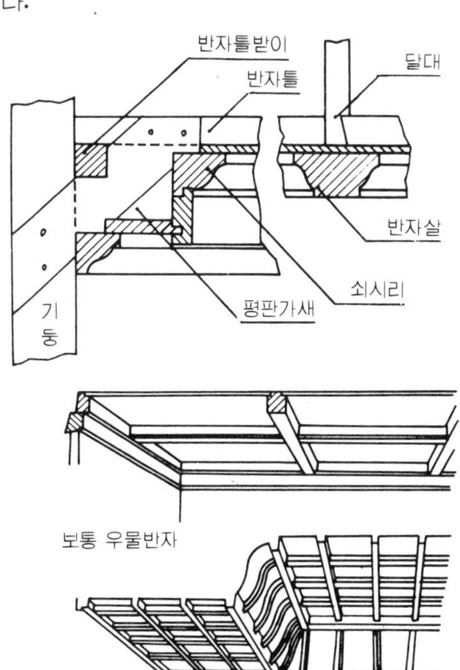

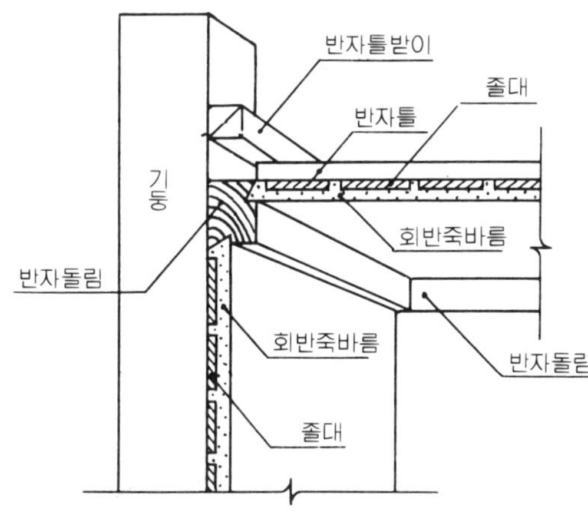

그림 3-61 구성반자의 예

● **구성 반자**……층단으로 만들어 장식과 음향효과를 갖도록 하고, 조명도 간접조명으로 할 수 있으므로, 모양도 여러가지로 한다(그림 3-61).

b. 회반죽바름 반자——두께 7mm 정도의 졸대를 반자틀에 평행하게 못으로 박고, 그 위에 수염을 약 30cm²에 하나씩 늘인 다음 모르타르나 회반죽을 바른다. 다른 반자에 비하여 중량이 크고, 특히 진동이나 처짐이 없도록 주의해야 하므로, 메탈라스를 치고 회반죽을 바르면 안전하다. (그림 3-62).

c. 건축판 반자——합판이나 여러가지 섬유세 보오드류(건축판), 석면 시멘트판, 석고판, 금속판 등의 반자 붙임재를 넓은 판으로 쓰기도 하고, 30~60cm각 정도의 작은 판으로 만든 것을 사용하기도 한다 (그림 3-63).

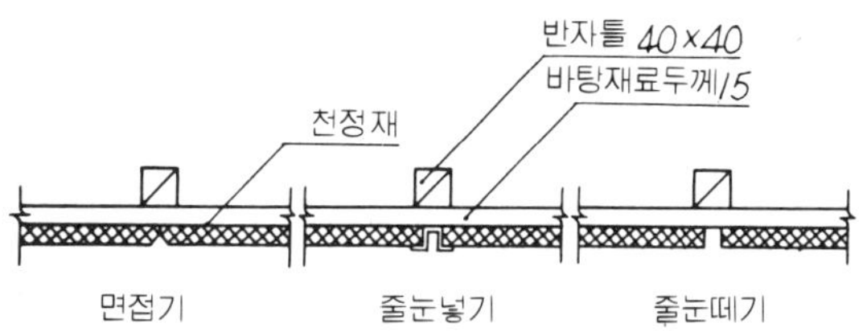

그림 **3-62** 회반죽바름 반자의 예

그림 **3-63** 건축판 반자의 예

3—6 차양, 내민창, 툇마루와 주단면 상세도

차양

  차양구조로는 팔대로 구성하는 것과 내민보로 구성하는 것이 있다. 그리고, 서까래 위에 개판을 붙이는 것과 바로 지붕으로 형성하는 것이 있다. 지붕은 아연철판 등으로 마무리한다(그림 3-64).

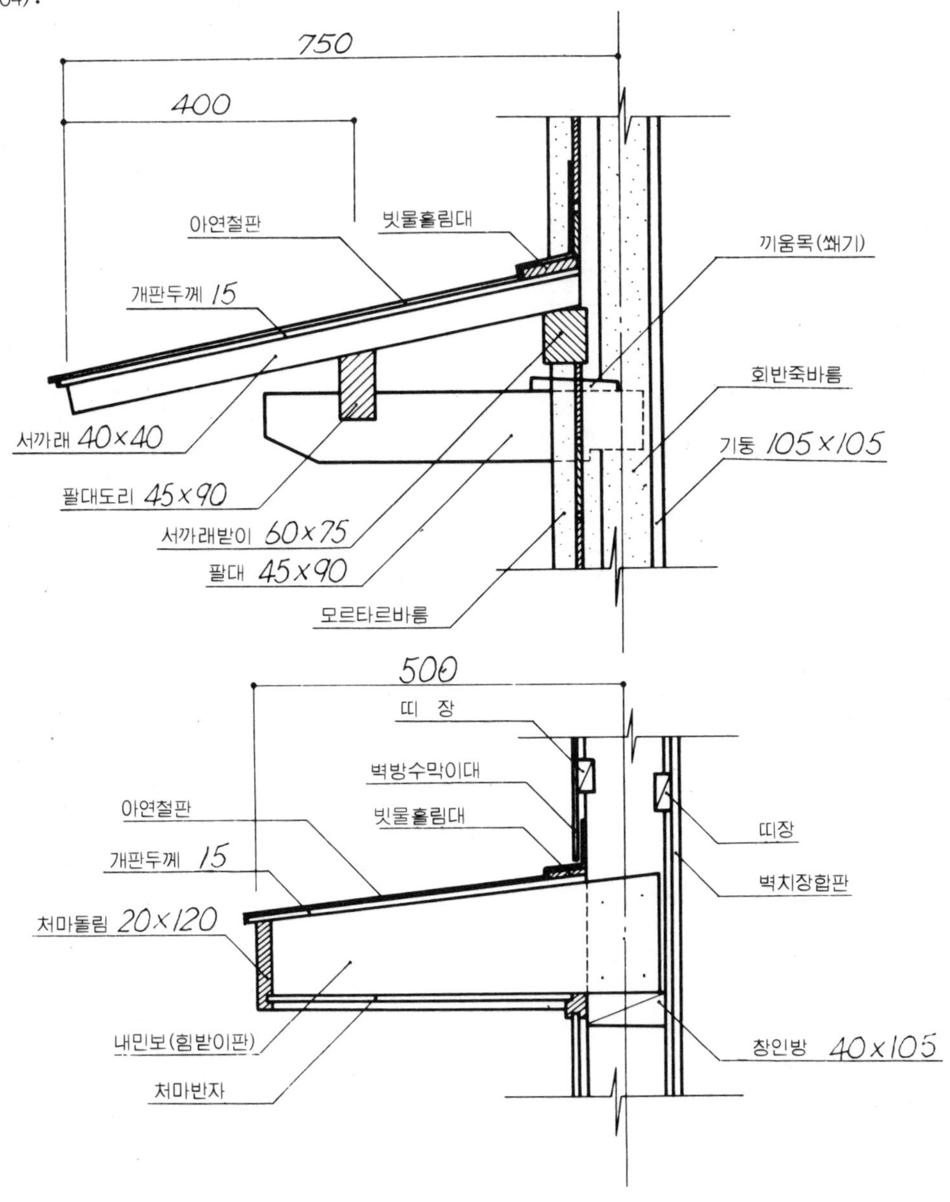

그림 **3-64** 차양의 상세도 예

내민창

내민창문은 벽면에서 창외부로 돌출시켜 만든다. 일반적으로, 그림 3-65처럼 창틀을 판으로 만들어 기둥에 부착시킨다. 또, 바닥과 같이 내밀 경우에는 버팀대나 가새 등으로 보강한다.

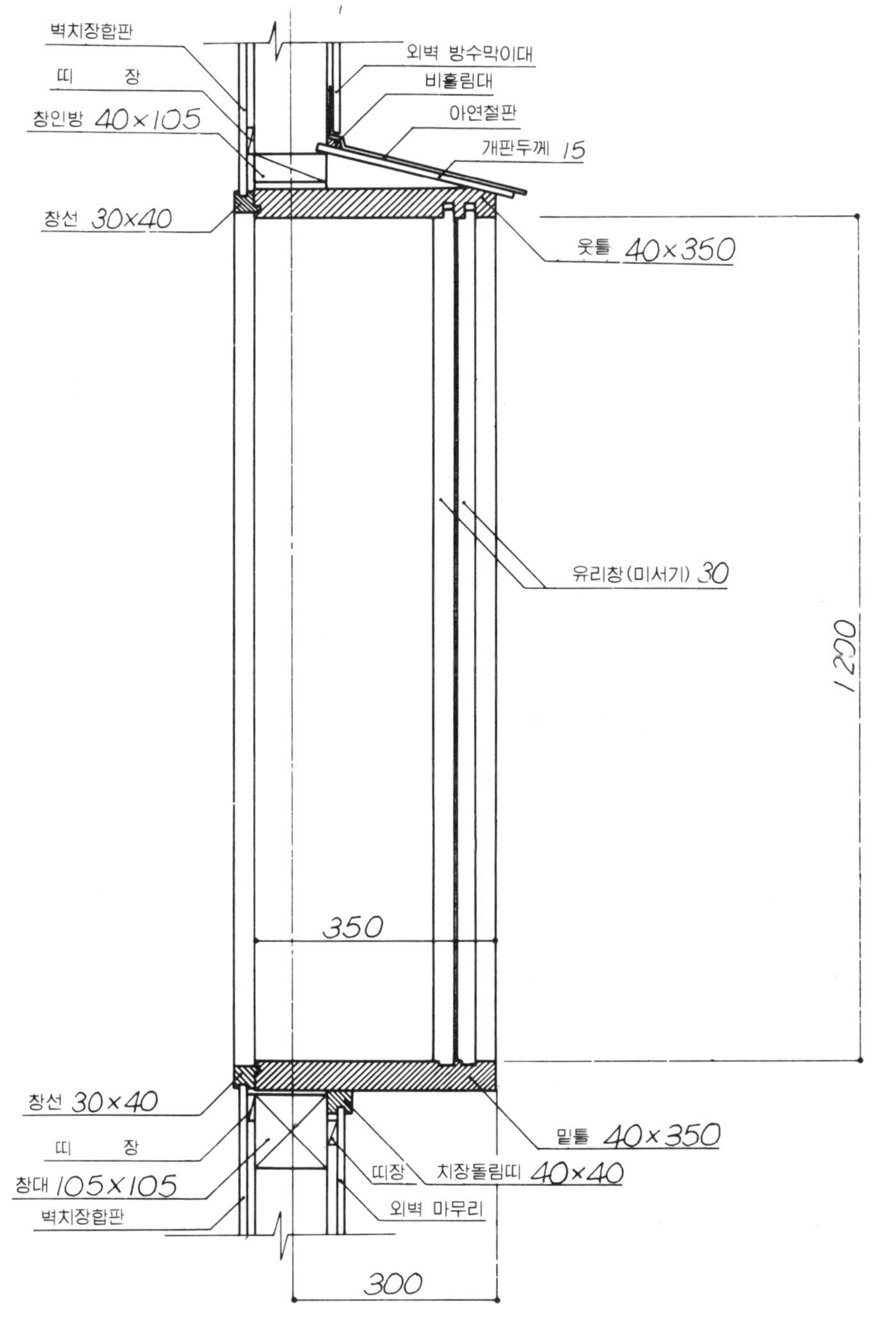

그림 3-65 내민창의 상세도의 예 (1/10)

툇마루

툇마루는 일반적으로 후로링(널판)을 마루턱과 마루판 받이에 길이 방향으로 깔아 형성한다. 바닥높이는 그림 3-66처럼 한식구조의 문지방에서 보통 4~5cm 정도 마루판바닥을 내린다. 바깥쪽의 마루턱은 동바리로 세워대고 주춧돌기초로 힘을 받는다. 동바리의 간격은 90~150cm 정도이다. 또, 장선의 크기는 6×12cm 정도이고, 45cm 간격으로 배치하며, 지붕은 일반 처마보다도 한단 내리고, 경사도 완만하게 하여 처마안 반자를 치장하여 마무리한다. 최근에는 파고라 또는 온실(sun room)처럼 하는 경우도 있다.

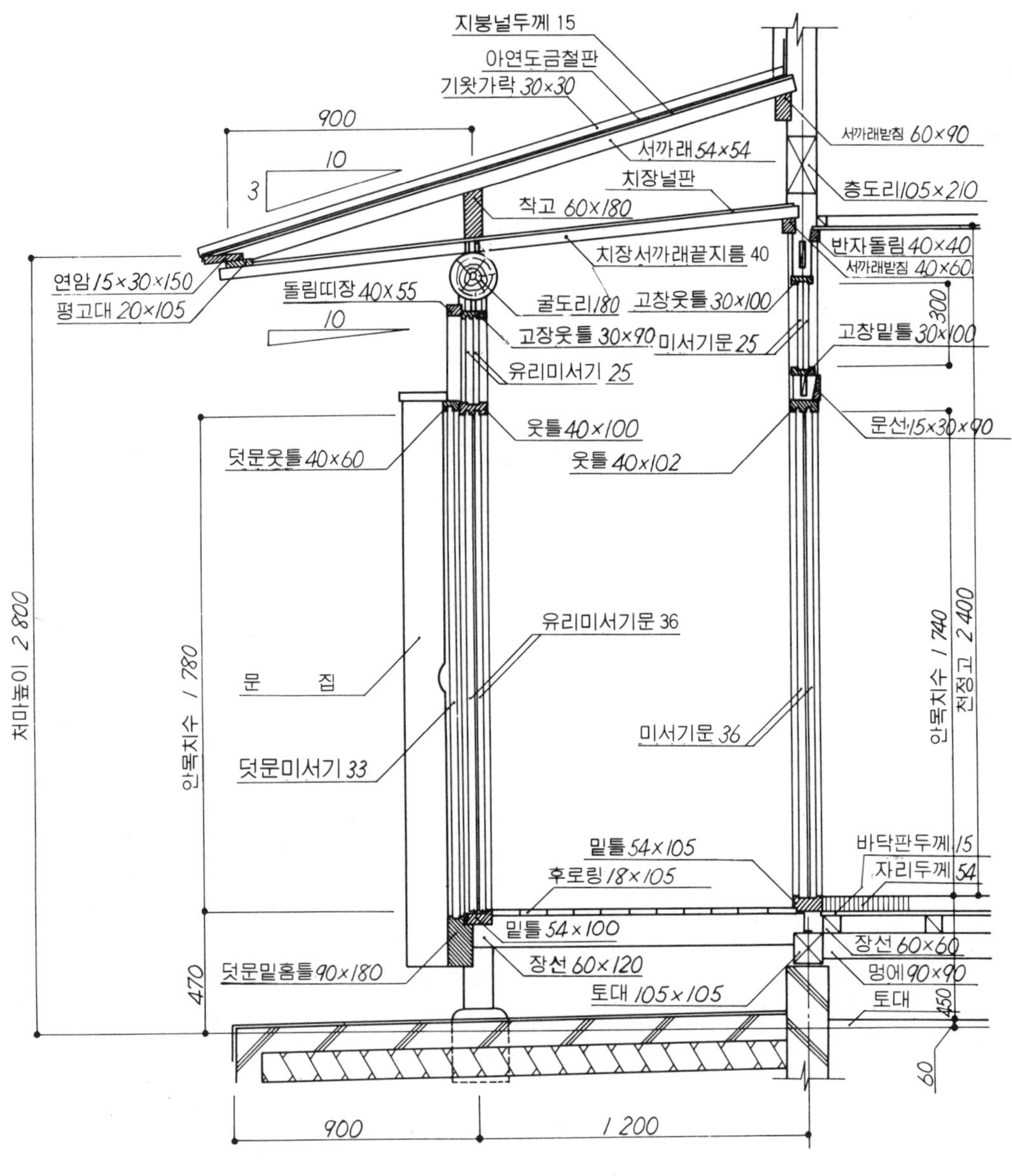

그림 3-66 툇마루 주단면상세도 1/20

그 외에 그림 3-67처럼 옥외에 설치하는 마
루도 있다.

도어케이스(door case)

도어케이스는 덧문이나 유리문 또는 미서
기문을 떼어 보관하지만, 그 크기는 보관할
창문의 수량에 따라서 달라진다. 7장 정도까
지는 내민 도어케이스로 충분하지만, 그 이
상이 되면 기둥 도어케이스를 단다. 팔대널
의 두께는 2~3cm이다. 그리고, 주단면상세
도에서는 일반적으로 입면도로 보이기 때문
에 별도로 상세도를 그린다(그림 3-68).

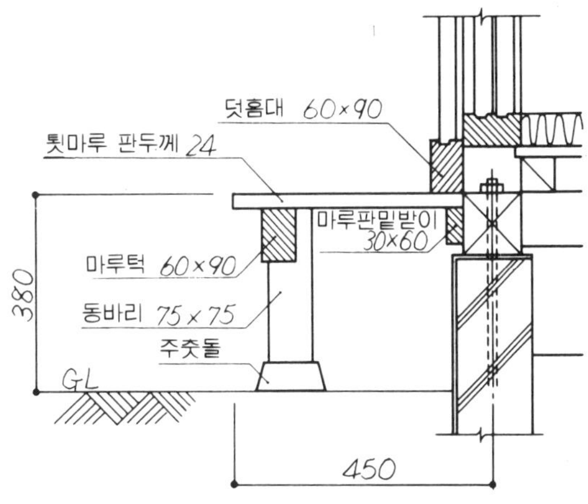

그림 3-67 툇마루의 상세도의 예(1/10)

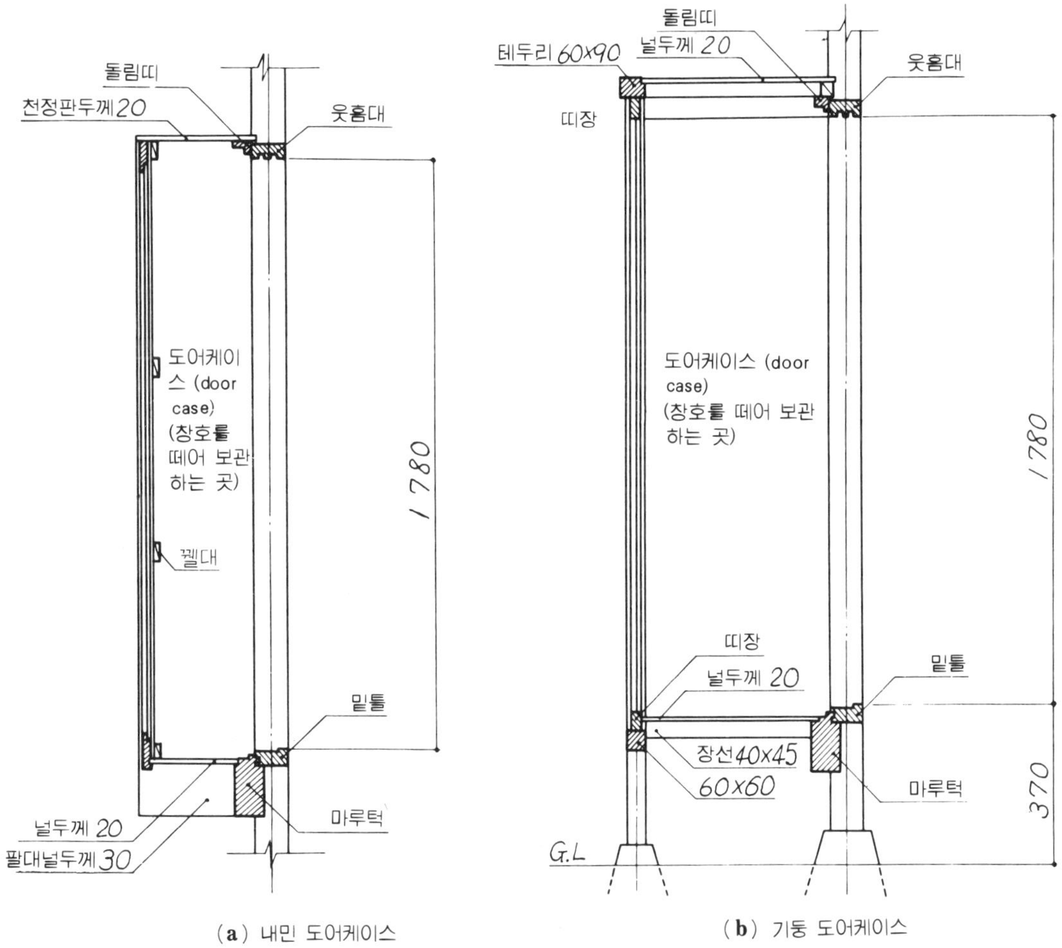

(**a**) 내민 도어케이스

(**b**) 기둥 도어케이스

그림 3-68 도어케이스의 상세도

실 습 문 제

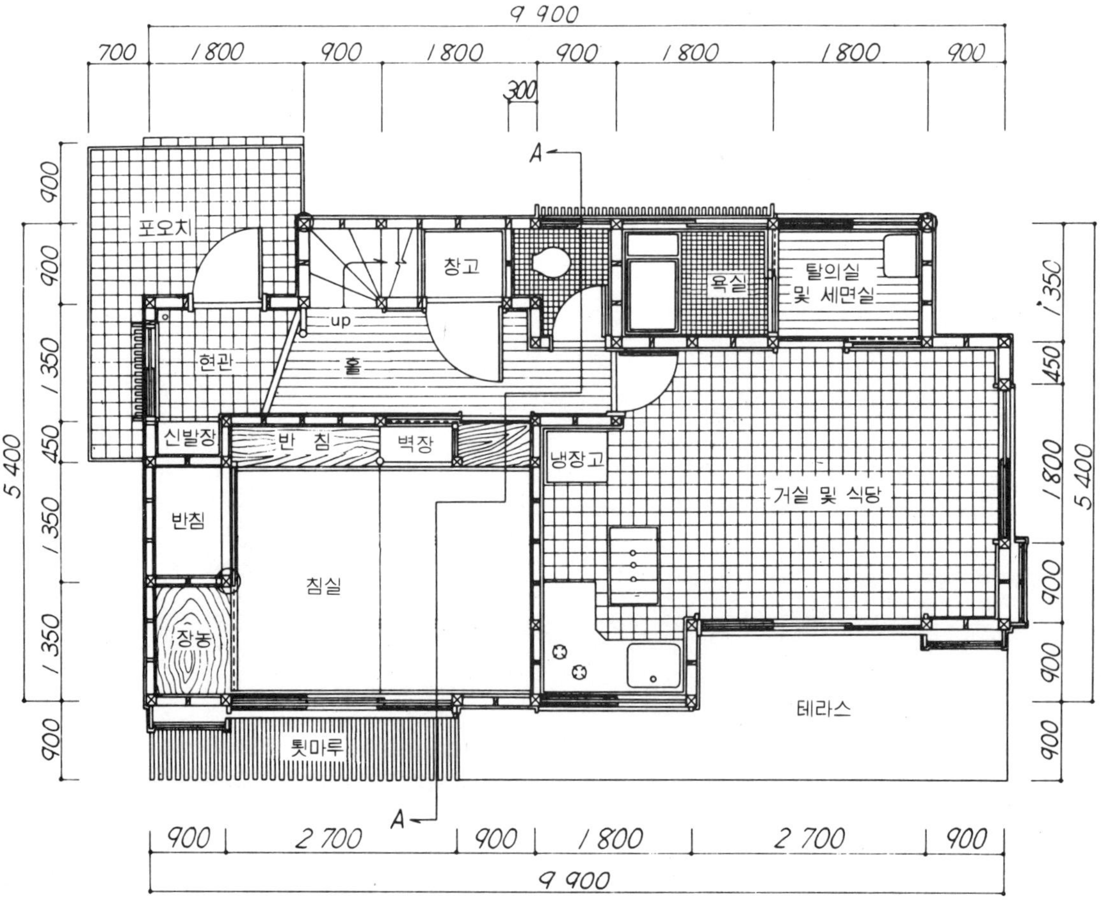

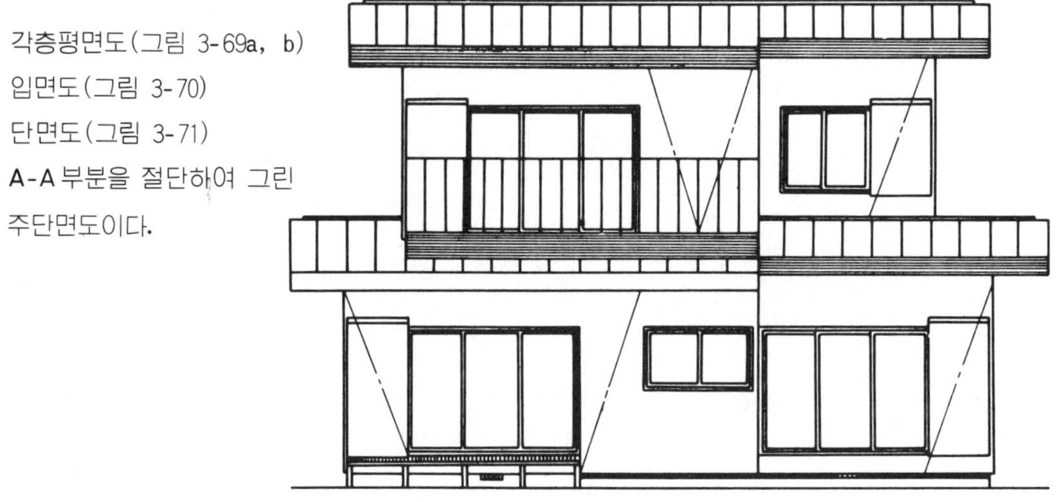

그림 **3-69**(**a**) 1층평면도(1/50)

각층평면도(그림 3-69a, b)
입면도(그림 3-70)
단면도(그림 3-71)
A-A 부분을 절단하여 그린
주단면도이다.

그림 **3-70** 남측입면도 (1/100)

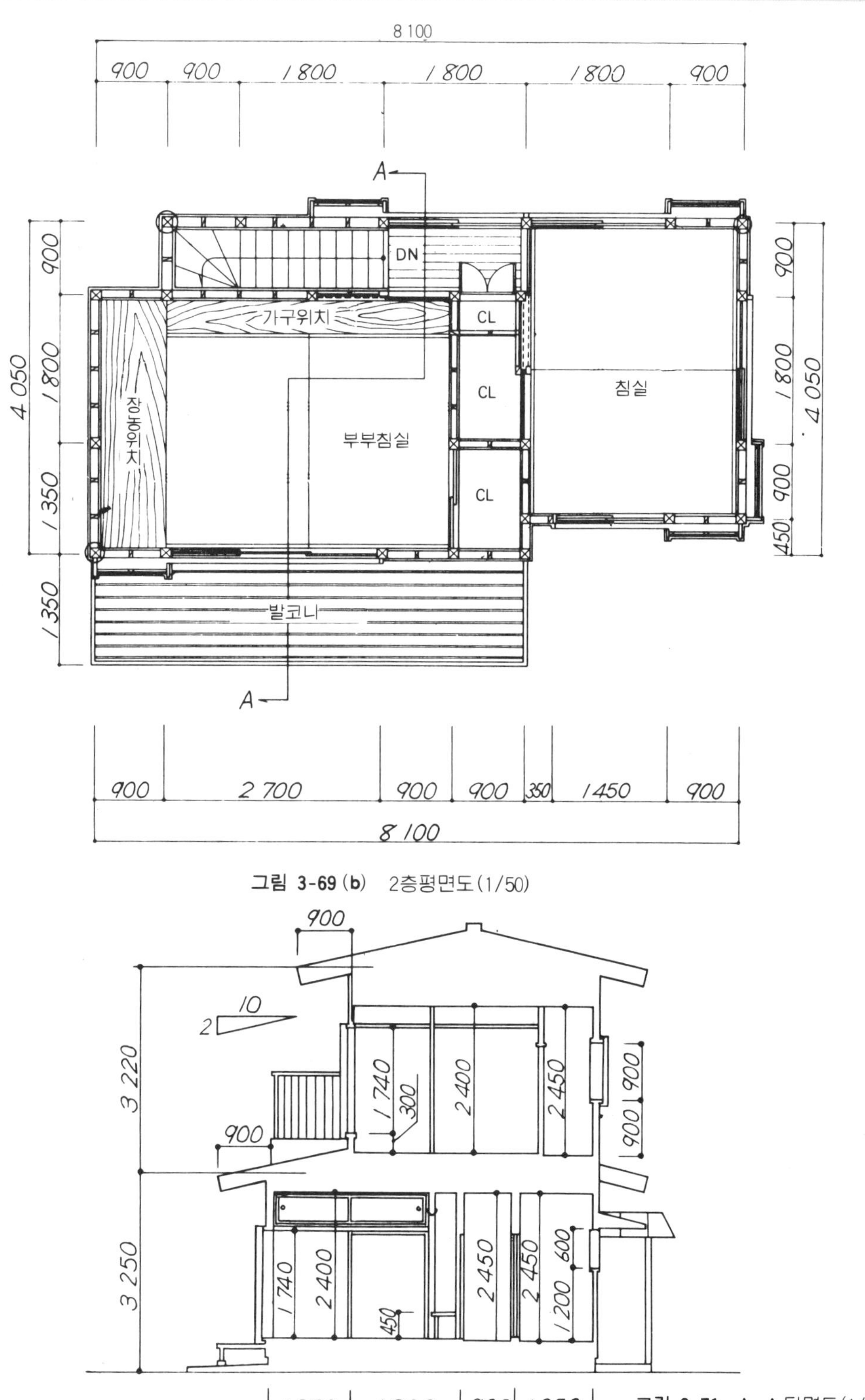

그림 **3-69**(**b**)   2층평면도(1/50)

그림 **3-71**   A-A 단면도(1/100)

실 습 요 령

주단면상세도는 건축물 각 부분의 높이와 부재치수, 재료 및 마무리 관계를 표현하는 도면이므로 다음과 같이 표현한다.

1. A-A 부분의 중심선 및 각 부분의 높이를 결정하고 치수선 및 치수를 기입한다〔그림 3-72(a)〕.

2. 다음의 구조부분을 그린다〔그림 3-72(b)〕.

   A. 기초 부분——기초평면도와 같이 생각한다. 그리고, 기둥, 토대, 멍에, 장선의 배치와 크기를 결정한다.

   B. 바닥 부분——바닥평면도와 같이 생각한다. 그리고, 기둥, 토대, 멍에, 장선의 배치와 크기를 결정한다.

   C. 지붕 부분——지붕틀평면도와 같이 생각한다. 그리고, 절충식 지붕틀인 때에는 처마도리, 지붕보, 대공, 중도리, 서까래의 배치와 크기를 정하고, 양식 지붕틀인 때에는 깔도리, 중도리, 평보, 人자보의 크기를 결정한다.

3. 최후에 마무리 관계를 그린다〔그림 3-72(c)〕.

   A. 1층바닥 테두리부분——걸레받이, 바닥판, 마무리재료 등을 그린다.

   B. 1층 개구부부분——문지방, 문턱, 밑홈대, 창문 등을 그린다.

   C. 1층 반자부분——반자틀평면도와 같이 생각한다. 그리고, 반자마무리재, 반자틀, 반자돌림 등을 그린다.

   D. 2층바닥 부분——바닥판, 걸레받이, 마무리재료 등을 그린다.

   E. 2층개구부 부분——창틀, 문턱, 창호 등을 그린다.

   F. 2층반자 부분——반자틀 평면도와 같이 생각한다. 그리고, 반자재료, 반자돌림, 반자틀 등을 그린다.

   G. 지붕 부분——처마돌림, 평고대, 개판, 기와잇기 등을 그린다.

   H. 외벽 부분——외벽 마무리를 그린다.

   I. 발코니 부분——사진 참조.

〈발코니의 예〉

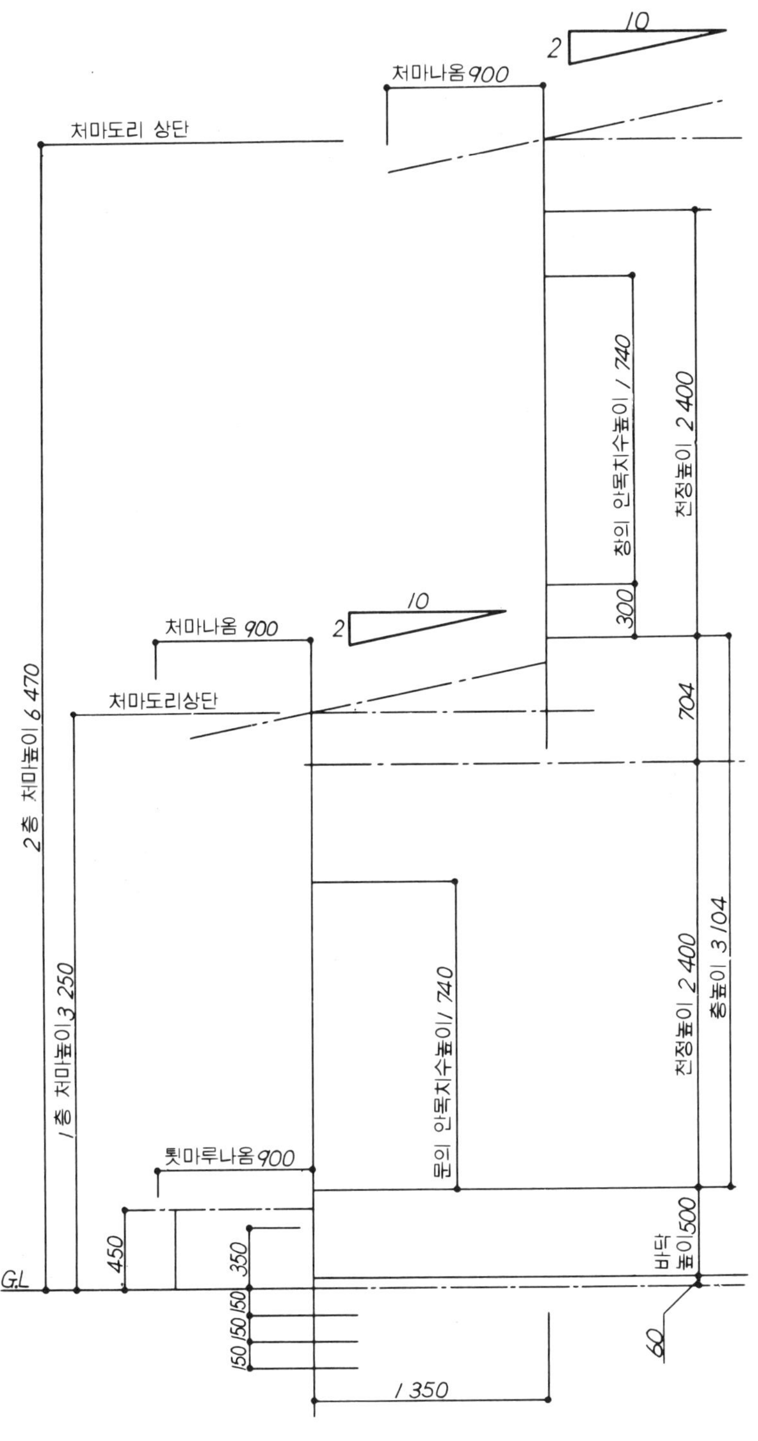

그림 **3-72(a)**   주단면상세도 (1/30)

실 습 요 령

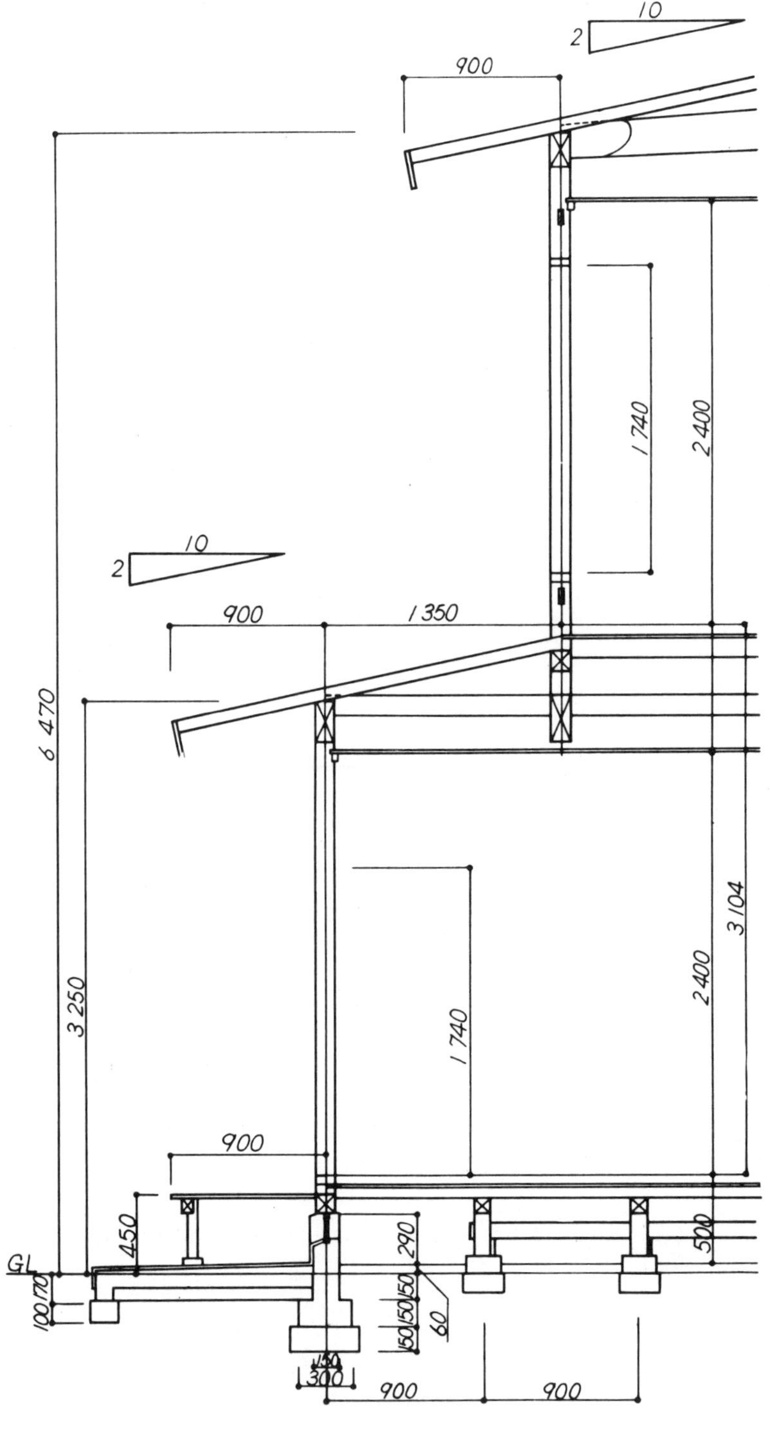

그림 **3-72**(**b**) 주단면 상세도(1/30)

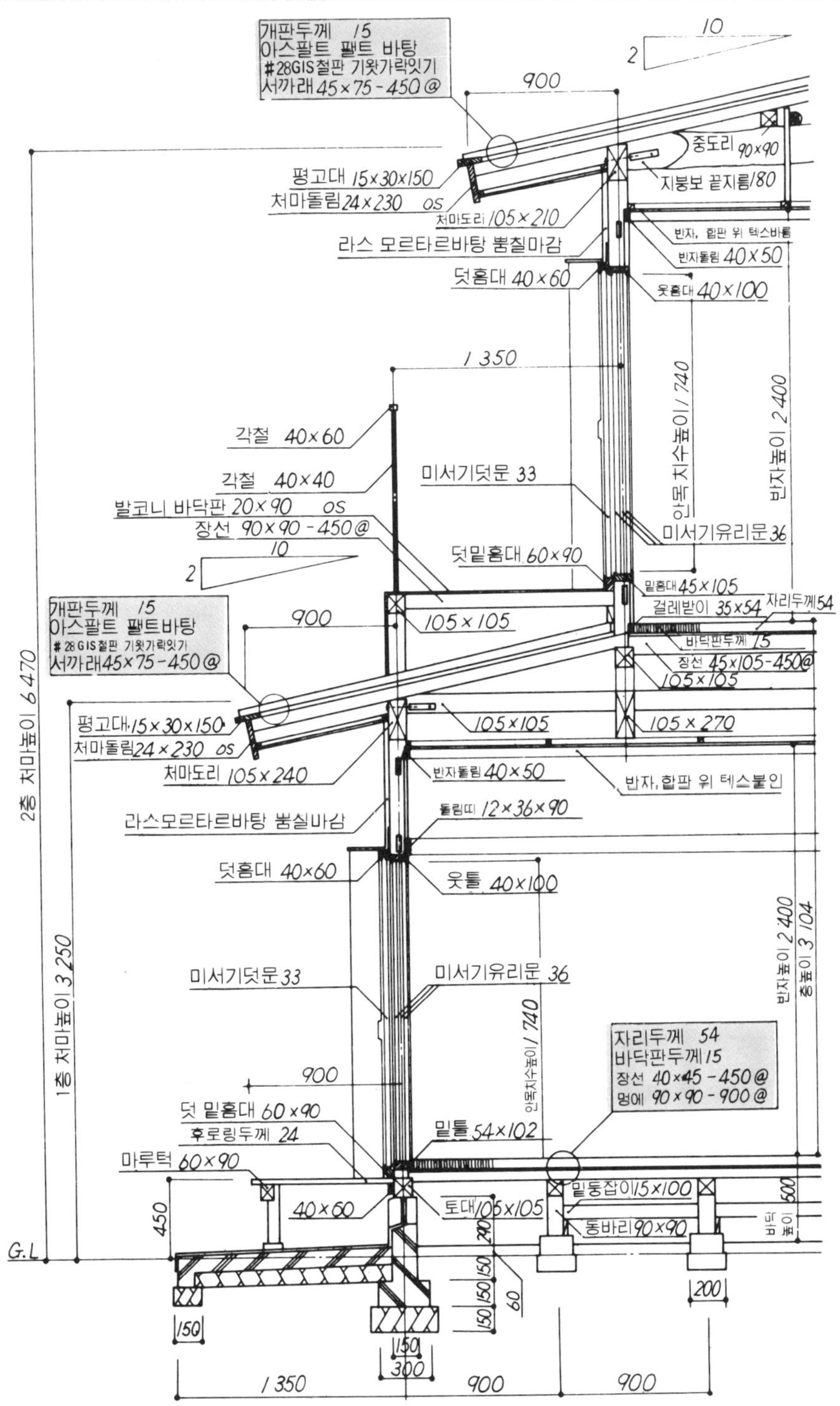

그림 3-72 (c)   주단면상세도 (1/30)

4. 철근 콘크리트조(RC造) 건축물의 구조와 주단면 상세도

철근 콘크리트조는 구조계산에 의해서 기둥, 보, 바닥 등의 각 부재의 크기나 철근의 배근이 결정된다. 약설계에서는 최초로 부재단면을 가정하여 도면을 그린다. 또, 구조체에 내부, 외부의 마무리를 하는 방법은 건설부 발행 표준상세도집에 따라 그린다. 구조도면은 대한건축학회발행 철근 콘크리트구조 계산 규준을 참조해서 그리면 좋겠다. 여기에서는 일반적인 라멘(rahmen)구조에 관하여 설명한다.

4−1 철근 콘크리트조 건축물의 주단면 상세도

　나무구조와 마찬가지로 그림 4-1처럼 표준지반 (G.L) 에서 각부의 높이, 치수 및 외부와 내부의 마무리를 그린다. 그리고, 구조부분의 단면은 굵은선(단면선), 기타 선은 중앙(외형선), 치수선은 가는실선 등으로 구별해서 그리고, 철근의 배근은 그리지 않는다. 또, 철근콘크리트조는 기둥중심선과 벽의 중심선을 사용한다. 주단면 상세도에서는 1층 기둥중심이 건물중심이 된다(그림 4-1).

4−2 기초 및 지하층의 주단면 상세도

기초

　기초에는 독립기초(single footing), 복합기초(conbined footing), 연속기초(continuous footing), 온통기초(mat foundation) 등이 있다. 모양이나 크기는 지지력이나 하중의 크기와 구조계산에 따라서 결정한다. 그리고, 지반이 좋지 않을 경우에는 말뚝을 박는다. 실제로 그리는 경우에는 구조계산서에 의하여 기초의 크기에 윤곽을 그리고, 다음에 기둥, 기초, 분〔지중보(연결보)〕, 밑창콘크리트, 잡석다짐 등을 치수에 맞추어 그린다.

　a. 독립기초——대체로 건축물 층수가 3~4층 이하의 경우에 사용되고, 그림 4 - 2처럼 푸팅 바닥면을 정방형이나 장방형으로 한다. 그리고, 부동침하를 방지하기 위하여 연결보(지중 보)로 연결한다.

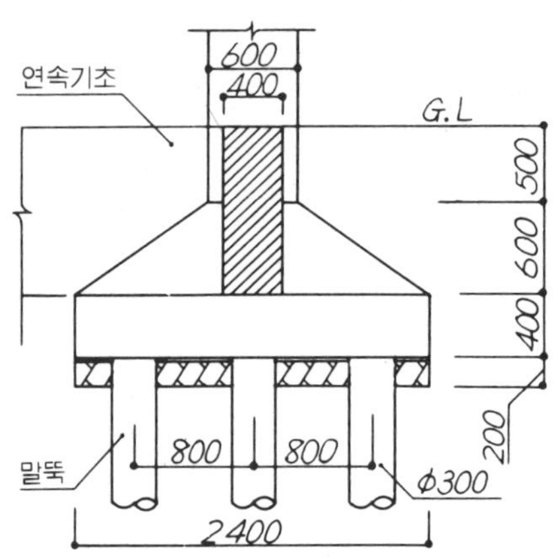

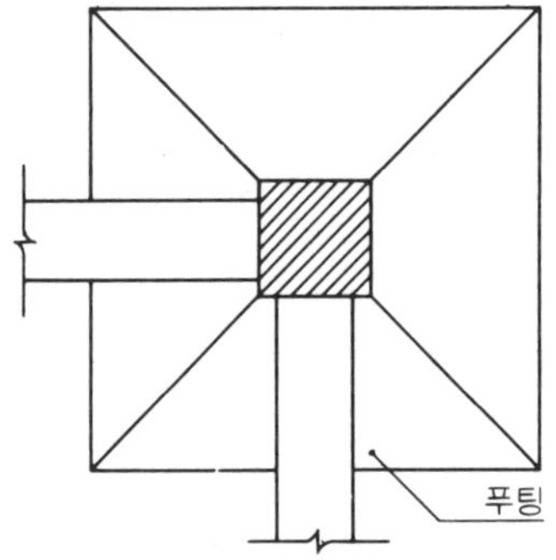

그림 **4-2** 기초의 예(1)

〈독립기초공사의 예〉

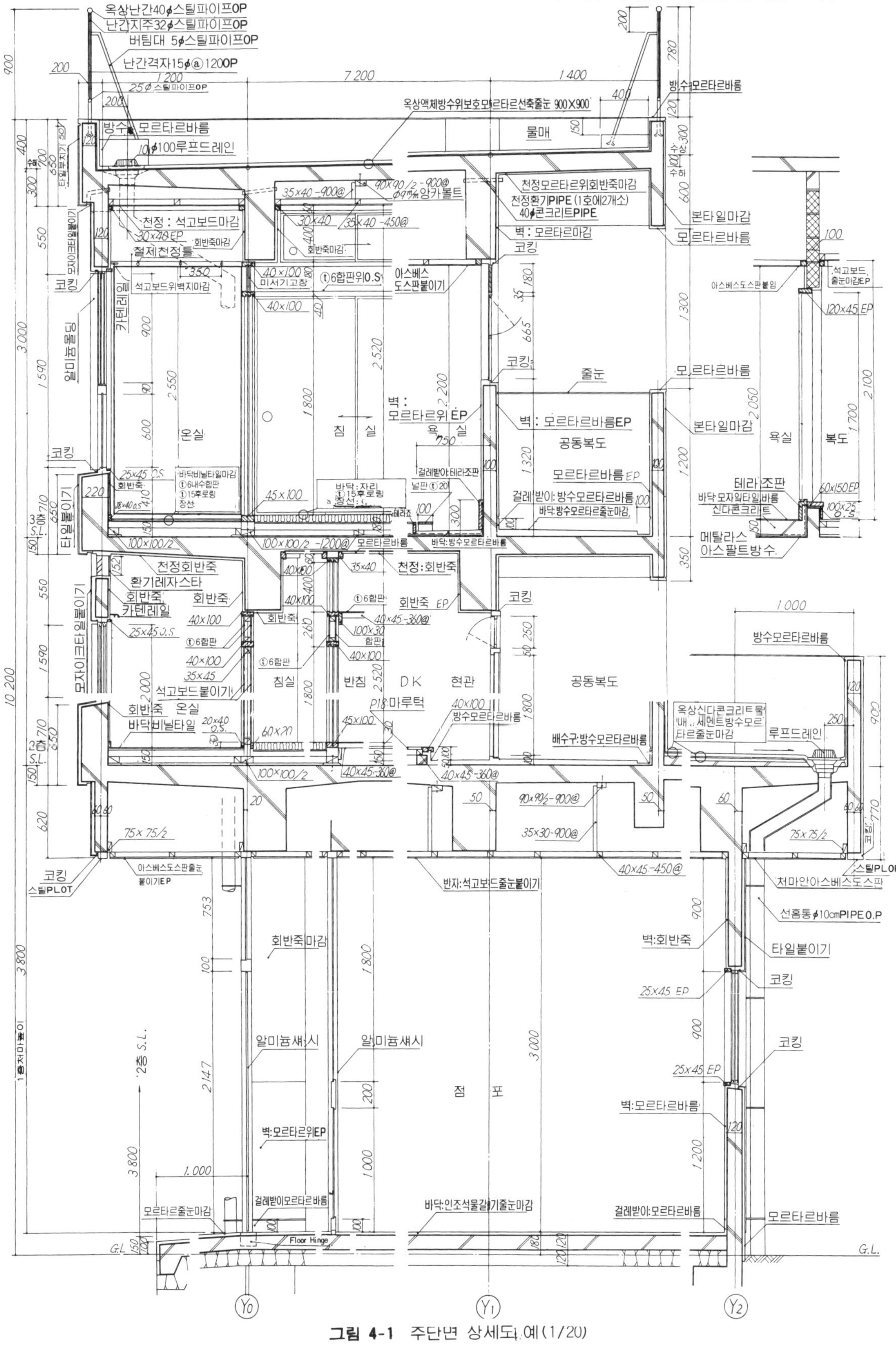

옥상난간40φ스틸파이프OP
난간지주32φ스틸파이프OP
버팀대 5φ스틸파이프OP
난간격자15φ@1200P
25φ스틸파이프OP
방수 모르타르바름
10φ100루프드레인
천정 : 석고보드마감
30×48EP
절제천정틀
석고보드위벽지마감
커텐레일
온실
침 실
옥상액체방수위보호모르타르선축줄눈 900×900
물매
35×40 -900@
φ9㎜앙가볼트
30×40   35×40 -450@
회반죽마감
40×100
미서기고창
①6합판위 O.S
아스베스도스판붙이기
바닥비닐타일마감
①6내수합판
①15후로링장산
45×100
바닥:자리
①5후로링
널판 ①20
벽 : 모르타르위EP
욕실
걸레받아테라조판
천정모르타르위회반죽마감
천정환기PIPE (1호에2개소)
40φ콘크리트PIPE
벽 : 모르타르마감
코킹
줄눈
벽 : 모르타르바름EP
공동복도
모르타르바름EP
걸레받아 : 방수모르타르바름
바닥:방수모르타르줄눈마감
100×100/2 -1200@
모르타르바름
바닥:방수모르타르바름
본타일마감
모르타르바름
아스베스도스판붙임
석고보드, 줄눈마감EP
120×45 EP
욕실
복도
테라조판
바닥 모자익타일바름
신다콘크리트
메탈라스
아스팔트방수
60×150 EP
100×25
천정회반죽
환기레자스타
회반죽   회반죽
카텐레일
40×100
25×45 O.S
석고보드붙이기
회반죽 온실
바닥비닐타일
천정 : 회반죽
회반죽 EP
40×45 -360@
침실   반침   D K   현관
P18 마루턱
방수모르타르바름
100×100/2
40×45 -360@
공동복도
배수구:방수모르타르바름
90×9½ -900@
35×30 -900@
옥상신다콘크리트물
배 , 세멘트방수모르타르줄눈마감
방수모르타르바름
루프드레인
75×75/2
코킹
스틸PLOT
아스베스도스판줄눈붙이기EP
반자:석고보드줄눈붙이기
40×45 -450@
스틸PLOP
처마안아스베스도스판
선홈통φ10cmPIPE O.P
벽:회반죽
타일붙이기
코킹
25×45 EP
벽:모르타르바름
모르타르바름
회반죽마감
알미늄섀시
점 포
벽:모르타르위EP
모르타르줄눈마감
걸레받이모르타르바름
Floor Hinge
바닥:인조석물갈기줄눈마감
걸레받아:모르타르바름
G.L.

그림 4-1 주단면 상세도의 예 (1/20)

b. 복합기초──이것은 그림 4-3처럼 접근하고 있는 두 개의 기둥을 하나의 기초판으로 받는다. 기초 바닥면은 사다리꼴이 많다.

c. 연속기초──이것은 그림 4-4처럼 T 자형태를 하고 있다. 3~4층 건물의 점포 건물 등의 외벽에 많이 사용된다.

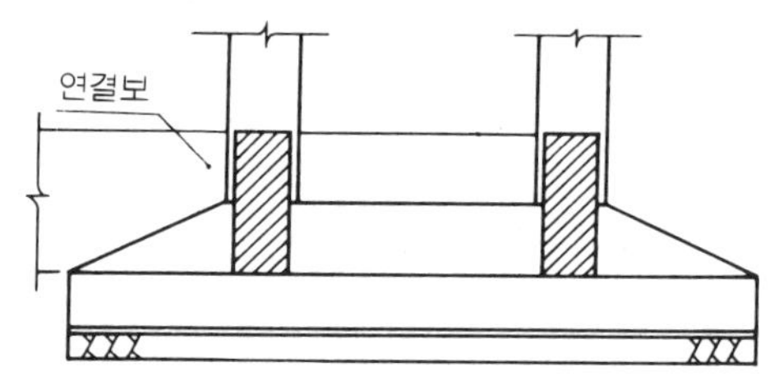

〈복합기초의 공사〉

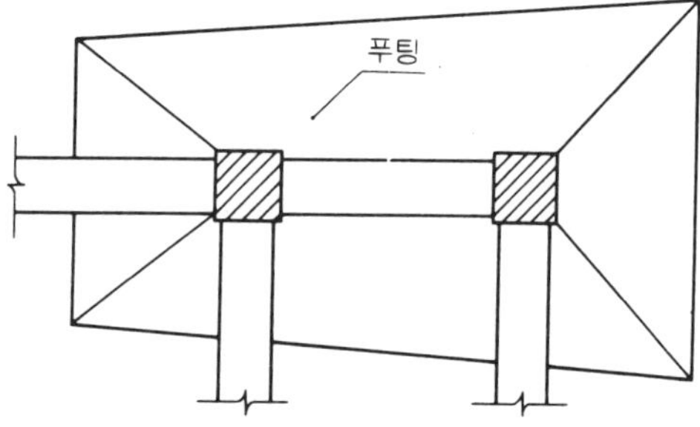

그림 **4-3** 기초의 예(2)

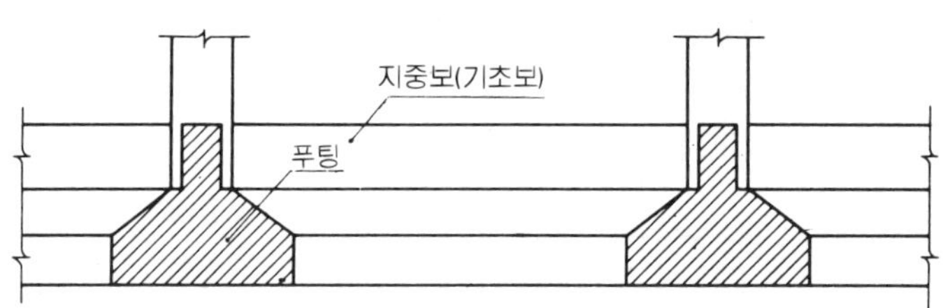

그림 **4-4** 연속기초의 예

d. 온통기초──이것은 건축물의 하중이 큰 경우에 그림 4-5처럼 바닥 전부를 하나의 기초판으로 한다. 즉, RC조(일반철근콘크리트조) 슬라브를 뒤집은 형태가 된다.

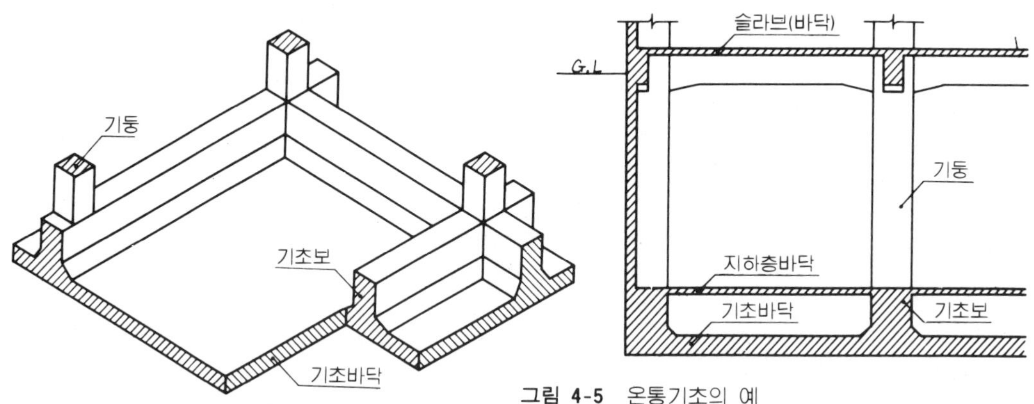

그림 **4-5** 온통기초의 예

지하층

지하층 구조체는 지상층 구조체와 대체로 같으나, 다른 점은 토압과 수압을 받는다는 것과 방수가 어렵다는 것이다. 방수방법에는 밖방수와 안방수가 있고, 수압이 강한 곳에서는 밖방수로하지만, 이것은 장차 보수를 할 수 없게 된다는 결점이 있다. 안방수는 이와 반대가 되고, 유효바닥 면적도 적어지는 등 장단점이 있다. 그림 4-6은 지하층의 방수와 지하 집수조의 방수의 예이다. 또, 구조체 그 자체를 수밀성으로 할 수도 있다.

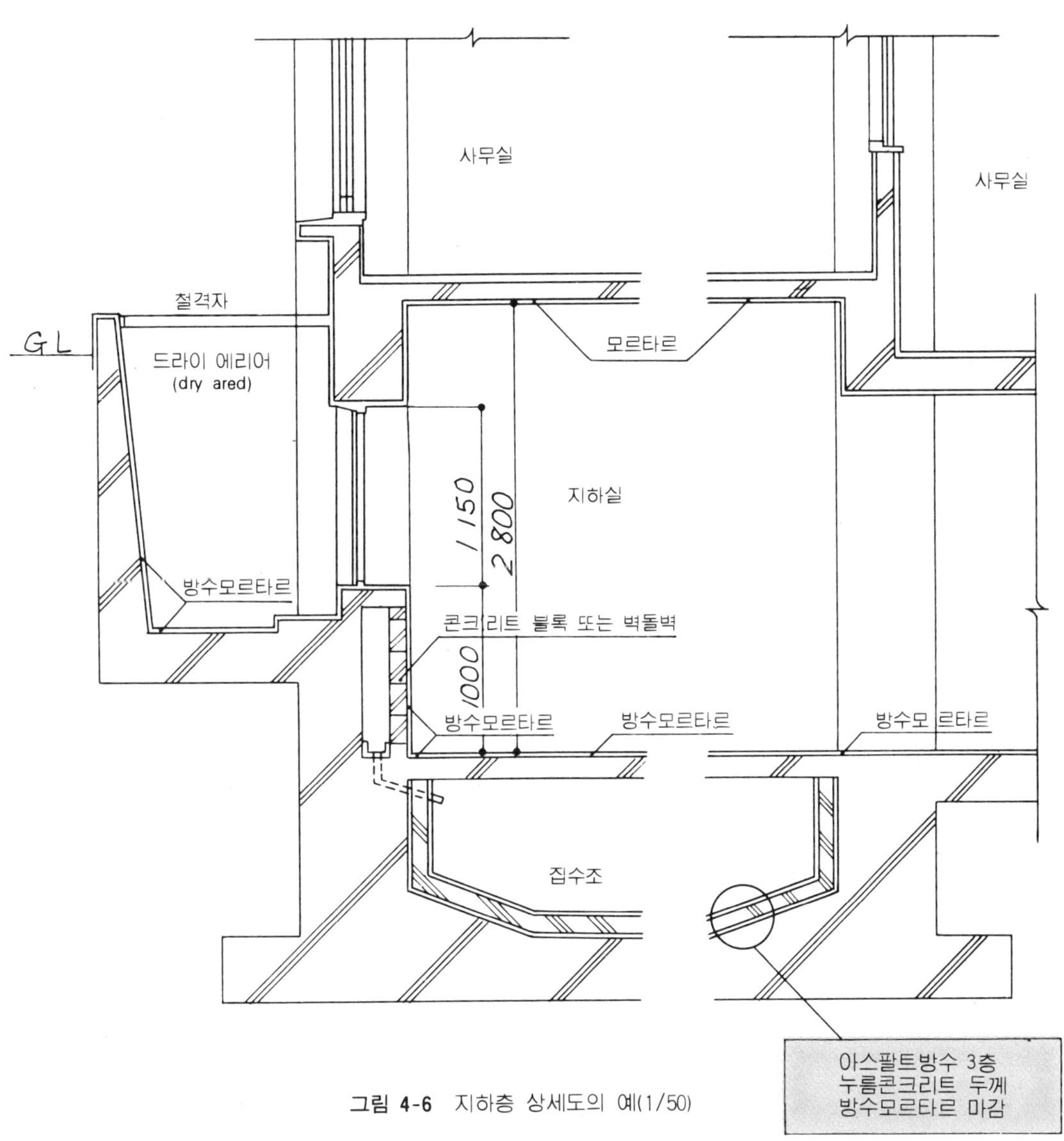

그림 **4-6** 지하층 상세도의 예(1/50)

4-3 기둥과 보의 주단면 상세도·

기둥

기둥 단면형은 정방형, 장방형, 원형 등이
사용되고, 단면치수가 구조제한으로 20cm 이
상이며, 주요지점간의 1/15 이상이다. 최소
단면적은 600㎠ 이상으로 한다. 실제로는 건
축물의 용도, 규모, 층높이, 기둥간격, 입지
조건 등 여러가지 조건이 있고, 일률적으로
는 정할 수 없으나, 보통 일반 그림으로 그
리는 경우에는 최상단층에서 40×40cm 정도
로 한다. 그리고, 1~2층마다 5~10cm 증가
한다. 따라서, 기둥 크기가 상단으로 갈수록
작아지면 설계상 문제가 나타날 것이다. 그림
4-7처럼 외부면을 수직으로 같게 하든가, 입
면상 고려하여야 된다.

큰보(girder)

큰보는 일반적으로 장방형보와 T형보가
사용되고, 기둥과 같이 건축물의 용도, 기둥
간격, 층높이 등 여러가지 조건이 있으며, 상
하층에서 각기 변화하는데, 일반 그림으로
그리는 경우에는 큰보 폭이 30~50cm(보 춤
의 2/3~1/2), 큰보의 춤은 보의 유효지간
의 1/10~1/15 정도이다. 예를 들면, 유효길
이 6m 일 때는 큰보의 춤이 50~70cm로 된다.
그리고, 보에는 그림 4-7처럼 큰보와 작은
보가 있고, 큰보는 기둥과 기둥을 연결하는
라멘(rahmen)구조가 되고, 작은보는 바닥판
이 큰 경우에 큰보 사이에 가로 지르고 바닥
의 하중을 받는다. 그리고, 큰보는 끝부분의
벤딩모멘트(bending moment)가 중앙부보다
크게 되기 때문에 그림 4-8처럼 한치라 하여
보끝 부분의 춤을 크게 할 수도 있다.

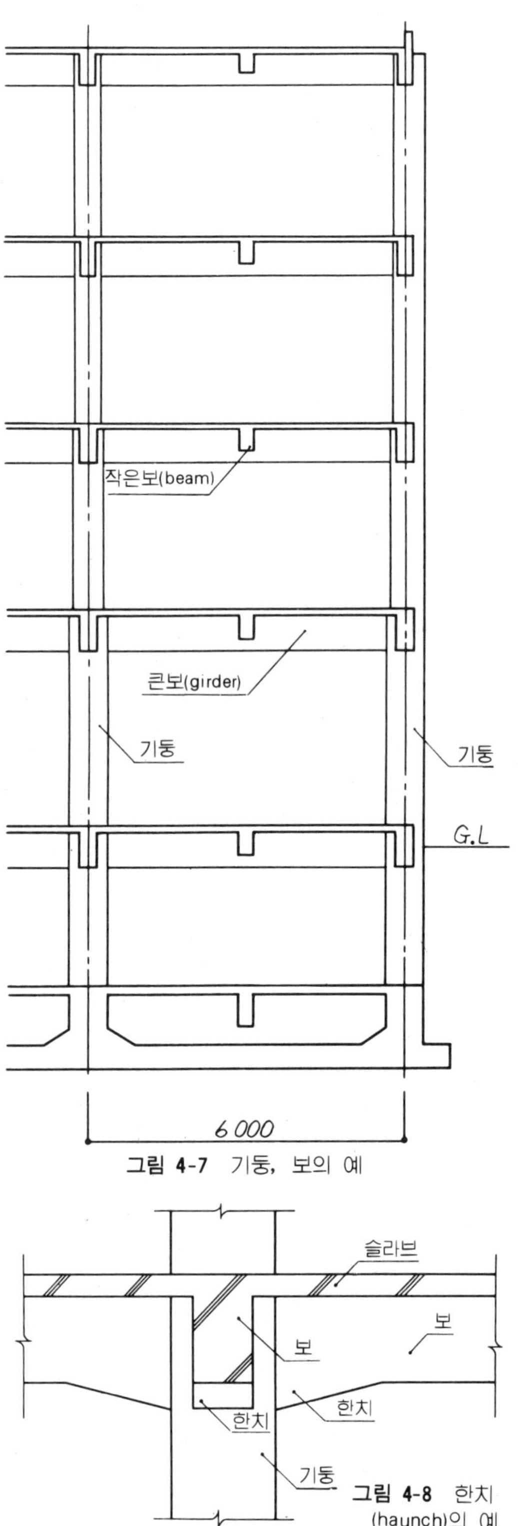

그림 4-7 기둥, 보의 예

그림 4-8 한치
(haunch)의 예

4—4 바닥마무리, 벽마무리, 반자마무리와 주단면 상세도

바닥면에서 상층 바닥면까지의 층높이는 보통 1층에서 4~4.5m 이고, 2층 이상의 층에서는 3.5~4m 정도이며, 주택 등에서는 2.8~3.0m 정도로 설계된다.

바닥마무리

바닥은 하중을 받기 위한 바닥판(slab)과 쾌적한 바닥판을 얻기 위한 바닥마무리로 되어 있는데, 그 바닥판과 바닥마무리에 관해서 설명한다.

a. 바닥판(slab)──── 바닥판 두께는 슬랩의 구조제한에서 8cm 이상(경량콘크리트는 10cm 이상), 또는 단변길이(유효스팬) ℓx (그림 4-9)의 1/40 이상으로 되어 있으나, 일반적으로 10~15cm 정도로 설계한다.

b. 바닥마무리────바닥마무리는 방의 용도에 따라서 그 마무리재료를 선택한다. 크게 나누어서 바르기마감, 목조바탕 위 후로링마감, 마감판깔기 등이다. 일반적인 건축물의 바닥마무리는 표 4-1로 표시한다.

●**바르기마감**······ 이것은 모르타르바름, 인조석바름 등이고, 1.0~1.2m 각 정도로 줄눈을 만들거나 줄눈대를 넣기도 한다.

●**목조바탕 후로링마감**······ 이것은 그림 4-11처럼 동바리바닥, 장선바닥 등의 콘크리트바닥 위 바닥마무리가 있고, 어느 것이나 콘크리트에 접하는 목재면에는 반드시 방부제를 칠한다.

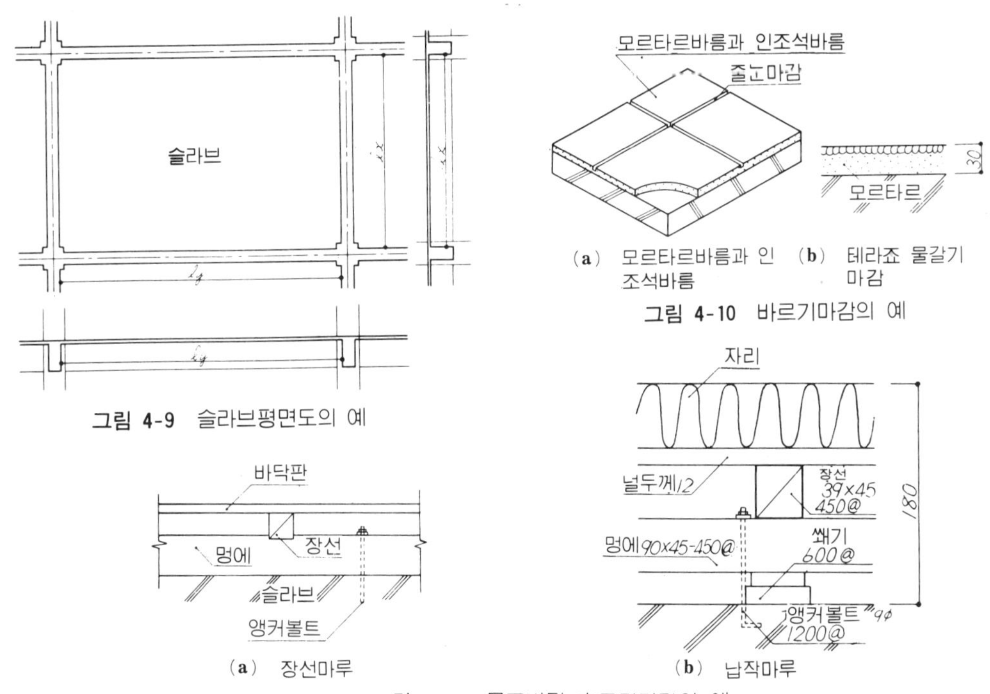

표 4-1 마무리 재료의 명칭과 상세도

명　칭 (치수단위 : cm)		상　세　도 (치수단위 : cm)
후로링 깔기	후 로 링 후 로 링(나무두께1.7) 장　　선　　(4×5) 멍　　선　　(9×9) 모르타르, 볼트포함	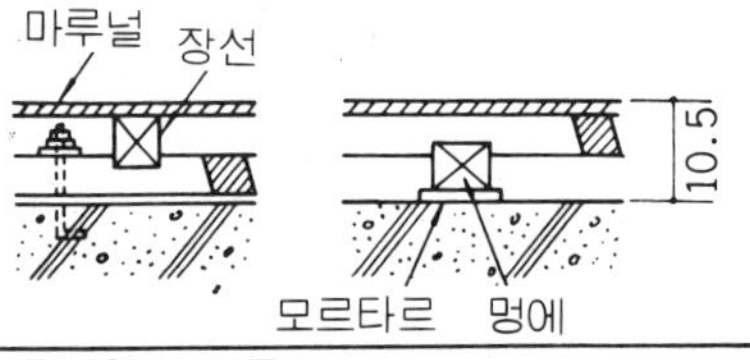 마루널　장선 모르타르　멍에 10.5
후로링 블록 깔　　기	플로어링 (두께 1.8) 블　　록 모 르 타 르 (두께 3.2)	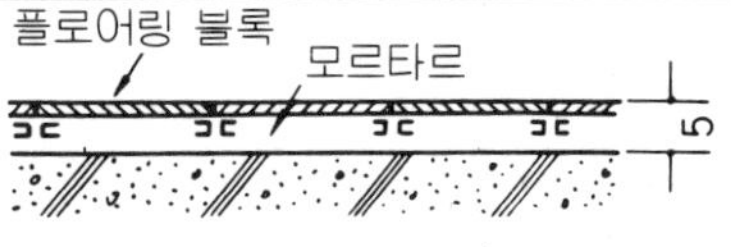 플로어링 블록　모르타르 5
쪽 매 깔 기	쪽 매 널 (두께 0.9) 바 탕 판(합판두께 0.6 바닥판두께1.7) 장　　선　　(4×5) 멍　　에　　(9×9) 모 르 타 르, 볼트포함	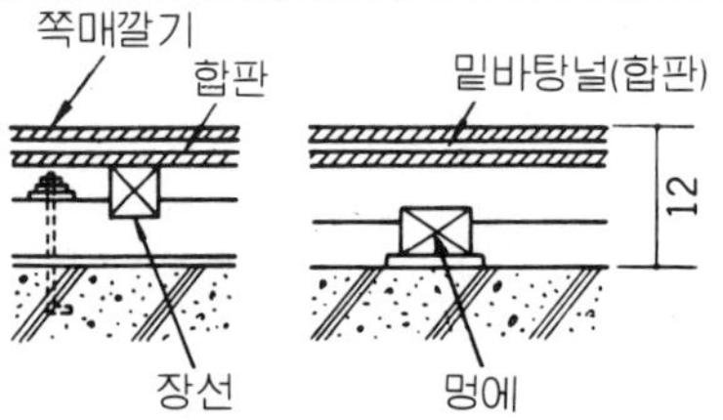 쪽매깔기　합판　밑바탕널(합판) 장선　멍에 12
리놀륨 깔기	리 놀 륨 (두께 0.25) 모 르 타 르 (두께 2.7)	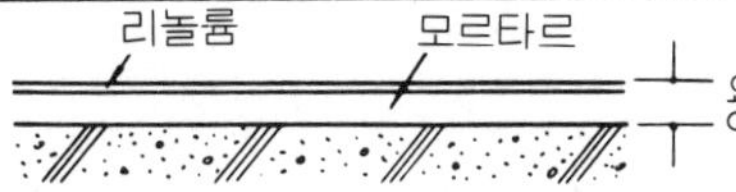 리놀륨　모르타르 약3
아스팔트타일 깔　　기	아 스 팔 트 (두께 0.32) 타　　일 모 르 타 르 (두께 2.6)	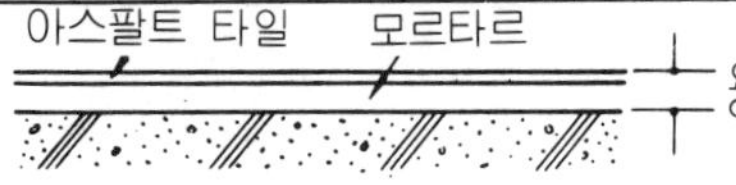 아스팔트 타일　모르타르 약3
모르타르바름	내부　모 르 타 르(두께 2.5) 외부　모 르 타 르 (두께 3)	모르타르 2.5 모르타르(방수제 넣음) 3
타 일 깔 기	타　　일 (두께 1.2) 모 르 타 르 (두께 2.3)	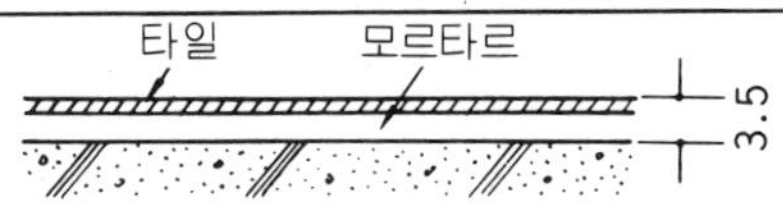 타일　모르타르 3.5
모자이크타일 깔　　기	내부　모자이크타일(두께 0.4) 　　모 르 타 르(두께 2.6) 외부　모자이크타일(두께 0.4) 　　모 르 타 르(두께 2.1) 　　방수모르타르(두께 2.5)	모자이크타일　모르타르 3 모자이크타일　모르타르 5 모르타르(방수제 넣음)

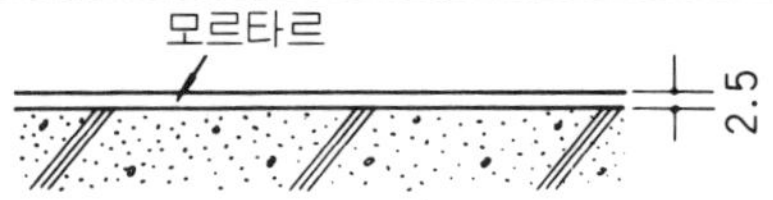

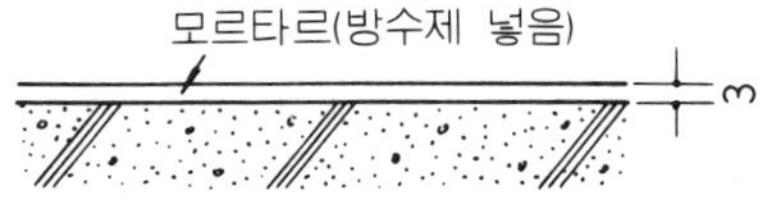

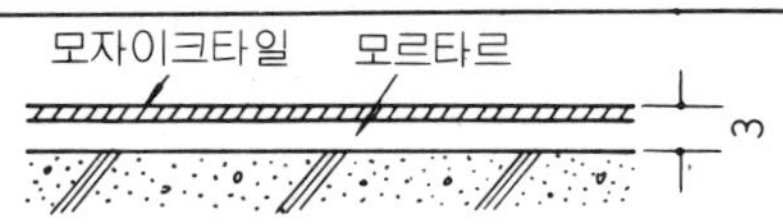

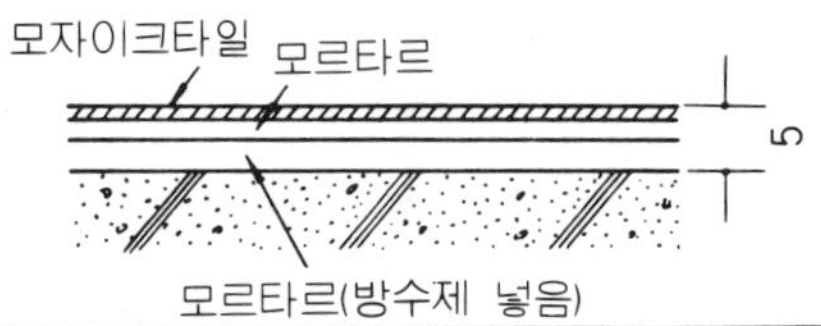

표 4-1 마무리 재료의 명칭과 상세도

명 칭 (치수단위 : cm)			상 세 도 (치수단위 : cm)
모자이크타일	외 부	모자이크타일 (두께0. 4) 모 르 타 르 (두께2. 6) 경량콘크리트 (두께6) 아 스 팔 트 방 수 층 (두께0. 9) 모 르 타 르 (두께2)	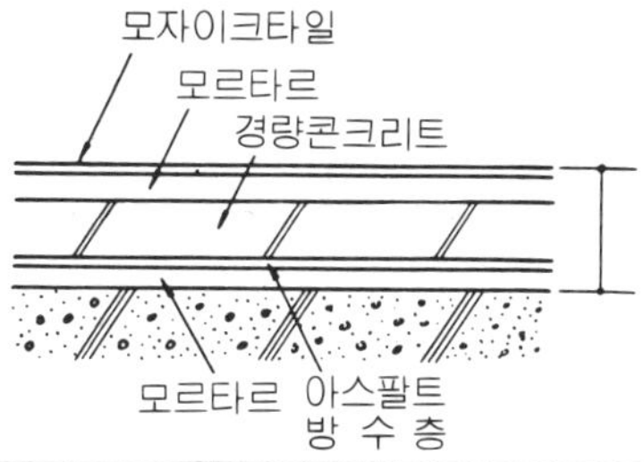 모자이크타일 / 모르타르 / 경량콘크리트 / 모르타르 아스팔트 방 수 층
인조석물갈기		인조석물갈기 (두께0. 5) 모 르 타 르 (두께2. 5)	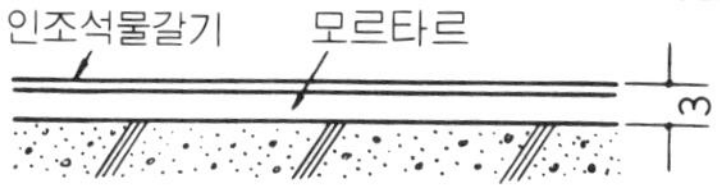 인조석물갈기 모르타르 3
현 장 테 라 조		테 라 조 (두께2) 모 르 타 르 (두께3. 6) (와이어 라스바탕) 아스팔트펠트 아스팔트펠트 모 래 깔 기 (두께0. 5)	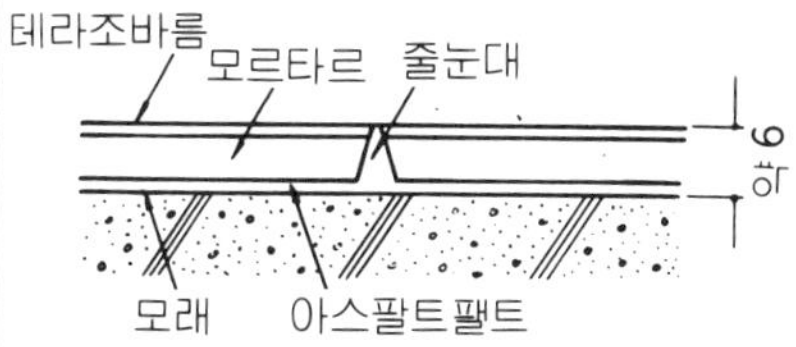 테라조바름 모르타르 줄눈대 6 이하 / 모래 아스팔트펠트
테 라 조 판 깔 기		테 라 조 (두께4) 모 르 타 르 (두께4)	 테라조판 모르타르 8
크 링 카 타 일 깔 기		크 링 카 타 일 (평균두께2) 모 르 타 르 (평균두께3)	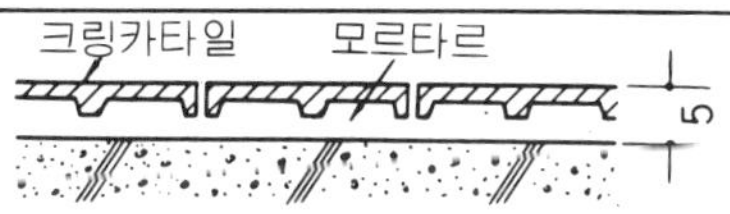 크링카타일 모르타르 5
철 평 석 깔 기		철 평 석 (두께3) 모 르 타 르 (두께3)	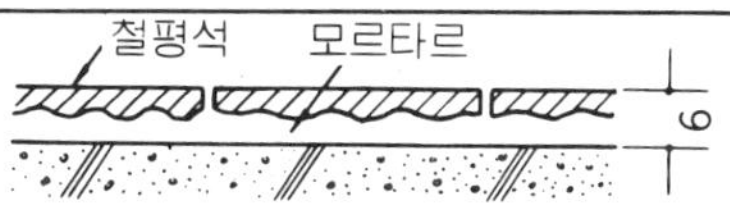 철평석 모르타르 6
대 리 석 깔 기		대 리 석 (두께4) 모 르 타 르 (두께3)	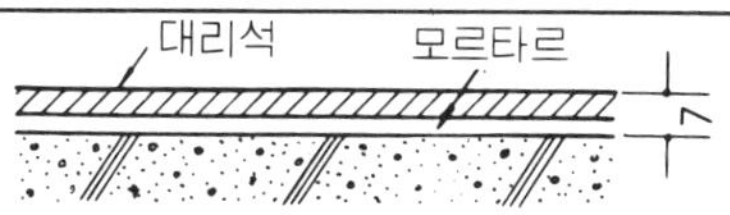 대리석 모르타르 7
화 강 석 깔 기		화 강 석 (두께2) 모 르 타 르 (두께5)	 화강석 모르타르 17
차 도 돌 깔 기		화 강 석 (두께9) 모 래 (두께4) 콘 크 리 트 (두께7) (와이어라스바탕) 아스팔트방수층 (두께0. 9) 모 르 타 르 (두께2)	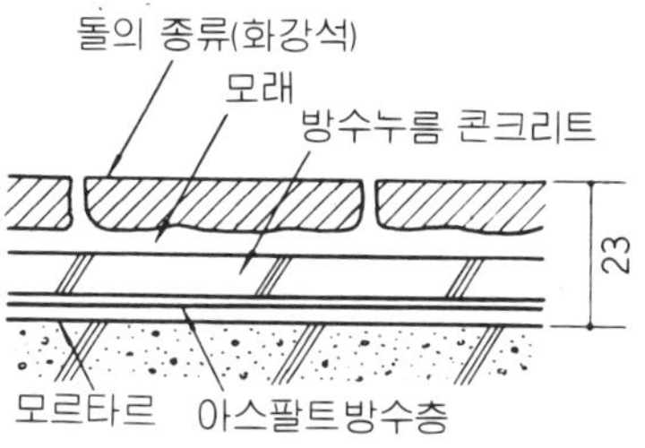 돌의 종류(화강석) / 모래 / 방수누름 콘크리트 23 / 모르타르 아스팔트방수층

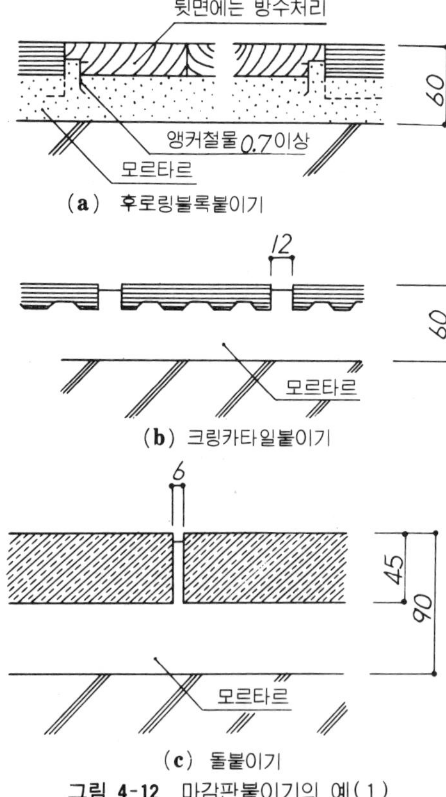

그림 4-12 마감판붙이기의 예(1)

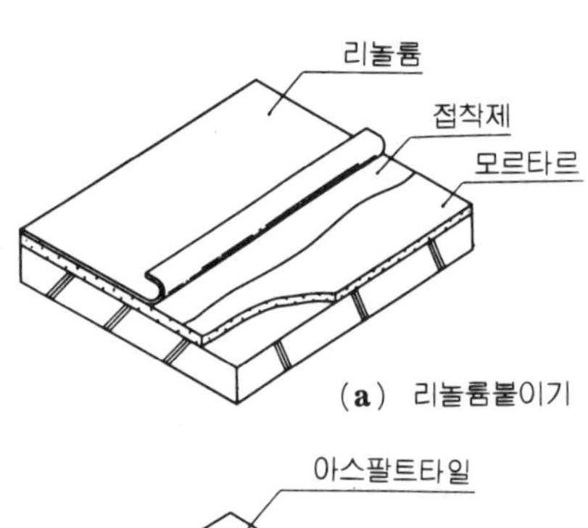

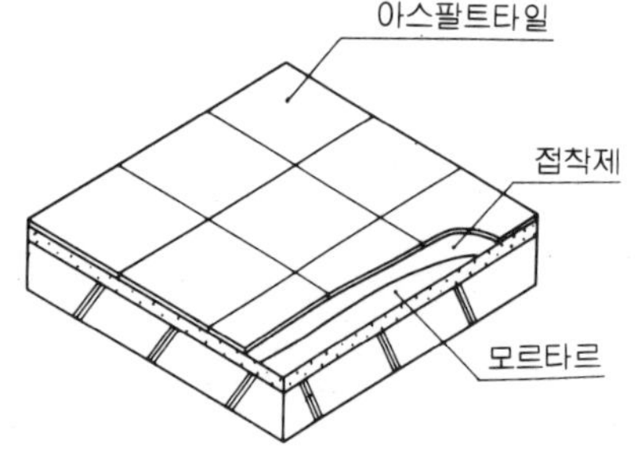

그림 4-13 마감판붙이기의 예(2)

●**마감판붙이기**……이것에는 그림 4-12 처럼 후로링 블록붙이기, 타일붙이기, 아스타일붙이기, 리놀륨붙이기, 돌붙이기 등이 있고, 리놀륨이나 아스타일 등은 그림 4-13처럼 모르타르면이 충분히 건조한 후에 접착제로 붙인다.

벽마무리

철근콘크리트조의 벽두께는 내진벽에서 12cm 이상, 일반벽에서 10cm 이상으로 설계되나, 외벽은 균열이 생기기 때문에 15cm 이상으로 하는 것이 바람직하다. 또, 지하층 외벽은 토압 또는 수압을 받기 때문에 지하 1 층에서 20cm, 2층 이상은 30cm 이상으로 설계되는 경우가 많다.

다음에 외부벽 마리무와 내부벽 마무리에 관하여 설명한다. 일반적으로, 건축물 벽 마무리를 표 4-2와 같이 표시한다.

a. 외부벽마무리 —— 일반적으로, 모르타르바름, 인조석바름, 타일붙임, 돌붙임, 제물치장 콘크리트 등이 있다.

●**모르타르바름** …… 이것은 그림 4-14처럼 콘크리트 바탕 위에 모르타르를 두께 2.0cm 정도로 바르고, 쇠흙손 마무리, 물솔질 마무리, 뿜칠 마무리 등으로 한다.

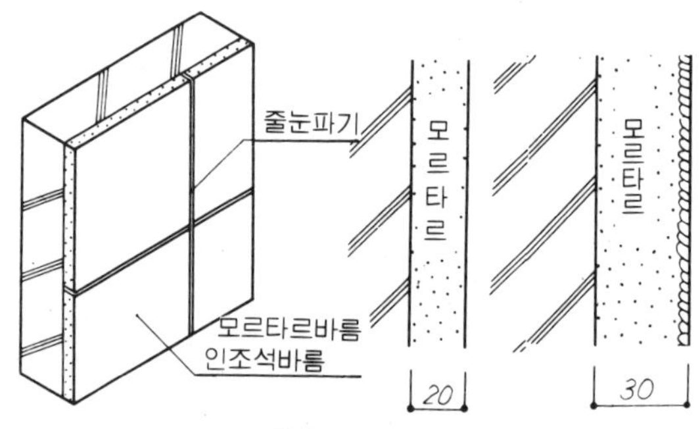

그림 4-14 외벽마무리의 예

표 4-2 콘크리트 바탕 마감재료의 일반상세

1. 목조바탕

명 칭 (치수단위 : cm)		상 세 도 (치수단위 : cm)
흙 바름벽 (심 벽)	흙벽 (정벌바름 포함)(두께 4) 꿸대, 간살대 포함	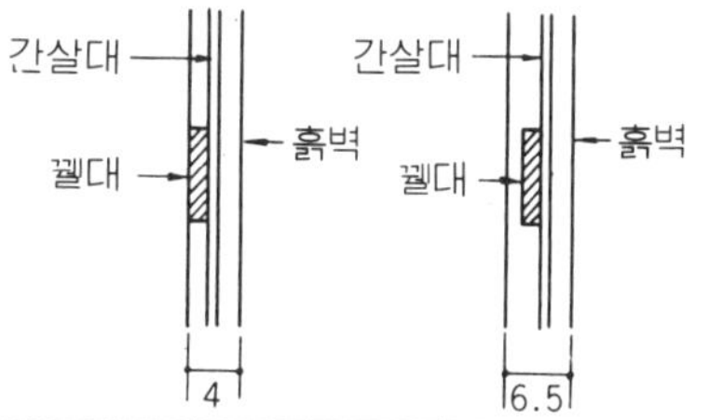
	흙벽 (정벌바름) (두께 6. 5) 꿸대, 간살대	
석고 플라스터 바름(졸대 바탕)	석고 플라스터(바름두께 1.6) (평균두께 1.8) 졸대(엇평 0. 7× 4)	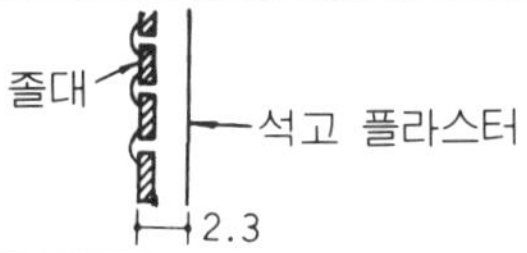
석고 플라스터 바 름 (라스보오드 바 탕)	석고 플라스터(두께 1. 3) 석고 라스보오드 (두께 0. 7) 띠 장(적은폭 판 3×4)	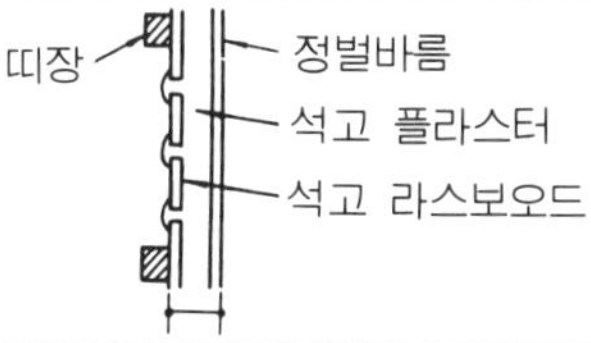
목조 칸막이벽 뼈 대	기 둥 (12×12) 샛 기 둥 (기둥의 1 / 3) 가새, 토대, 기타	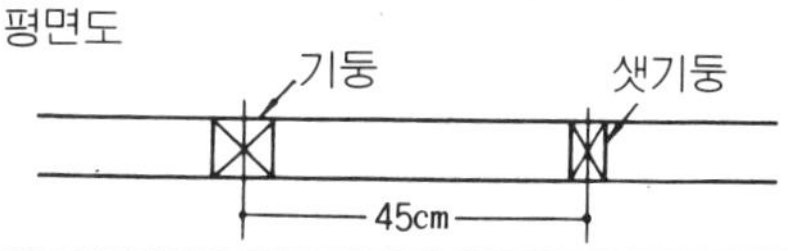

2 . 콘크리트, 콘크리트 블록, 철제 바당

석고 플라스터 바 름	석고 플라스터 (바름두께 2)	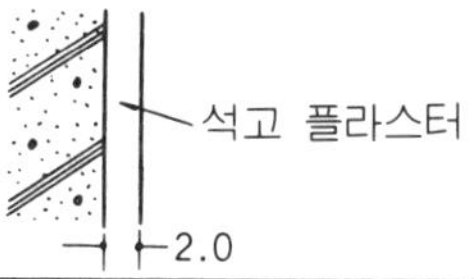
	석고 플라스터 (바름두께 0. 3) 모 르 타 르 (바름두께 2)	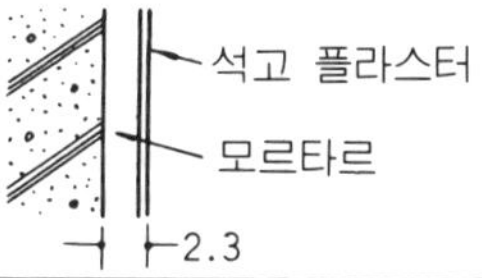
모르타르 바 름	외부	모르타르 (바름두께 3)	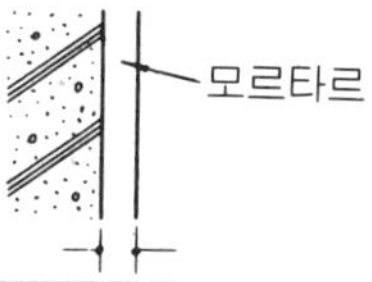
	내부	모르타르 (바름두께 2. 5)	
인조석 바름	인 조 석 (바름두께 0. 5) 모르타르 (바름두께 2. 5)	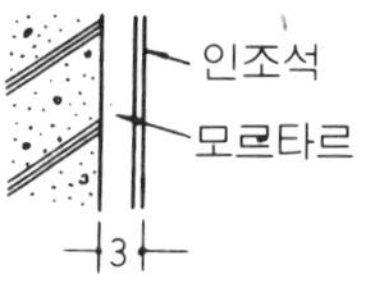

(표 4-2 계속)

명 칭 (치수단위 : cm)			상 세 도 (치수단위 : cm)
타일 붙이기	모자이크 타 일	타 일 (두께 0. 4) 모 르 타 르 (바름두께 2. 6)	모자이크 타일 / 모르타르 / ⊢2⊣
	타 일 (내부)	타 일 (두께 0. 6) 모 르 타 르 (바름두께 2. 9)	내장타일 / 모르타르 / ⊢ 3.5
타일 붙이기	타 일 (외부)	타 일 (두께 1. 5) 모 르 타 르 (바름두께3. 5)	외장타일 / 모르타르 / ⊢5⊣
테라조 붙이기		테 라 조 (두께 3) 모 르 타 르 (두께 3)	테라조 / 모르타르 / ⊢6⊣
대리석 붙이기		대 리 석 (두께 2. 5) 석고 모르타르	대리석 / 공간 / 석고 모르타르 / ⊢6⊣
모조석 붙이기	내 부	모 조 석 (두께 4) 모 르 타 르 (두께 3. 5)	모조석 (두께 4) / 모르타르 / ⊢7.5
	외 부	모 조 석 (두께 4. 5) 모 르 타 르 (두께 4. 5)	모조석 (두께 4. 5) / 모르타르 / ⊢9⊣
화강석 붙이기		화 강 석 판 (두께 5) 모 르 타 르 (두께 5)	화강석판 / 모르타르 / ⊢10⊣
		화 강 석 판 (두께 12) 모 르 타 르 (두께 6)	화강석판 / 모르타르 / ⊢18⊣
합판 붙이기		합 판 (두께 0. 6) 띠 장 (두조각) 띠 장 받 이 (3×4)	합판 / 띠장 / 띠장받이 / ⊢6⊣

(표 4-2 계속)

명 칭 (치수단위 : cm)			상 세 도 (치수단위 : cm)
널판붙이기	작은 널판 붙 이 기	판목10cm내외　(두께1.7) 띠　　　장　　　(3×4) 띠 장 받 이　　(3×4)	나무벽돌 — 작은 널판 / 띠장 / 띠장받이 ⊢7⊣
	넓은 널판 붙 이 기	판폭16~30cm(두께2~2.5) 바 탕 널　　　(두께2) 띠　　　장　(3.5×4) 띠 장 받 이　(3.5×4)	넓은 널판 / 띠장 / 바탕널 ⊢10⊣
내산아스팔트 모르타르바르기		아스팔트모르타르　(두께2) 모 르 타 르　　(두께1)	아스팔트모르타르(두께2) / 고름질모르타르(두께1) ⊢3⊣
철제간막이벽뼈대	칠 바탕용	재료의 두께 2.3mm (박판가공품)	a〜a 단면 ⊢10⊣
	칠 바탕용	C-90×45×20×2.3(mm) (경량형강)	겉폭
두 께 10cm 중공콘크리트 블록벽	경 량 블 록 (A종)	블　록　(39×19×10) 모르타르(줄눈 및 충진용) 철　　　　근	⊢10⊣
두 께 15cm 중공콘크리트 블록벽	경 량 블 록 (A종)	블　록　(39×19×15) 줄 눈 모 르 타 르 충 진 콘 크 리 트 철　　　　근	두께 / 철근 / 콘크리트 / 충진콘크리트 / 줄눈모르타르 / 충진콘크리트 / 단면도 / 평면도 60 40
	경 량 블 록 (B종)	블　록　(39×19×15) 줄 눈 모 르 타 르 충 진 콘 크 리 트 철　　　　근	
	중 량 블 록 (C종)	블　록　(39×19×15) 줄 눈 모 르 타 르 충 진 콘 크 리 트 철　　　　근	
두 께 19cm 중공콘크리트 블록벽	경 량 블 록 (B종)	블　록　(39×19×19) 줄 눈 모 르 타 르 충 진 콘 크 리 트 철　　　　근	
	중 량 블 록 (C종)	블　록　(39×19×19) 줄 눈 모 르 타 르 충 진 콘 크 리 트 철　　　　근	

●**합판붙이기** …… 이것은 그림 4-17과 같이, 나무벽돌이나 띠장을 바탕으로 합판을 보이지 않게 못이나 접착제 등으로 붙이는 것이다.

●**벽지붙이기** …… 이것은 띠장 바탕에 합판을 대고, 섬유벽지, 비닐벽지, 기타 벽지를 붙이는 것이다.

●**걸레받이** …… 이것에는 목재, 석재, 타일 등을 사용한다. 보통, 걸레받이는 벽면에서 1 ㎝ 정도 밖으로 내는데, 때로는 반대로 벽면에서 1 ㎝ 정도 들어가게 하는 일도 있다.

반자마무리

반자마무리는 크게 건식반자구조와 습식반자구조로 나눈다. 중 정도의 건축물 반자마무리를 표 4-3에 표시한다.

a. 습식반자구조 —— 이것은 그림 4-19와 같이 슬라브 하단에 모르타르, 플라스터 등을 발라서 마무리한다. 그러나, 이 방법은 상층의 소리가 직접 아래층에 전달돼서 소음효과가 없고, 또 최상층에는 단열효과가 없다는 결점이 있다. 또, 목모시멘트판을 미리 거푸집 위에 올려 놓고 콘크리트를 부어 넣는 것도 있다 (그림 4-20 참조).

b. 건식반자구조 —— 이것은 나무구조에 따르며, 슬라브에 콘크리트를 부어 넣을 때에 미리 그림 4-21과 같이 앵커볼트나 인서어트(insert)를 묻어서 반자틀을 구성하여 마무리한다.

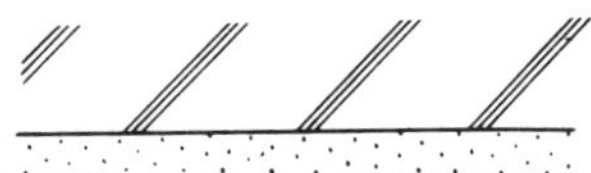

그림 **4-19** 모르타르·플라스터 바름의 예

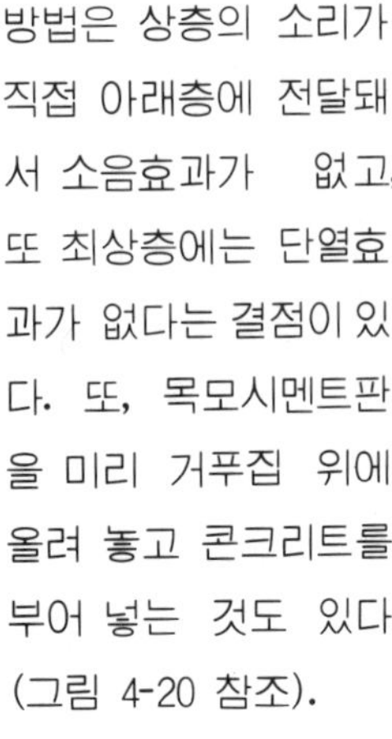

그림 **4-20** 습식반자구조의 예

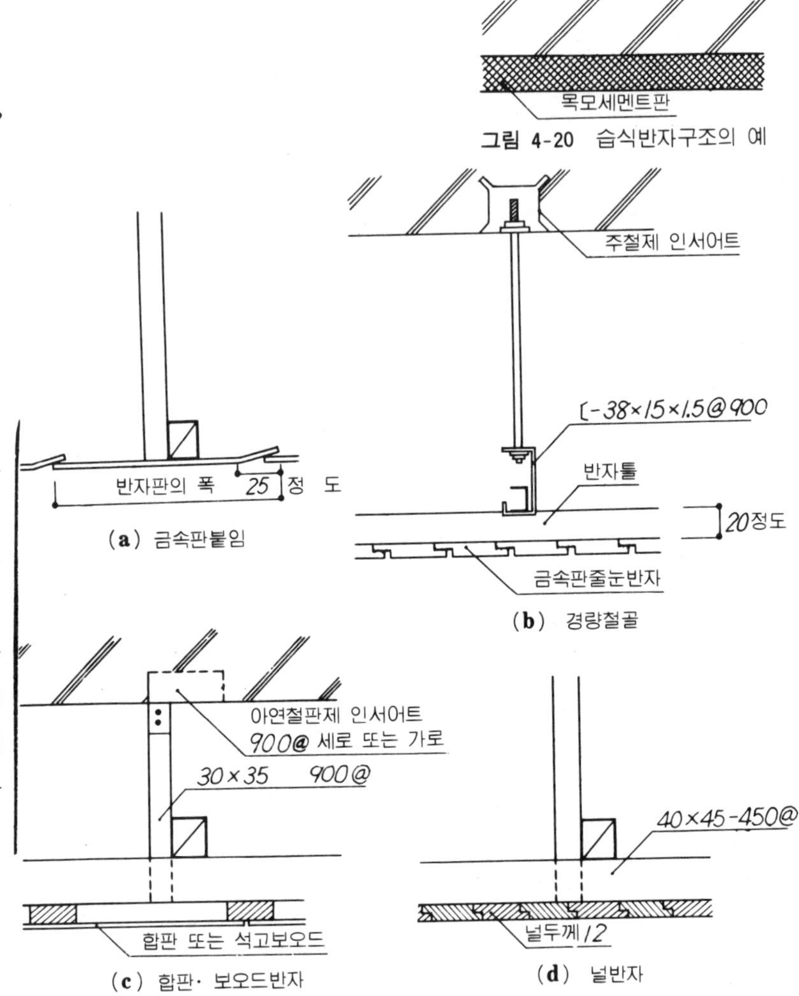

그림 **4-21** 건식반자구조의 예

●**인조석바름** …… 이것은 그림 4-14(c) 와 같이 모르타르바름 두께 2.5cm 정도로 초벌바름 바탕에 인조석을 바름 두께 0.5cm 정도 바름하여 물솔질, 물갈기 등으로 마무리하는 것이다.

●**타일붙이기** …… 이것은 그림 4-15와 같이 모르타르을 두께 3.5cm 정도 바르고, 그 위에 접착제 등으로 두께 1.5cm 정도의 타일을 막힌줄눈이나 통줄눈으로 붙인다. 줄눈은 붙임 후에 착색모르타르로 문질러서 채운다.

●**돌붙이기** …… 돌이 얇고 작을 경우에는 타일붙이기와 같다. 두껍고 큰 경우에는 그림 4-16처럼 앵커철물과 촉을 사용해서 붙인다. 대리석은 시멘트에 약하기 때문에 석고 모르타르로 붙이고, 기타의 석재는 모르타르를 충진하여 밀착시킨다.

●**제물치장 콘크리트** …… 이것은 철판이나 합판으로 거푸집을 만들고 콘크리트를 부어 넣어 그 거푸집을 제거한 그대로의 콘크리트벽을 말한다. 또, 표면을 잔다듬 마무리로 하는 경우도 있다.

b. 내부벽 마무리 —— 이것은 일부 외부벽 마무리에 따르며, 일반적으로 플라스터 또는 회반죽바름, 합판붙이기, 벽지붙이기 등으로 한다. 그리고, 그림 4-17과 같이 벽과 바닥의 구분을 짓기 위하여 걸레받이를 댄다.

●**플라스터 또는 회반죽바름** …… 이것은 그림 4-18 같이 모르타르두께 2.5cm 정도로 바르고, 그 바탕에 두께 0.5cm 정도로 플라스터 또는 회반죽을 바른다.

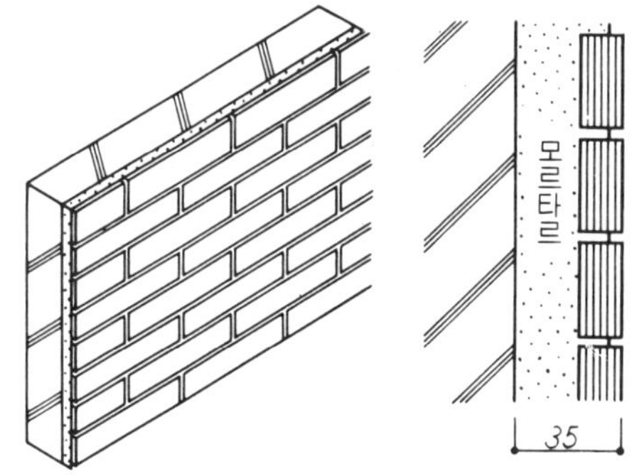

그림 4-15 타일붙이기의 예

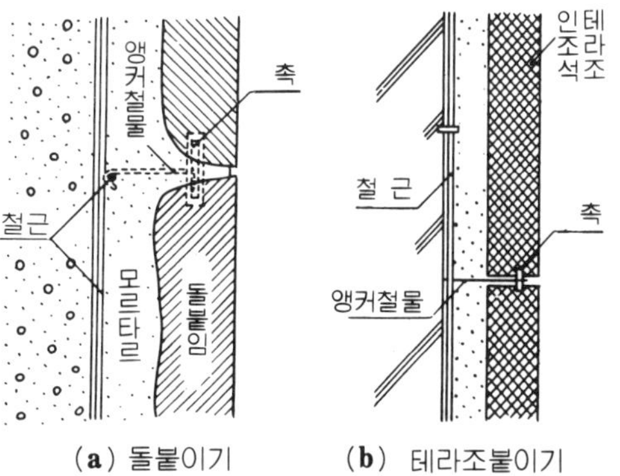

그림 4-16 돌붙이기의 예

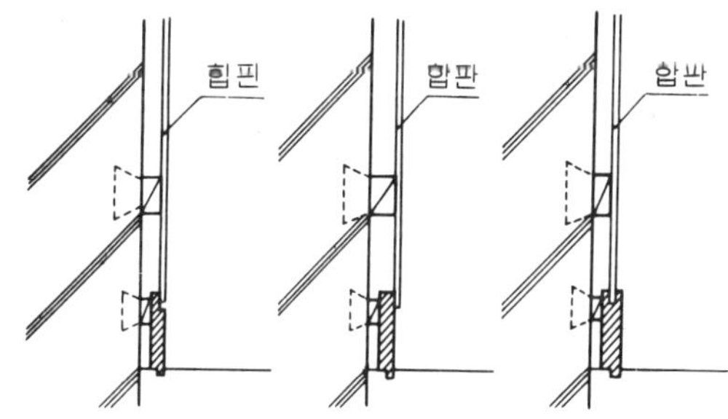

그림 4-17 합판붙이기와 걸레받이의 예

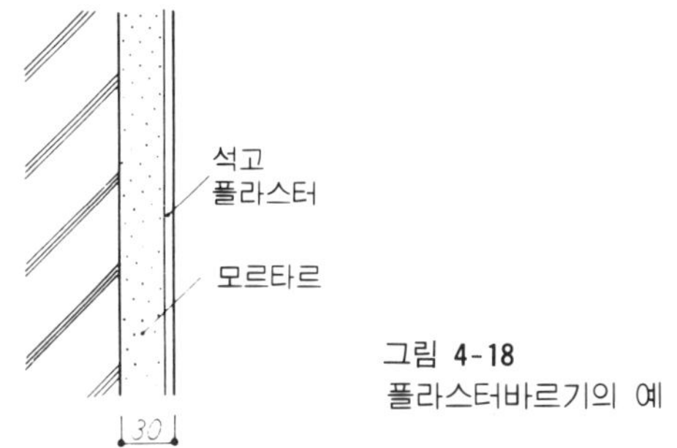

그림 4-18
플라스터바르기의 예

표 4-3 각종 반자마무리

명 칭 (치수단위 : cm)		상 세 도 (치수단위 : cm)
흡 음 경 질 섬유판붙이기 (30×30)	달 대 (달대받이 포함) 반 자 틀 (4×4) 바 탕 판(작은폭판1.25×8) 흡음 섬유판 (두께0.9)	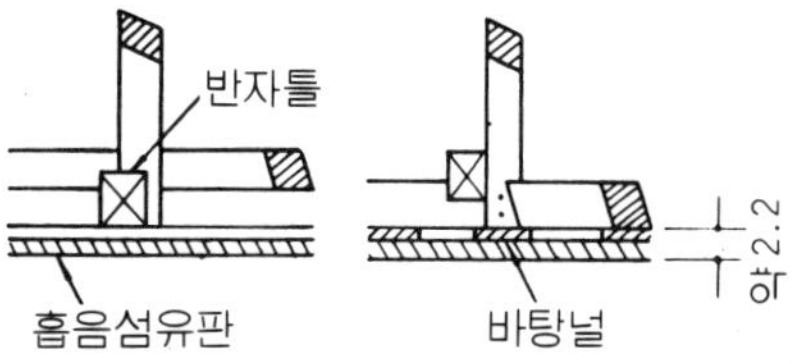 높 2.2
석고보오드판 붙 이 기	달 대 (달대받이 포함) 반 자 틀 (4×4) 석고보오드 (두께0.9)	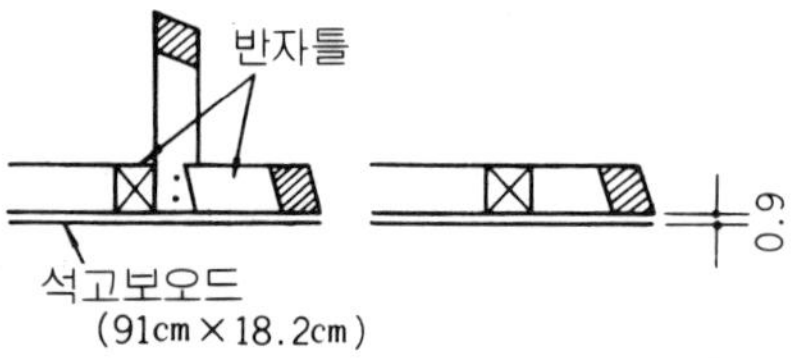 0.9
석고플라스터 바 르 기	달 대 (달대받이 포함) 반 자 틀 (4×4) 졸 대 (소폭판0.7×4) 석고 플라스터 (두께1.4, 평균1.6)	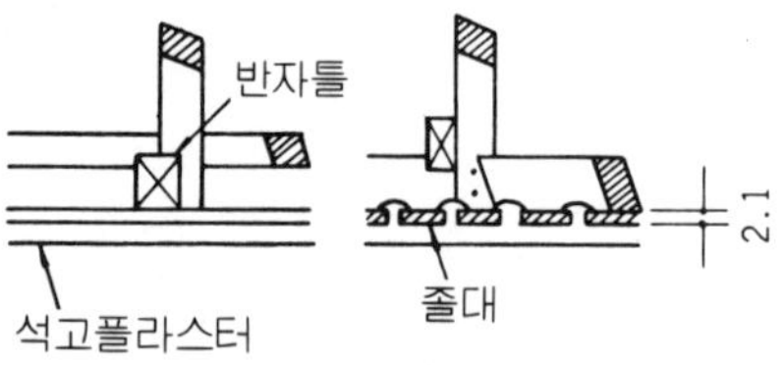 2.1
석고 플라스터 바 르 기	석고 플라스터(바름두께1.5)	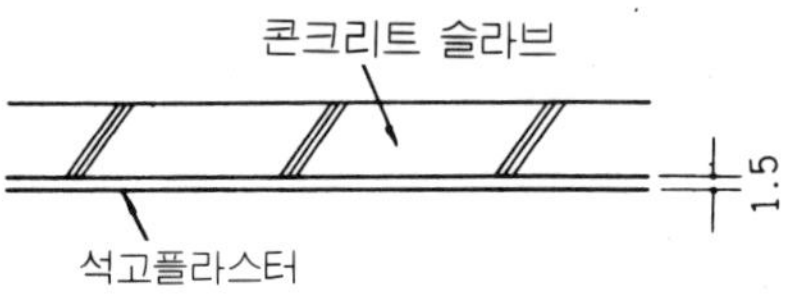 1.5
모 르 타 르 바 르 기	모 르 타 르 (바름두께1.8)	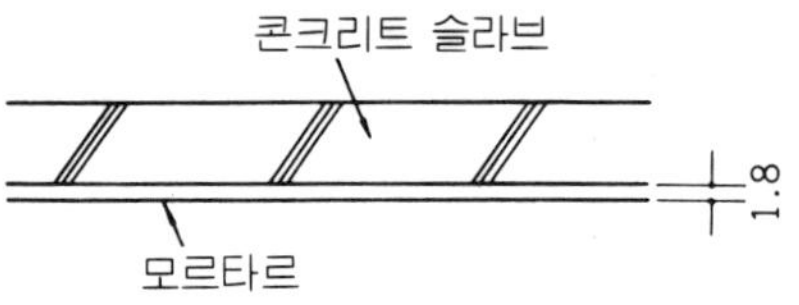 1.8
질석 플라스터 바 르 기	모 르 타 르 (두께1.5) 질 석 플 라 스 터 (두께2.5)	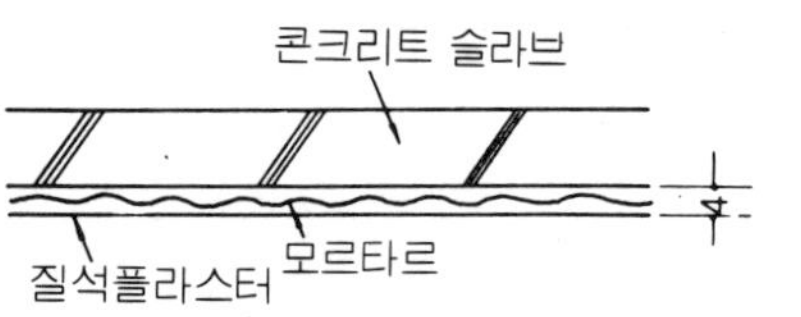 4
모 르 타 르 바 르 기 (외부용)	달대(철판) 띠철모양의 철골 메 탈 라 스 (리브붙이기) 모 르 타 르 (누름줄순4)	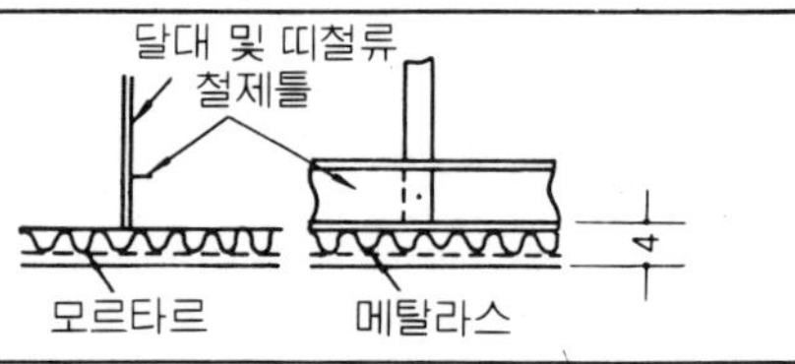 4

〔주〕 모르타르, 석고플라스터, 회반죽 등의 바르기 두께는 바탕의 관계로 두껍게 되는
        경우가 많으므로 주의해야 한다.

4—5 개구부와 주단면상세도

개구부

개구부에는 목재 창호와 금속제 창호가 있다. 목재 창호는 목재마무리 공법에 따르고, 여기에서는 금속제 창호에 관해서 설명한다. 금속제는 일반적으로 알루미늄섀시(그림 4-22)와 스틸섀시가 있고, 건축물의 용도나 외관설계에 따라서 여러가지 형태가 만들어진다.

설치방법으로는 먼저 설치하는 방법과 벽주위를 형성한 후에 설치하는 방법이 있는데, 일반적으로는 후에 설치하는 경우가 많다. 어느 것이나 시공상 빗물이 스며들지 않도록 누수에 주의하지 않으면 안된다.

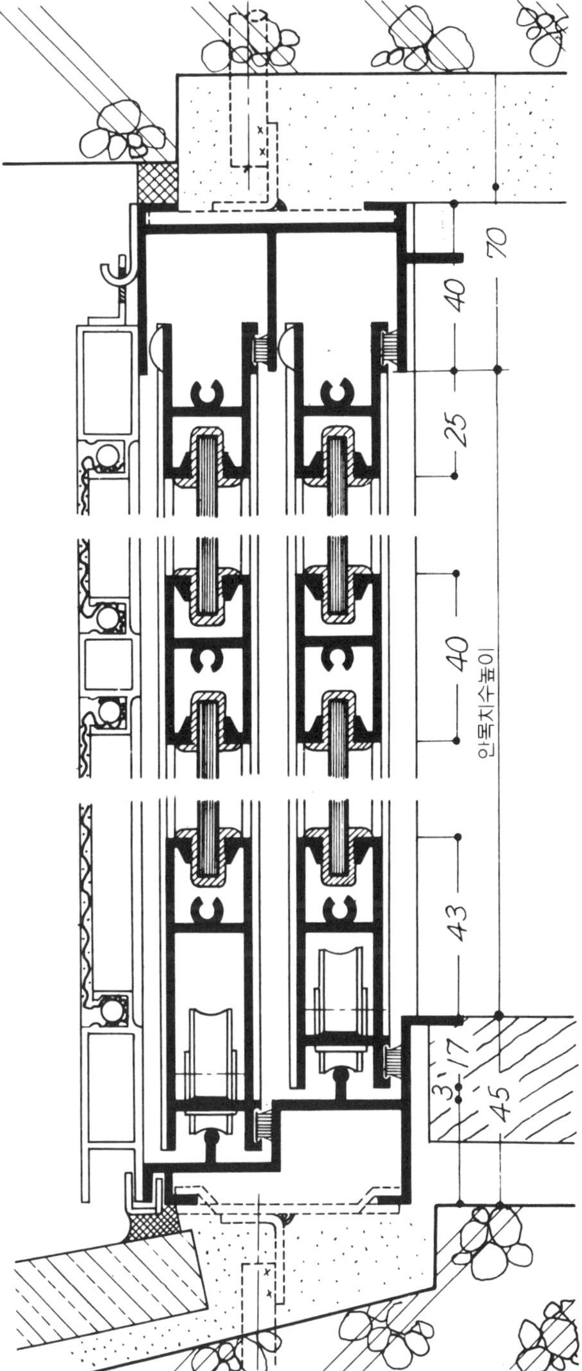

그림 **4-22** 알루미늄제 창호의 예

4—6 지붕과 주단면 상세도

지붕

지붕은 보통 박공지붕과 평지붕으로 나눈다. 평지붕의 형태는 슬라브를 연장하여 차양형식으로 하거나, 벽돌을 세워 올려서 파라펫형식으로 한다. 설계자의 개성에 따라 여러가지로 변형하여 설계가 되고 있다. 어떤 것이든지 방수하지 않으면 안된다. 방수에는 아스팔트방수, 액체방수모르타르 등이 있다. 일반적으로는 아스팔트방수가 사용된다.

a. 액체방수모르타르──방수모르타르를 두께 4㎝ 정도 바르고, 1.0～1.5m 각 정도로 보호모르타르로 줄눈을 한다. 일반적으로, 방수효과는 적으나, 보수가 쉽다.

b. 아스팔트방수──모르타르를 약 3㎝ 정도 바르고, 바탕을 평평하게 한 후에 충분히 건조시키고, 그 위에 아스팔트 프라이버를 칠한다. 그리고, 아스팔트로 아스팔트 루우핑을 가로와 세로로 서로 붙인다.

c. 차양──이것은 그림 4-23과 같이, 빗물의 누수를 막기 위하여 방수층을 처마 나옴선까지 연장한다. 이 방수층을 보호하기 위하여 경량 콘크리트를 6㎝ 정도 친다. 그리고, 두께 2.5㎝ 정도의 모르타르를 바르거나, 클링커타일붙이기로 마무리한다. 또, 간단하게 하는 경우에는 방수층 위에 콩자갈누름층 등으로 마무리한다.

d. 파라펫(parapet)──이것은 그림 4-24와 같이 방수층을 30～40㎝ 정도 세워 올린다. 슬라브 부분의 방수층은 차양 부분에서 설명한 것과 같으나, 파라펫 부분은 벽돌이나 콘크리트 블록으로 보호벽을 쌓아서 방수모르타르로 마무리하고, 방수모르타르 바름두께는 2.5㎝ 정도로 한다.

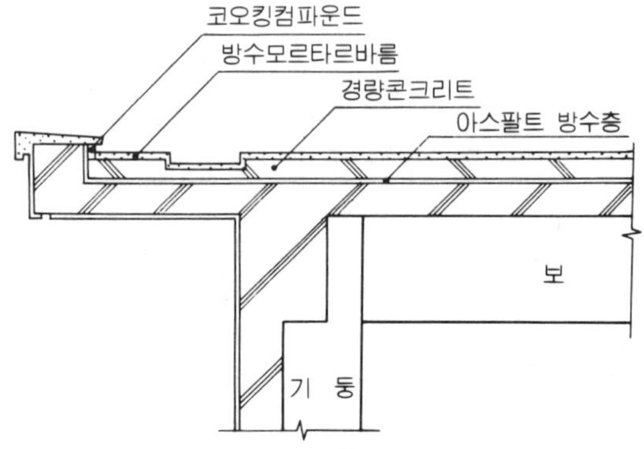

그림 4-23 처마 부분과 지붕의 예

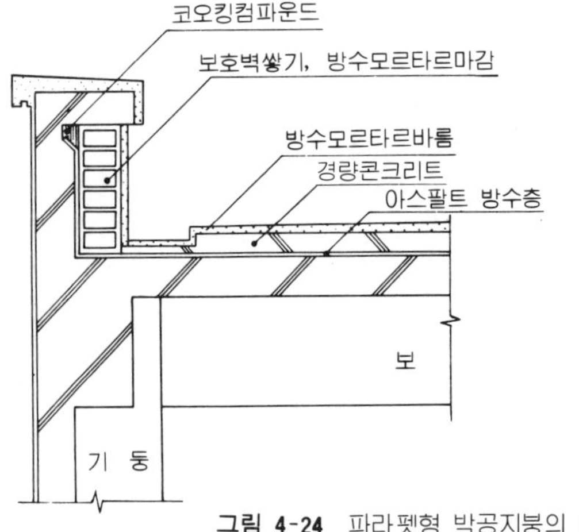

그림 4-24 파라펫형 박공지붕의 예

실 습 문 제

다음의 평면도(그림 4-25 a, b), 입면도(그림 4-26), 단면도(그림 4-27)에서 **A-A**부분의 상세도를 그려라.

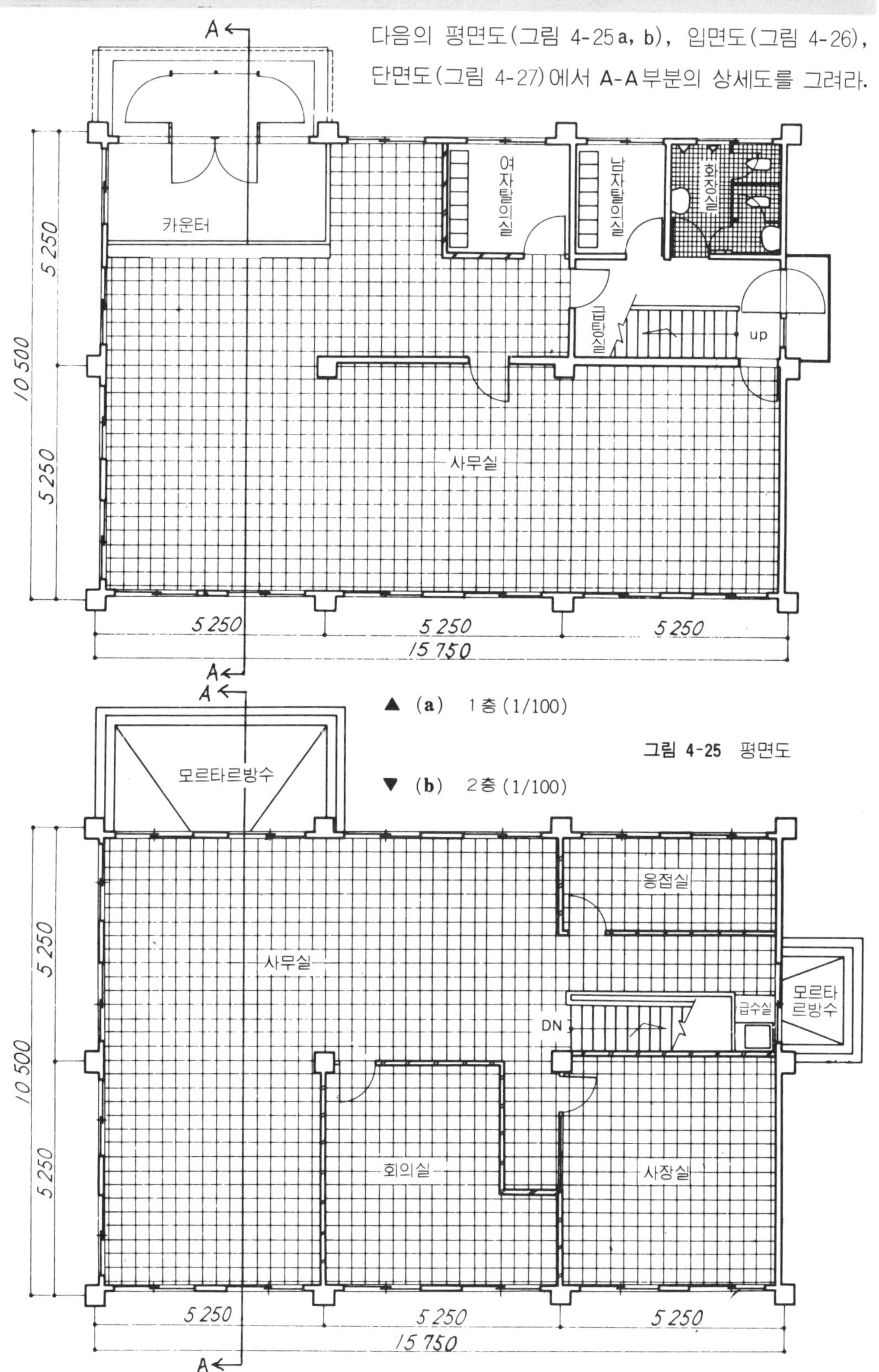

▲ **(a)**　1층 (1/100)

그림 4-25　평면도

▼ **(b)**　2층 (1/100)

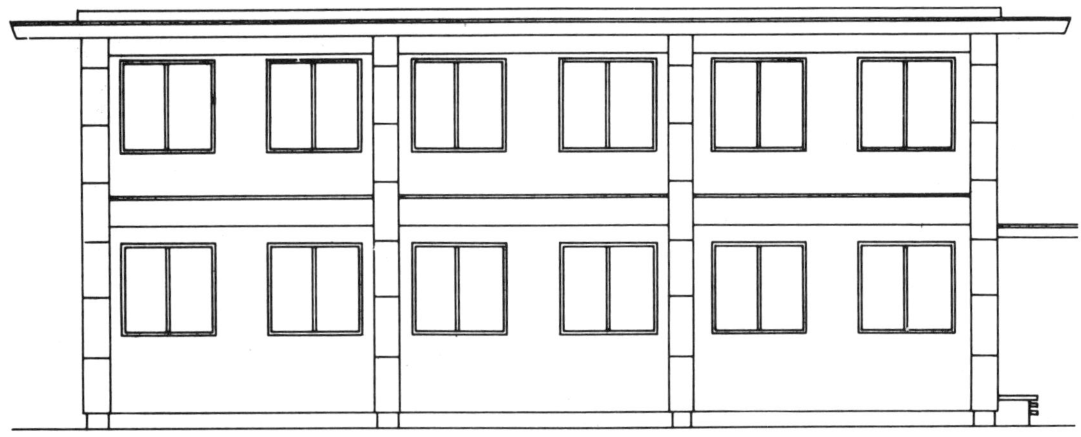

그림 4-26 남측입면도(1/10)

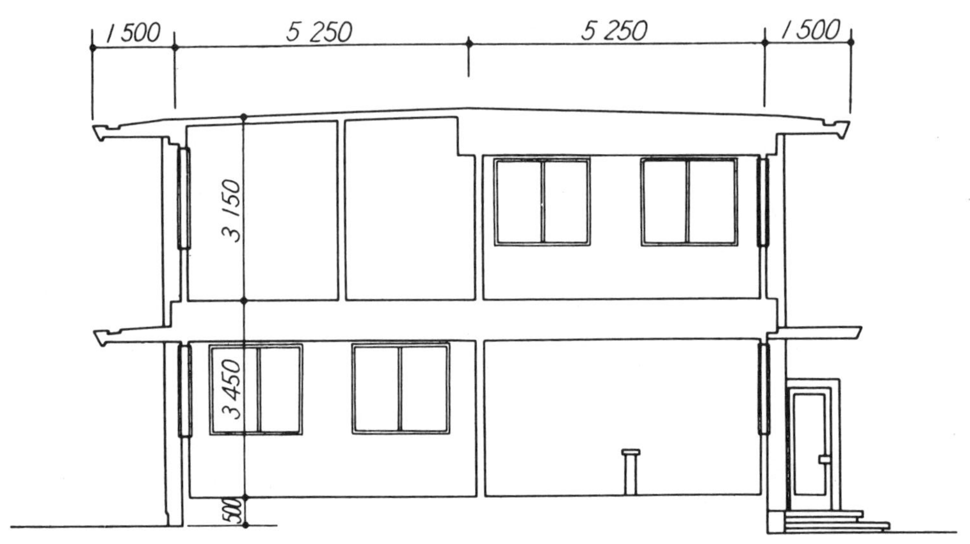

그림 4-27 단면도(1/100)

실 습 요 령

나무구조의 경우와 같이 표현한다.

1. A－A 부분의 중심선 및 각 부분의 높이 관계를 결정하고 치수선 및 치수를 기입한다〔그림 4-28(a)〕.

2. 구조부분을 그린다〔그림 4-28(b)〕.

A. 기초부분——기초 평면도와 같이 생각한다.

B. 1층바닥부분——벽두께, 슬라브두께 및 자갈표시를 그린다

C, 2층바닥부분——큰보, 벽두께, 슬라브두께 등을 그린다.

D. 처마부분——테두리보, 옥상슬라브두께, 처마나옴 또는 파라펫 등을 그린다.

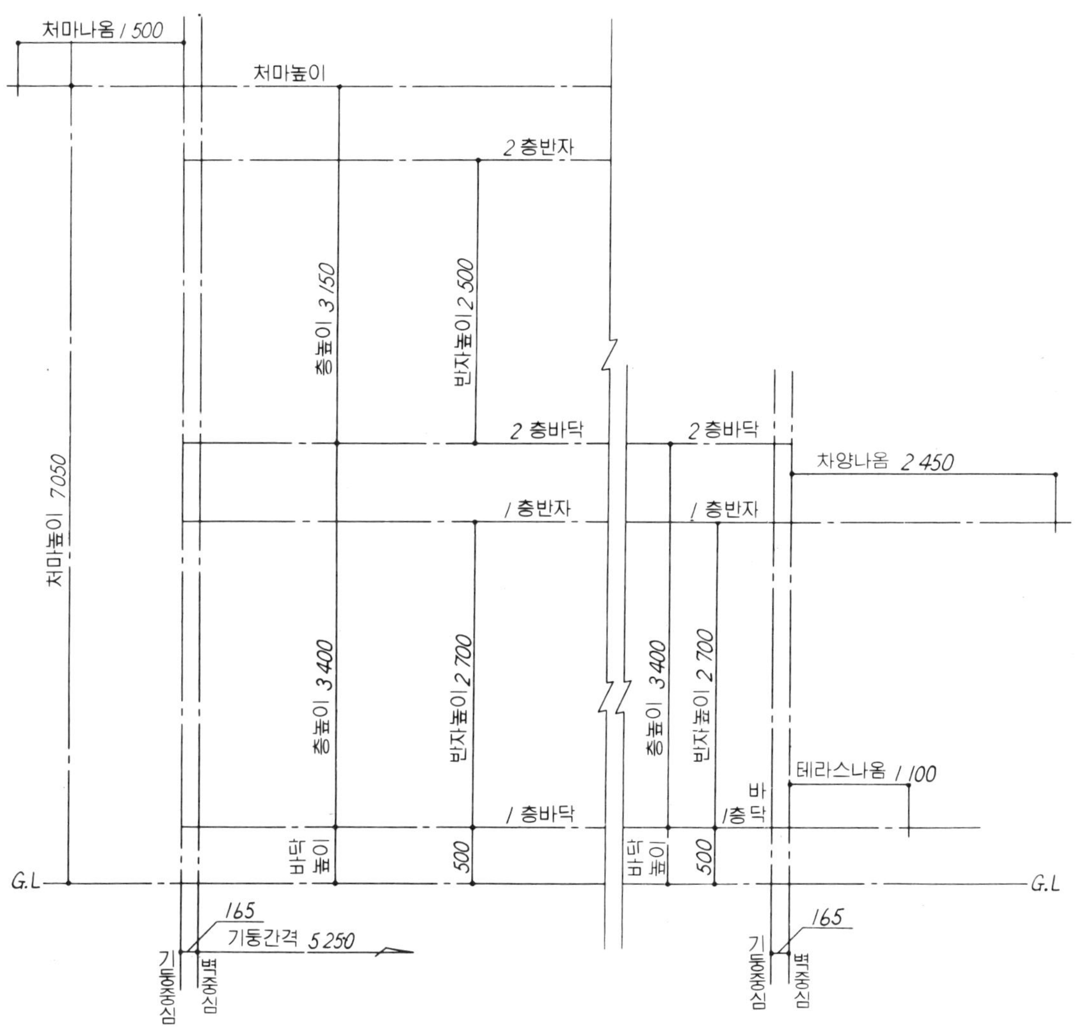

그림 **4-28 (a)**   주단면상세도 (1/30)

3. 마무리 관계를 그린다〔그림 4-28(c)〕.

A. 1층바닥——바닥마무리, 걸레받이, 벽마무리 등을 그린다.

B. 1층개구부——섀시틀과 창선 부분을 그린다.

C. 1층반자——반자틀평면도와 같이 생각한다. 그리고, 반자마무리, 반자틀 등을 그린다.

D. 2층바닥——바닥마무리, 걸레받이, 벽마무리 등을 그린다.

E. 2층개구부——1층개구부와 같다.

F. 2층반자——반자틀평면도와 같이 생각한다. 그리고, 반자마무리, 반자틀 등을 그린다.

G. 지붕——방수마무리, 파라펫 부분, 처마 부분 등의 마무리를 그린다.

H. 외벽——외벽마무리를 그린다.

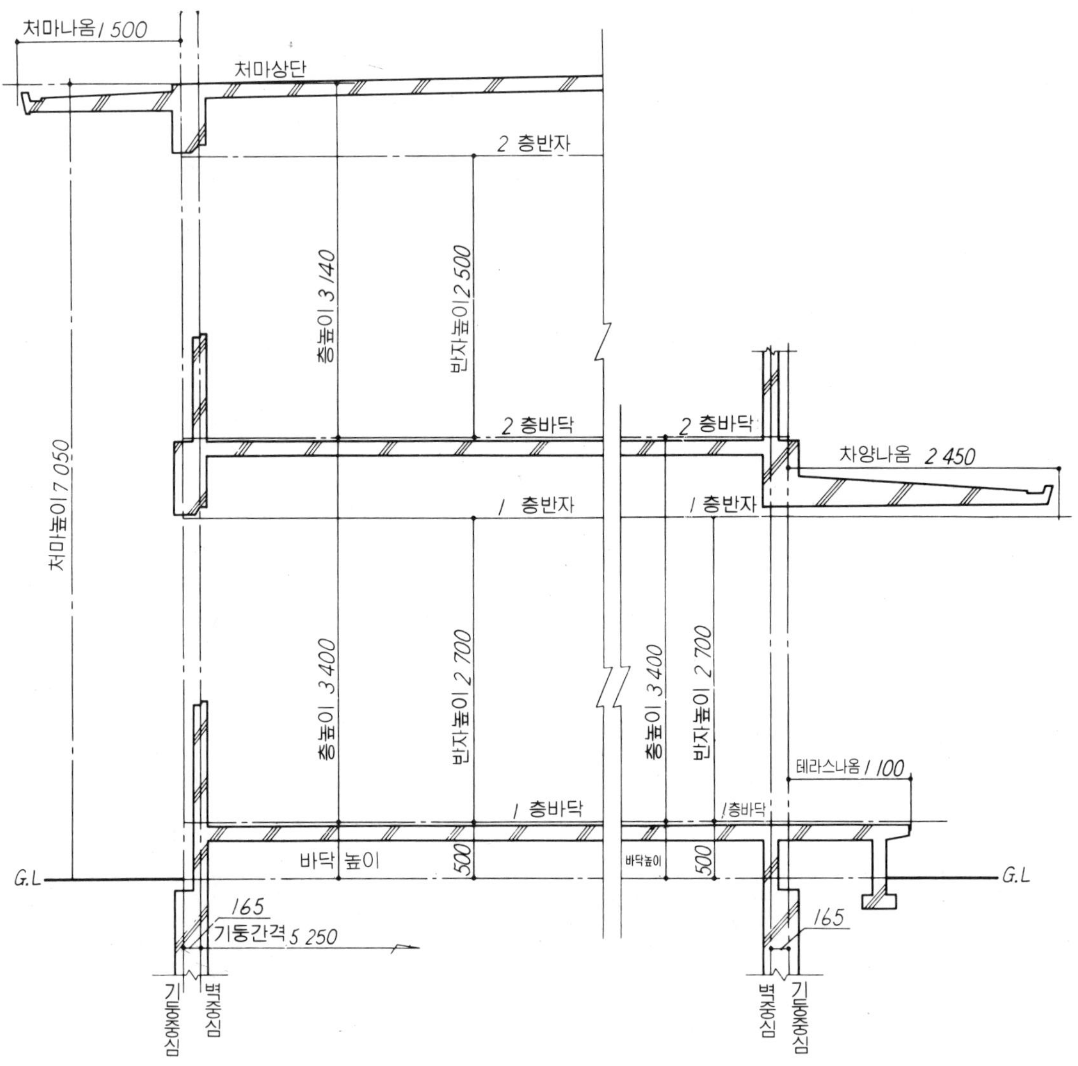

그림 4-28 (b) 주단면상세도 (1/30)

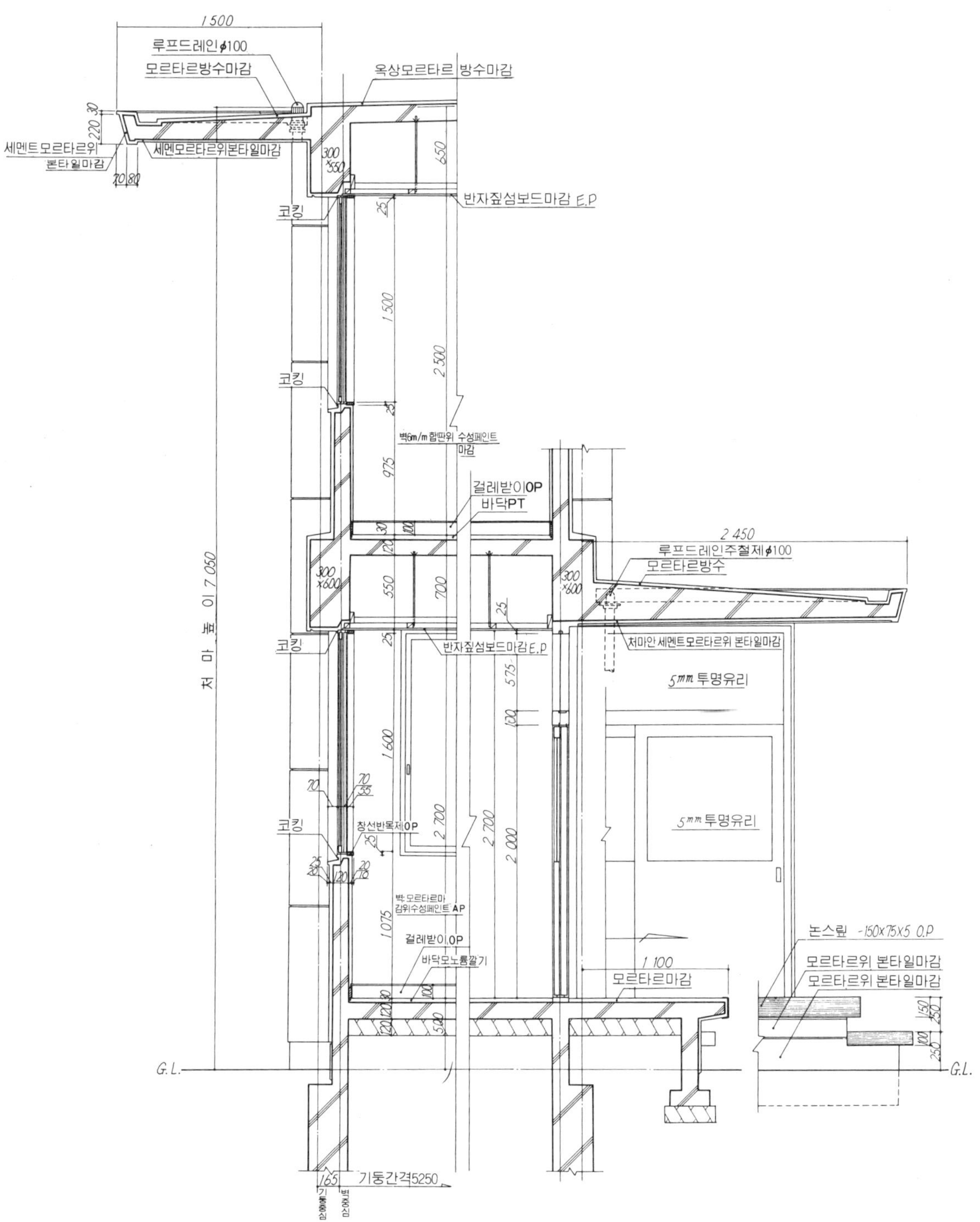

그림 **4-28**(c) 주단면 상세도 예(1/20)

5. 철골조(Steel Structure ; S造) 구조와 건축물의 주단면 상세도

철골조는 철근콘크리트조와 같이 구조계산에 의해서 형강(形鋼), 강판(鋼板), 경량형강(輕量形鋼) 등의 조립과 기둥, 보 등의 부재단면 크기를 결정하기로 한다. 따라서, 도면은 일반도면 외에 구조도와 상세도가 중심이 된다. 구조도에는 기초평면도와 뼈대도, 보 배치도, 지붕틀평면도 등이 있고, 상세도에는 주단면 상세도와 철골 상세도 등이 있다. 그리고, 대부분의 철골조에는 현치수도를 그리기 때문에, 도면에서는 주단면 상세도와 동시에 철골 상세도가 그려진다.

5-1 철골조 건축물의 주단면 상세도

철골조에는 다음과 같은 표시기호와 명칭이 있고, 특히 용접기호는 K. S. B. 규격이 있기 때문에 도면작성과 표시방법에 주의해야 된다.

부재 및 형상, 치수의 표시법

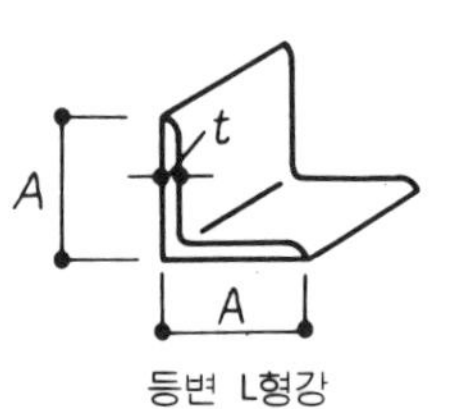

등변 L형강
(equal legs angle)

$L - A \times A \times t$

예 $L - 65 \times 65 \times 6$

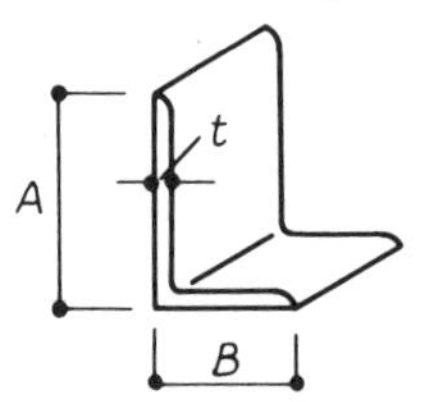

부등변 L형강
(unequal legs angle)

$L - A \times B \times t$

예 $L - 100 \times 75 \times 6$

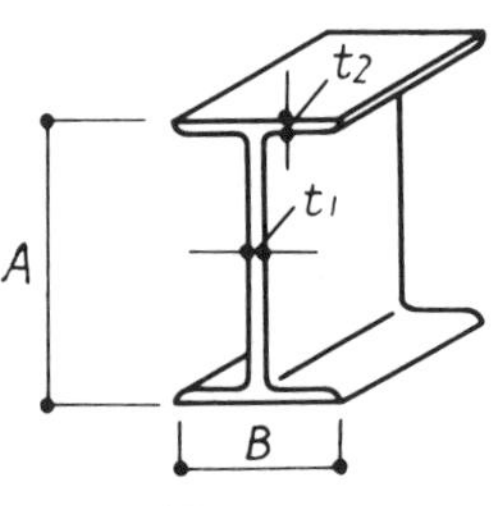

I형강 (I-beam)

$I - A \times B \times t_1 \times t_2$

예 $I = 250 \times 125 \times 7.5$

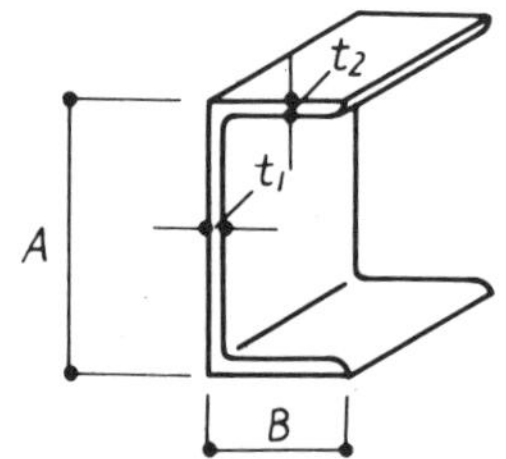

ㄷ형강 (channel)

$\mathsf{C} - A \times B \times t_1 \times t_2$

예 $\mathsf{C} - 250 \times 125 \times 7.5$

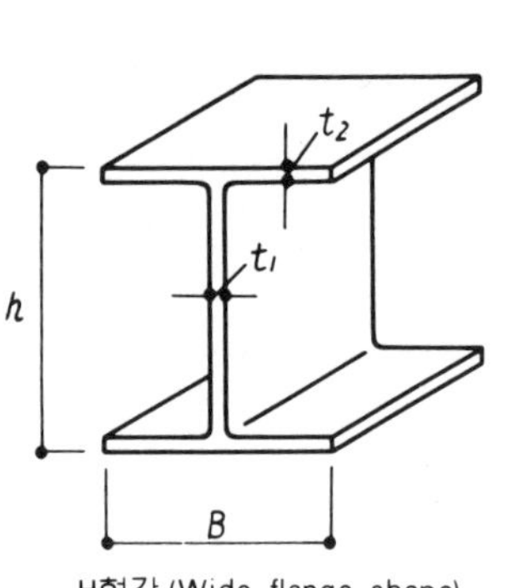

H형강 (Wide flange shape)

$H - h \times B \times t_1 \times t_2$

예 $H - 200 \times 200 \times 8 \times 12$

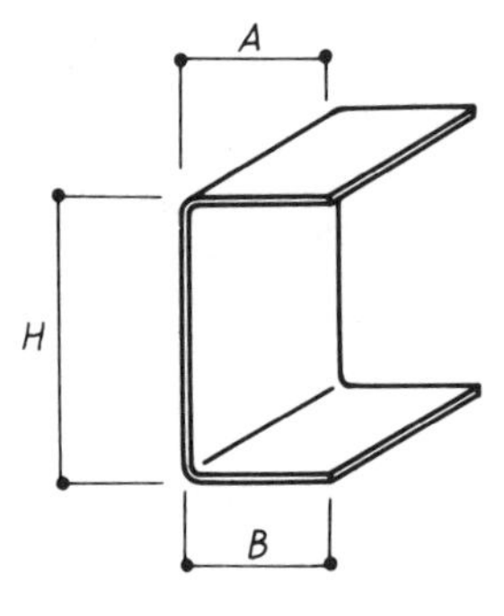

경량 ㄷ형강

$C - H \times A \times B$

예 $C - 200 \times 75 \times 75$

〈형강〉

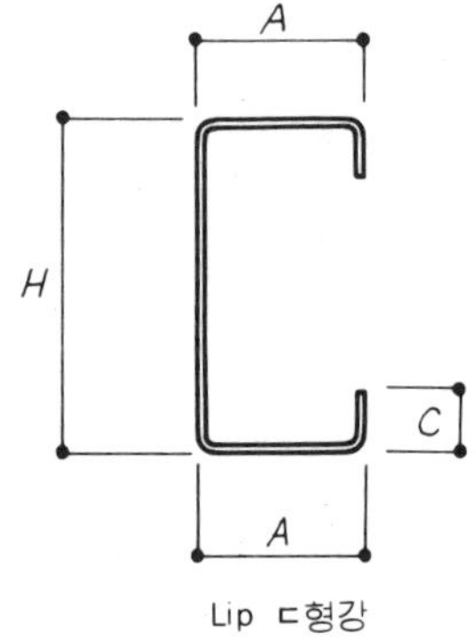

Lip ㄷ형강

$C - H \times A \times C$

예 $C - 200 \times 75 \times 25$

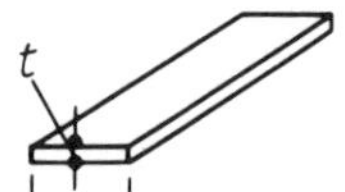

FB $A \times t$

예 FB 60×9

〈평강(flat bar)〉

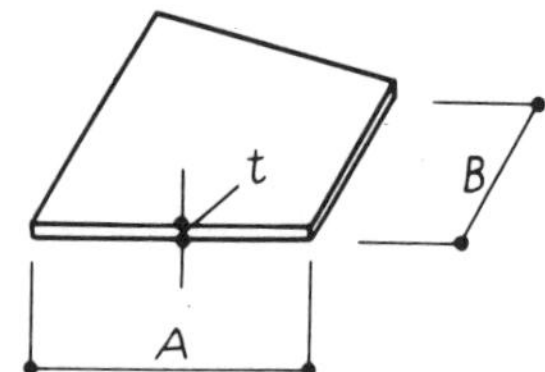

$PL - A \times B \times t$ 또는 $\mathsf{PL} - t$

예 $PL - 200 \times 150 \times 9$ 또는 $\mathsf{PL} - 9$

〈강판(plate)〉

$B\, d\phi$ 또는 $d\phi$

예 $B\, 13\phi$ 또는 13ϕ

〈철근 (round steel)〉

그림 5-1 부재 및 형상, 치수의 예

리벳기호

평면기호

그림 5-2 리벳기호

단면기호

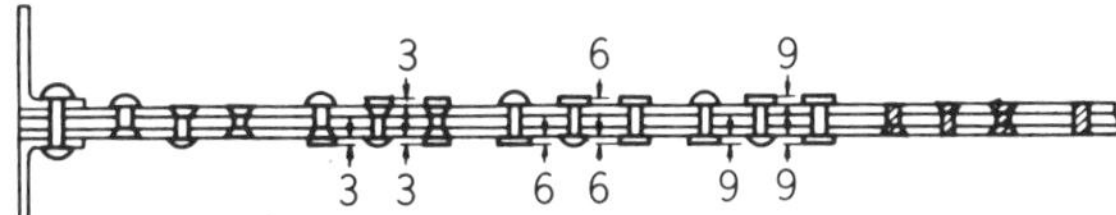

볼트기호

볼트 표시는 볼트 머리의 형상을 그려서 표시하고, 여기에 볼트 직경을 기입한다.

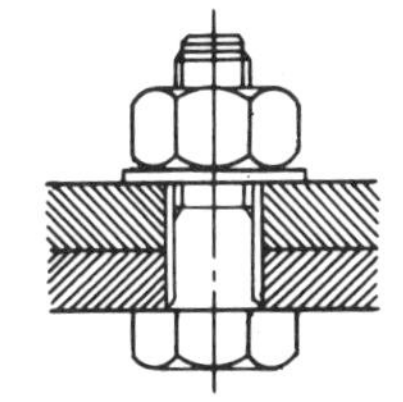

그림 5-3 볼트의 예

용접기호

용접의 종류		기 호	비 고
그루우브용접 (Groove)	양쪽 플랜지형		
	한쪽 플랜지형		
	I 형		X형은 기선에 대칭으로 이 기호를 기재한다.
	V 형, X 형		K형은 기선에 대칭으로 이 기호를 기재한다.
	V 형, K 형		기호의 세로선은 좌측에 그린다.
	J형, 양면 J 형		양면J형은 기선과 대칭으로 이 기호를 기재한다.
	U 형, 양면 U 형(H 형)		기호의 세로선은 좌측에 그린다. H형은 기선에 대칭으로 이 기호를 기재한다.
	플레어 V 형 플레어 X 형		플레어X형은 기선에 대칭으로 이 기호를 기재한다.
	플레어 V 형 플레어 K 형		플레어K형은 기선에 대칭으로 이 기호를 기재한다.
모 살 용 접			기호의 세로선은 좌측에 기재한다. 줄용접의 경우는 기선에 대칭으로 이 기호를 기재한다. 단, 지그재그용접일 경우에는 다음 기호를 사용할 수 있다.
플러그용접(구멍)			
비이드 또는 살붙임			살붙임의 경우는 이 기호를 2개열지어 기재함.
저항용접	점 용 접 프르젝션(돌기) 용 접		기선에 굽혀서 대칭으로 기재한다.
	시 임 용 접		기선에 굽혀서 대칭으로 기재한다.
	불꽃용접 또는 업 셋 용 접		기선에 굽혀서 대칭으로 기재한다.
보조기호	용접부의 표면상황	평면 볼록 오목	용접부의 마무리방법	치 핑 기	C
				갈 기	G
				깎 기	M
	현 장 용 접 전 둘 레 용 접 전둘레현장용접			특별히 구별 하지 않을 경우	F

그림 5-4 용접기호

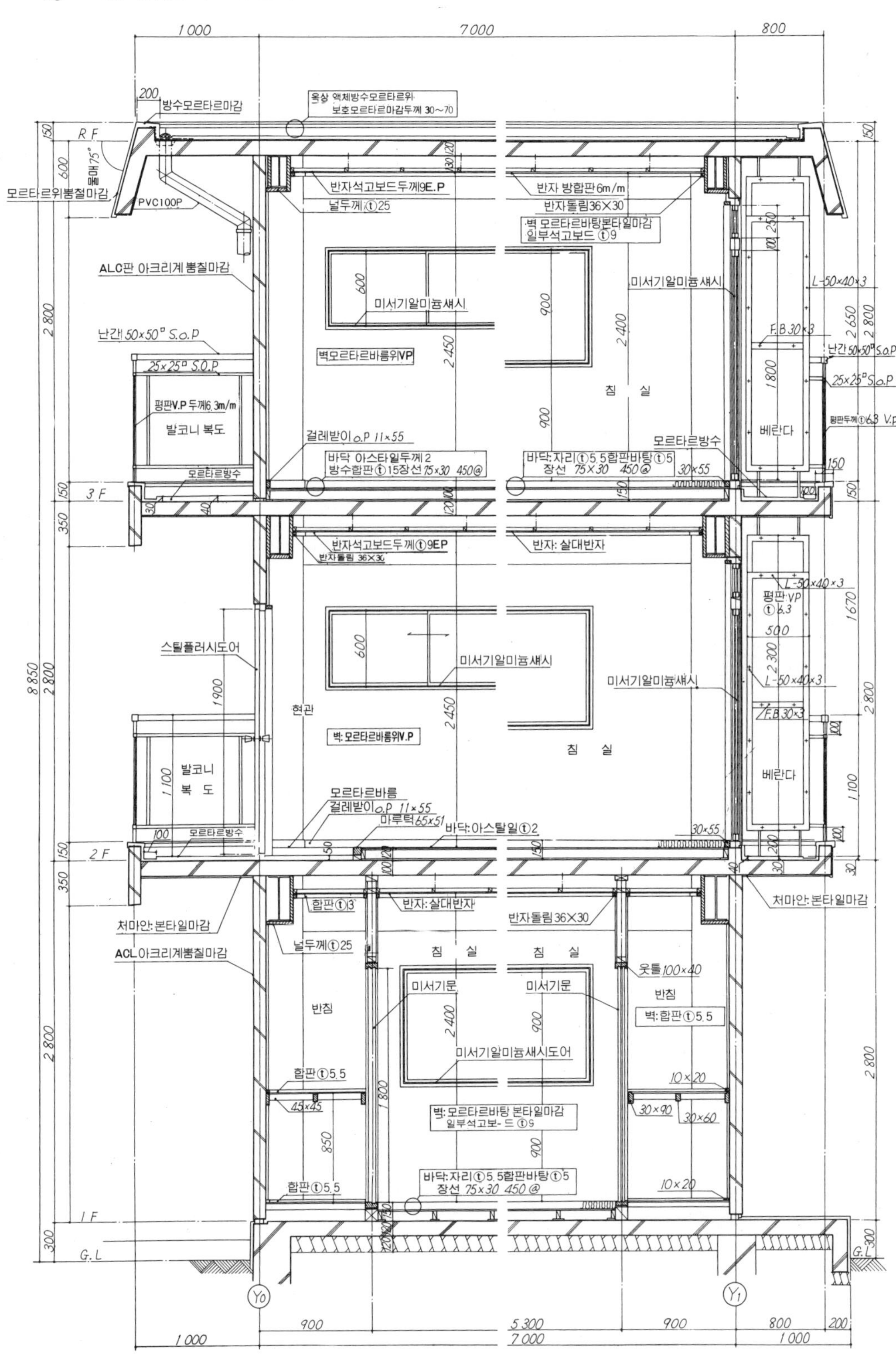

그림 5-5 주단면 상세도 예(1/20)

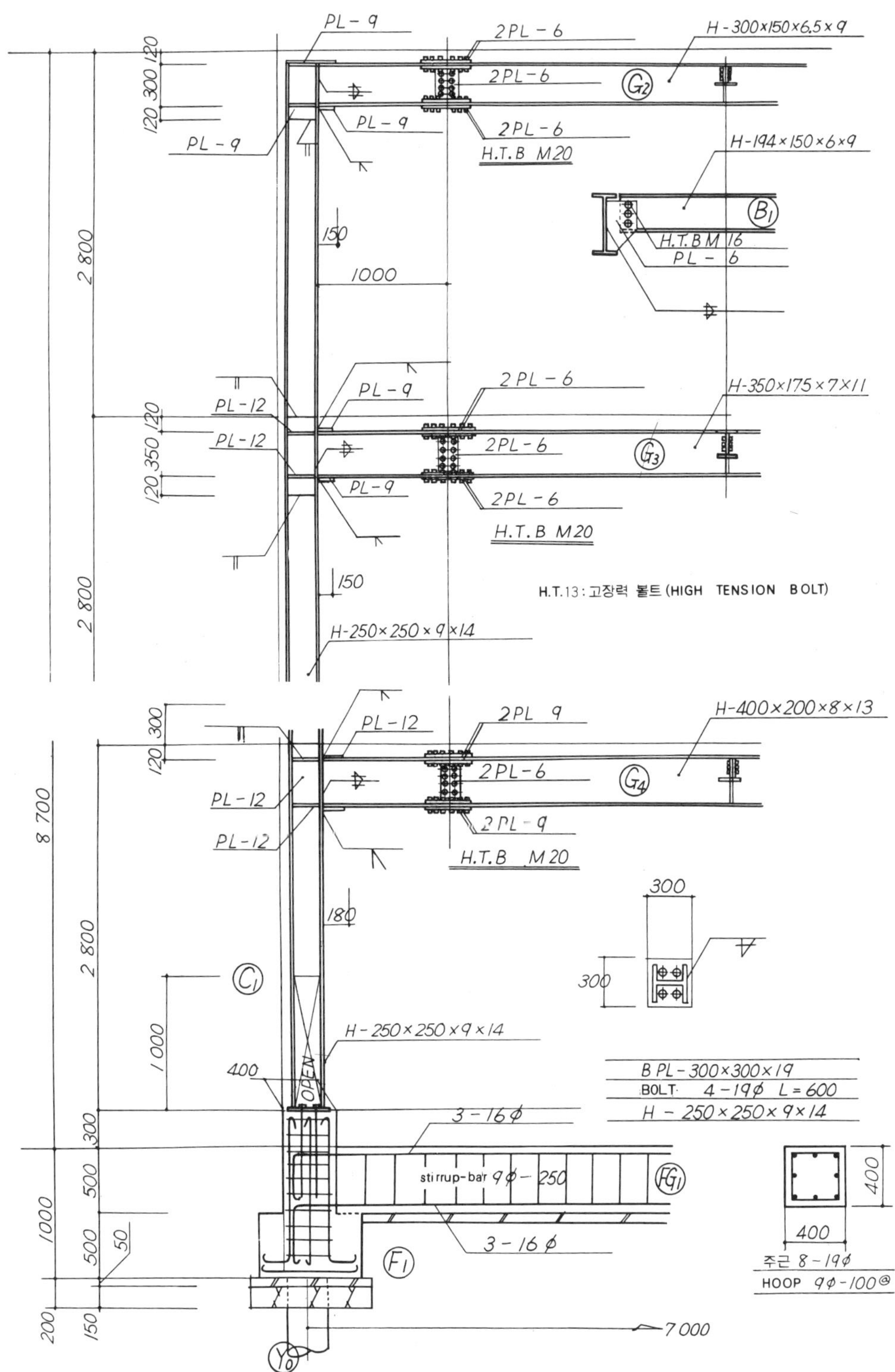

그림 5-6 철골상세도의 예(1/30)

5-2 기초, 1층바닥 마무리와 주단면 상세도

기초

기초는 철근콘크리트의 경우와 같으나, 일반적으로 그림 5-7처럼 독립기초를 사용하고, 그 기초와 기초를 연결보(기초보)로 연결한다〔그림 5-7(d)〕. 이것은 부동침하를 방지하기 위하여 반드시 설계해야 한다.   그리고, 기초에는 앵커볼트를 넣는다.

1층바닥마무리

이것은 철근콘크리트조에 따른다. 일반적으로, 밑바닥(지면에 접한) 콘크리트치기이다.

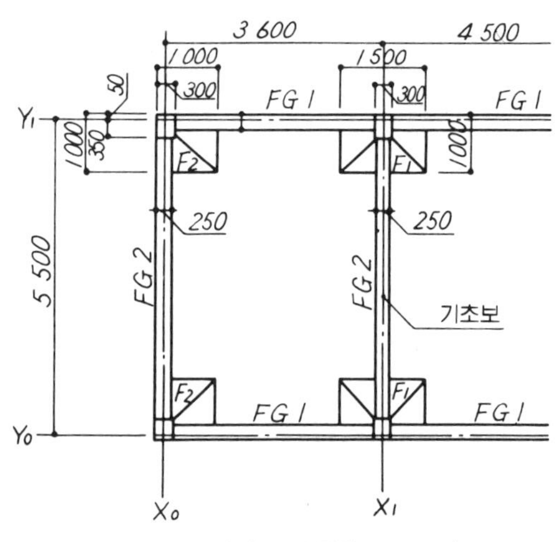

(a) 기초평면도 (1/100)

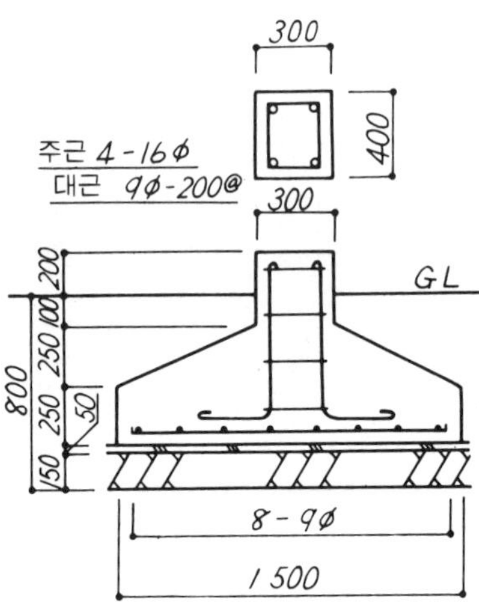

(b) 1층기초상세도 (1/30)

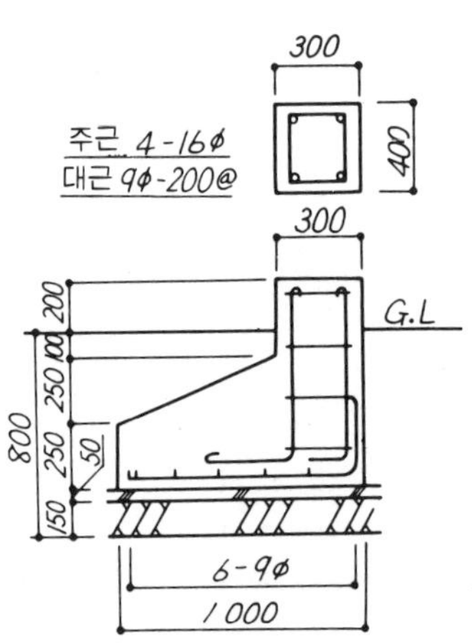

(c) 2층기초상세도 (1/30)

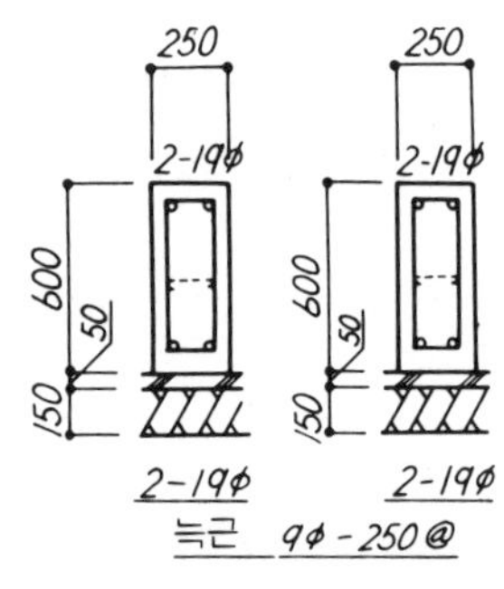

(d) 연결보(기초밑잡이보 또는 기초보) 상세도 (1/30)

그림 5-7 기초의 예

5-3 기둥과 보와 주단면 상세도

기둥

기둥에는 일반적으로 형강기둥(H형강, I형강, ㄷ형강, 경량형강) 혹은 조립기둥 (플레이트기둥, 단라티스기둥, 복라티스기둥, 띠판기둥, 트러스기둥) 등이 사용된다. 최근에는 형강기둥이 많이 사용된다(그림 5-8).

보

보에는 일반적으로 형강보 (H형강, I형강, ㄷ형강) 및 조립보(플레이트보, 트러스보, 라티스보, 띠판보)가 사용되고, 그림 5-9와 같이 최근에는 형강보가 많이 사용된다. 그림 5-10은 보의 배치평면도의 예이다.

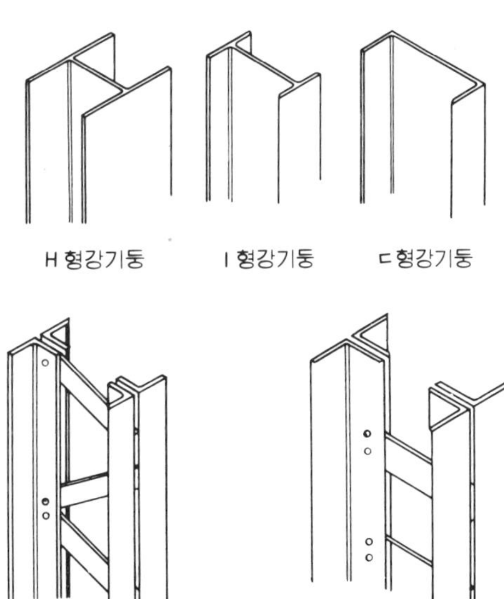

그림 5-8 기둥의 예

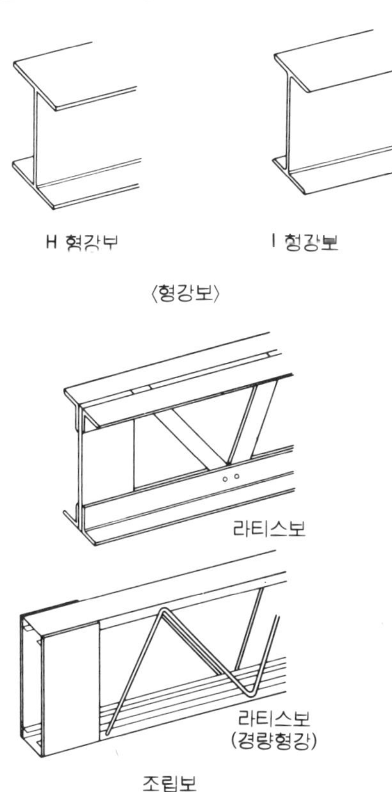

그림 5-9 보의 예

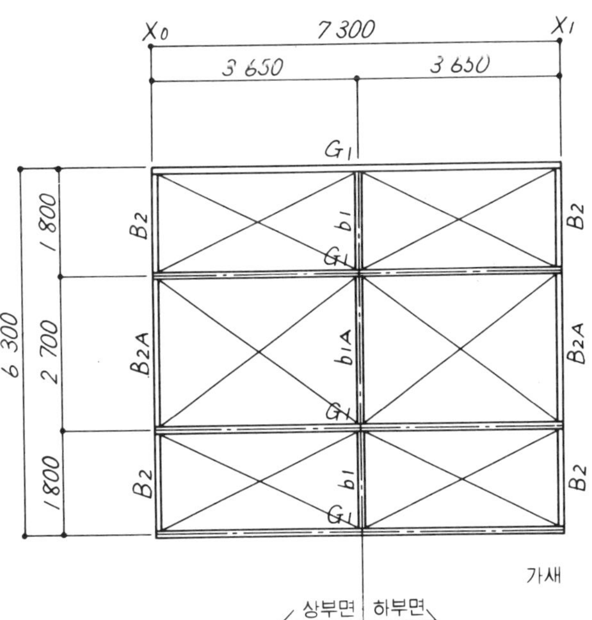

그림 5-10 2층보평면도 (1/100)

5-4 뼈대, 벽, 개구부, 2층 바닥마무리, 반자마무리와 주단면 상세도

뼈대

철골조의 뼈대는 나무구조와 같이 한다. 최근에는 거의 형강을 사용하고, 그림 5-11과 같이 기둥, 보, 지붕틀, 가새 등으로 구성된다.

벽

철골조의 벽은 건축물의 용도에 따라서 여러가지가 있으나, 콘크리트 블록을 쌓고 모르타르로 마무리하거나, 기둥, 샛기둥에 띠장을 대고 바탕을 만들거나 해서 마무리한다. 띠장의 간격은 마무리재의 치수에 맞추어 결정하고, 그림 5-12처럼 ㄴ형강, ㄷ형강, 경량형강, 목재 등을 사용하여 공작한다. 마무리는 나무구조나 철근콘크리트조에 준하고, 골합석판 붙이기, 석면슬레트판 붙이기, 패널붙이기(그림 5-13), 모르타르바름 등이 사용된다. 또, 기둥이나 보를 내화피복으로 하는 경우에는 그림 5-14와 같이 철골에 라스를 치고 모르타르나 석면슬레트판붙이기, 패널(pan-

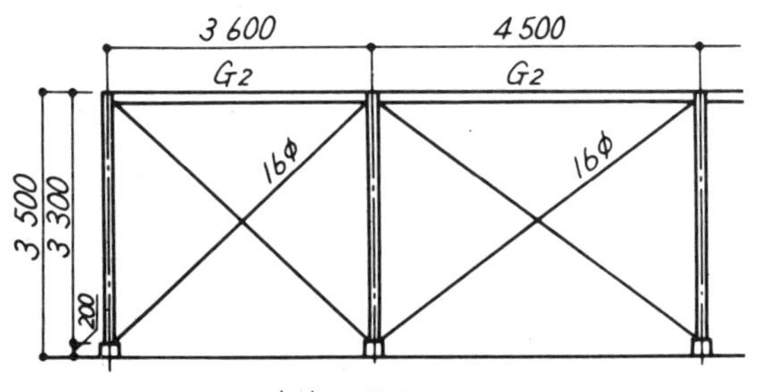

(a) H형강 뼈대도

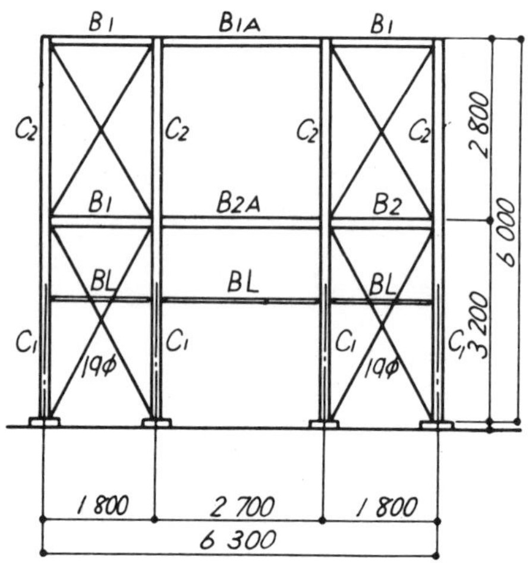

(b) 경량형강 뼈대도

그림 5-11 뼈대도의 예

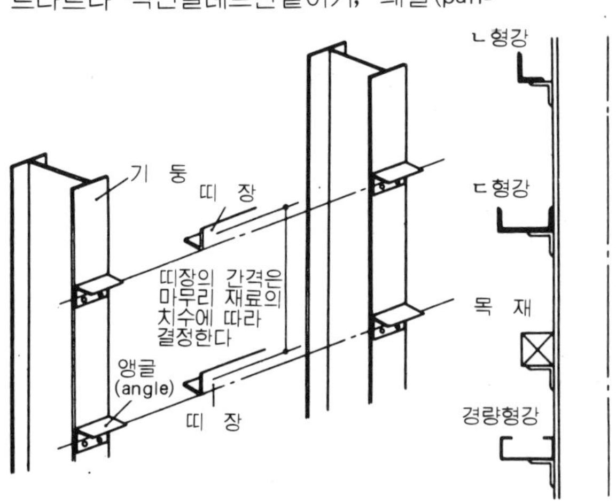

그림 5-12 띠장의 예

〈콘크리트블록쌓기의 예〉

el) 붙이기(그림 5-13), 모르타르바름 등이 사용된다.

또, 기둥이나 보를 내화피복으로하
는 경우에는 그림 5-14와 같이 철골
에 라스를 치고 모르타르나 페라
이트(perlite) 모르타르 등을 바르
며, 또는 석면시멘트를 뿜칠한다.

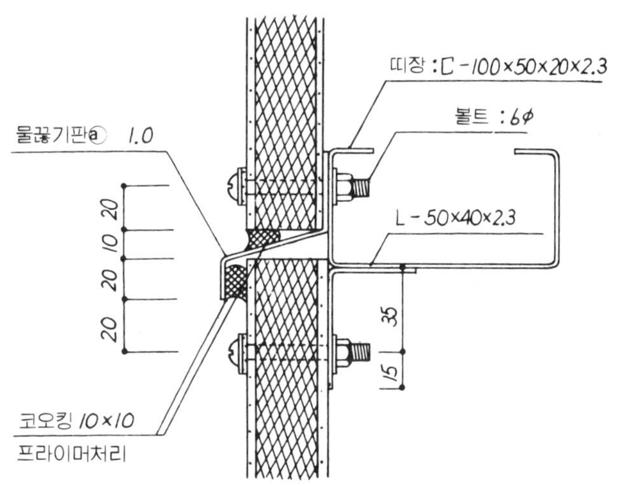

그림 5-13 패널(panel) 붙이기

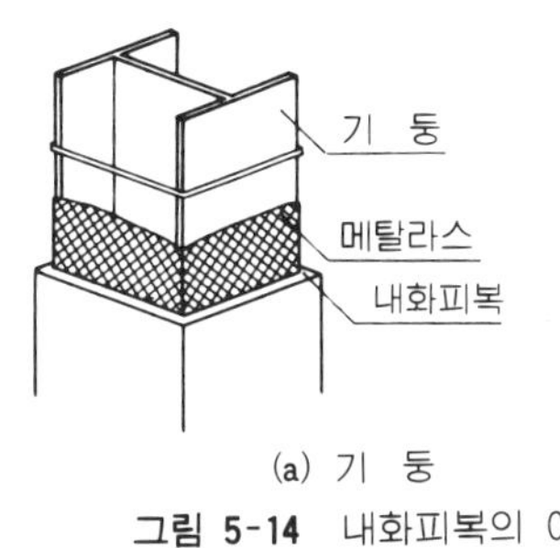

(a) 기 둥

(b) 보

그림 5-14 내화피복의 예

개구부

개구부는 금속제 창호를 사용해
서 그림 5-15와 같이 용접에 의하여
철골에 견고하게 고정시킨다.

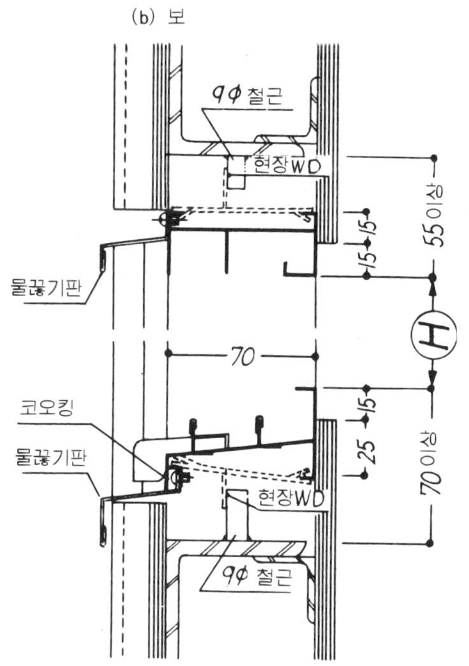

그림 5-15 금속제 창호의 예

2 층바닥마무리

2층바닥의 바닥마무리는 철근콘크리트조에 준한다. 최근의 바닥판은 그림 5-16과 같이 데크플레이트나 키스톤플레이트에 콘크리트를 치는 경우와 기성재를 사용, 조립식으로 하는 경우가 있다.

반자마무리

이것은 방의 용도에 따라 반자를 붙이거나 붙이지 않거나 한다. 그리고, 반자를 붙이는 경우에는 보에서 두꺼운 철물로 사용하기도 해서 철근콘크리트조에 준하기도 한다. 마무리는 나무구조나 철근콘크리트조에 준한다. 마무리방법은 나무구조와 철근콘크리트조의 건식반자구조와 같다.

〈키스톤 플레이트의 예〉

그림 5-16 바닥의 예

5—5 지붕틀과 지붕의 주단면상세도

지붕틀

이것은 그림 5-17과 같이 형강을 사용해서 평지붕이나 경사지붕으로 하는 방법과 그림 5-18 과 같이 트러스를 구성하는 방법이 있다. 어떠한 경우에도 건축물의 용도, 보간격, 기둥 간격 에 따라서 선택한다. 그림 5-19는 지붕틀평면도의 예이다.

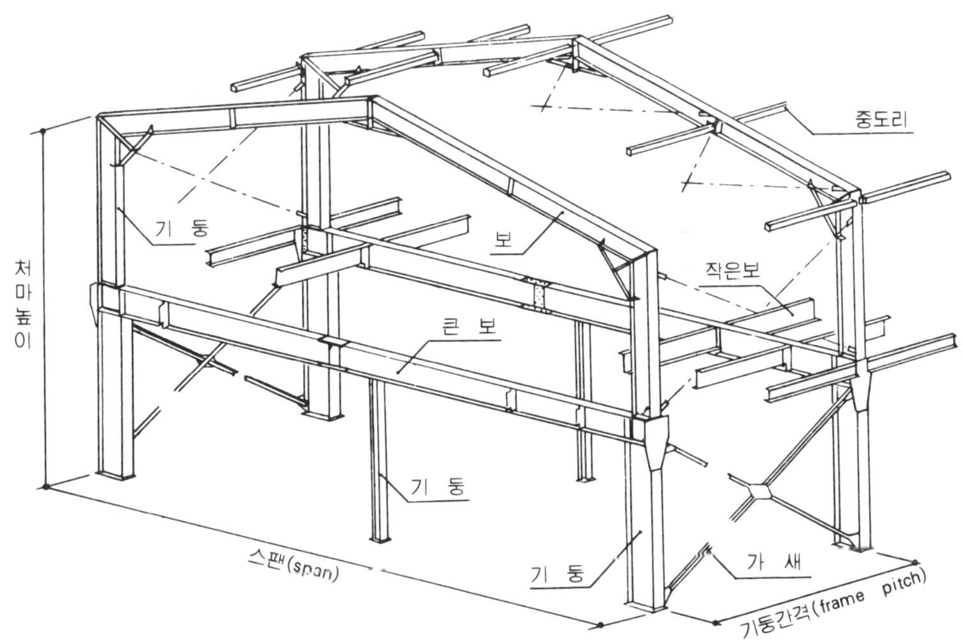

그림 5-17 형강의 사용 예

〈지붕틀의 예〉

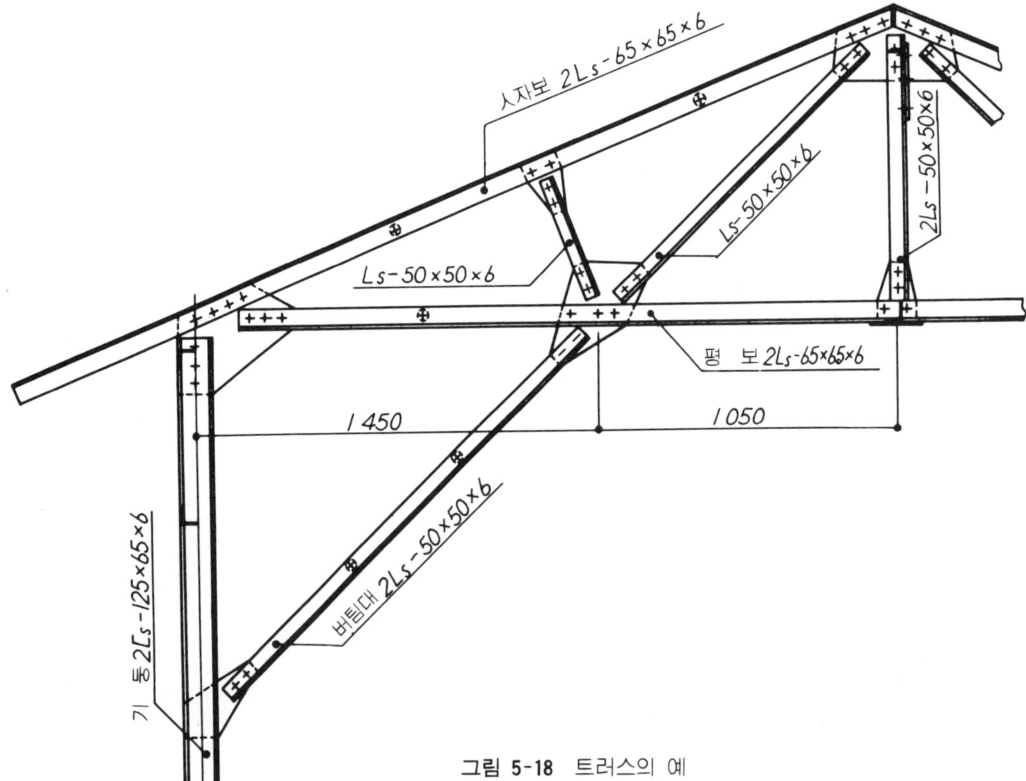

그림 **5-18**   트러스의 예

지붕

지붕마무리에는 일
반적으로 콘크리트,
골석면슬레트 등 철
근콘크리트는 철근
콘크리트조에 준하
고, 석면슬레트는 목
조지붕의 석면슬레
트이음에 준한다.

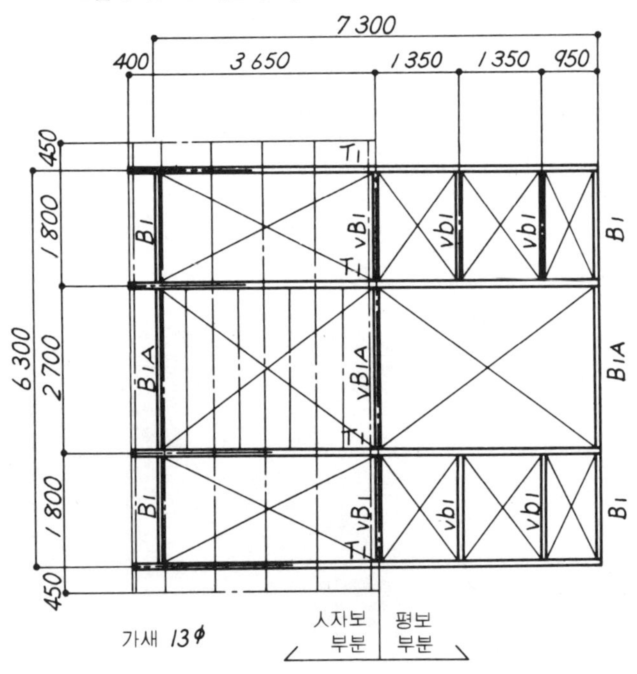

그림 **5-19**   지붕틀 평면도의 예 (1/100)

실 습 문 제

다음의 평면도[그림 5-20(a), (b)], 단면도(그림 5-21), 입면도(그림 5-22)에서 A－A 부분
의 주단면상세도를 그려라.

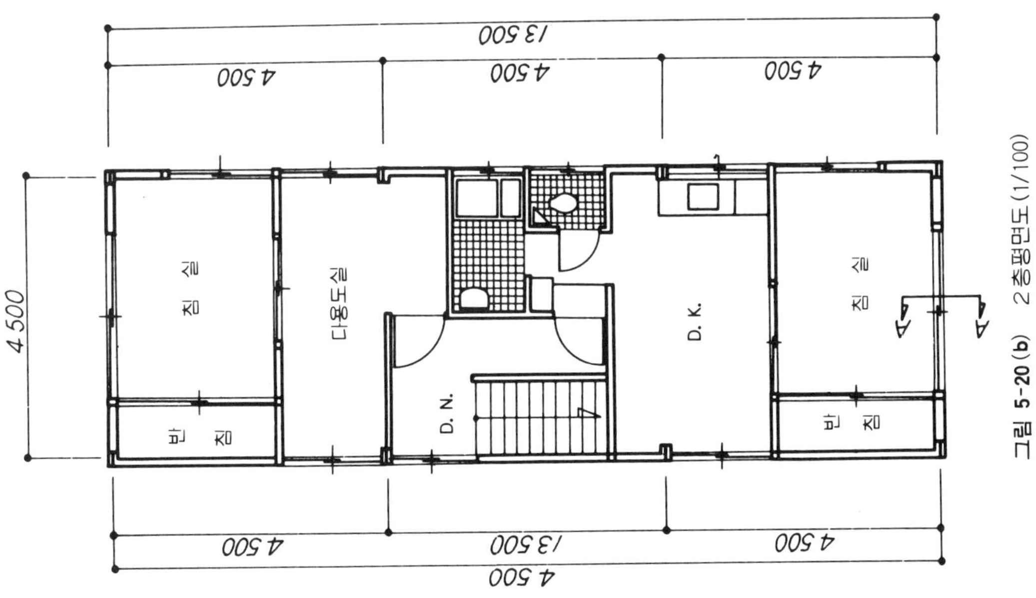

그림 5-20 (b) 2층평면도 (1/100)

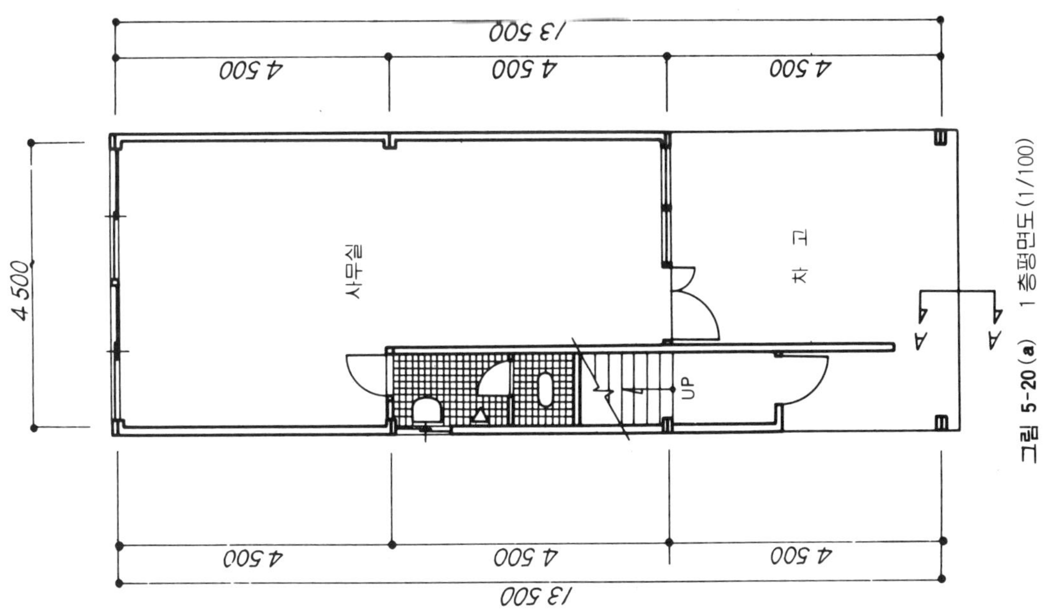

그림 5-20 (a) 1층평면도 (1/100)

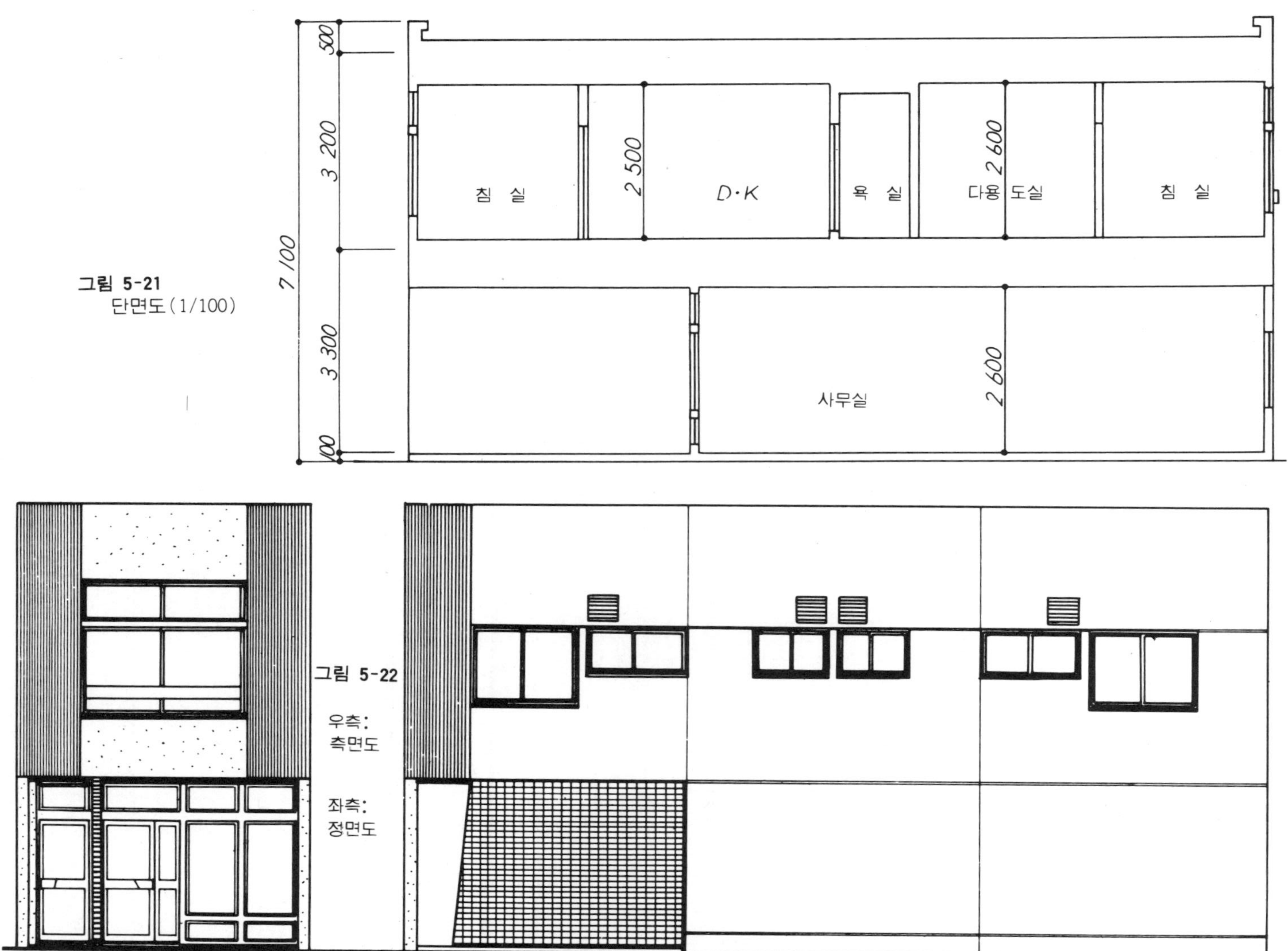

그림 5-21
단면도 (1/100)

그림 5-22

실 습 요 령

나무구조 및 철근콘
크리트조와 같이 표현
한다

1. A−A 부분의 중
심선 및 각 부분의 높
이관계를 결정하고, 치
수선 및 치수를 기입
한다〔그림 5-23(a)〕.

그림 5-23 (a)
주단면상세도 (1/30)

2. 구조부분을 그린다〔그림 5-23 (b)〕.

A. 1층바닥부분—— 기둥, 슬라브 두께 및 자갈표시를 그린다.

B. 1층바닥부분—— 보, 벽바탕 (띠장 등) 슬라브두께 등을 그린다.

C. 처마부분—— 보, 지붕슬라브두 께, 파라펫 등을 그린다.

3. 마무리관계 등을 그린다〔그림 5-23(c)〕.

A. 1층바닥—— 바닥마무리 등을 그린다.

B. 1층천정—— 반자틀평면도와 같 이 생각한다. 그리고, 반자마무리, 반 자틀 등을 그린다.

C. 2층바닥—— 바닥마무리, 걸 레받이, 벽마무리 등을 그린다.

D. 2층개구부—— 창호틀, 창선 등을 그린다.

E. 2층천정—— 반자틀평면도와 같 이 생각한다. 그리고, 반자마무리, 반 자틀 등을 그린다.

F. 지붕—— 방수마무리, 파라펫 부 분 등의 마무리를 그린다.

G. 외벽—— 외벽마무리를 그린다.

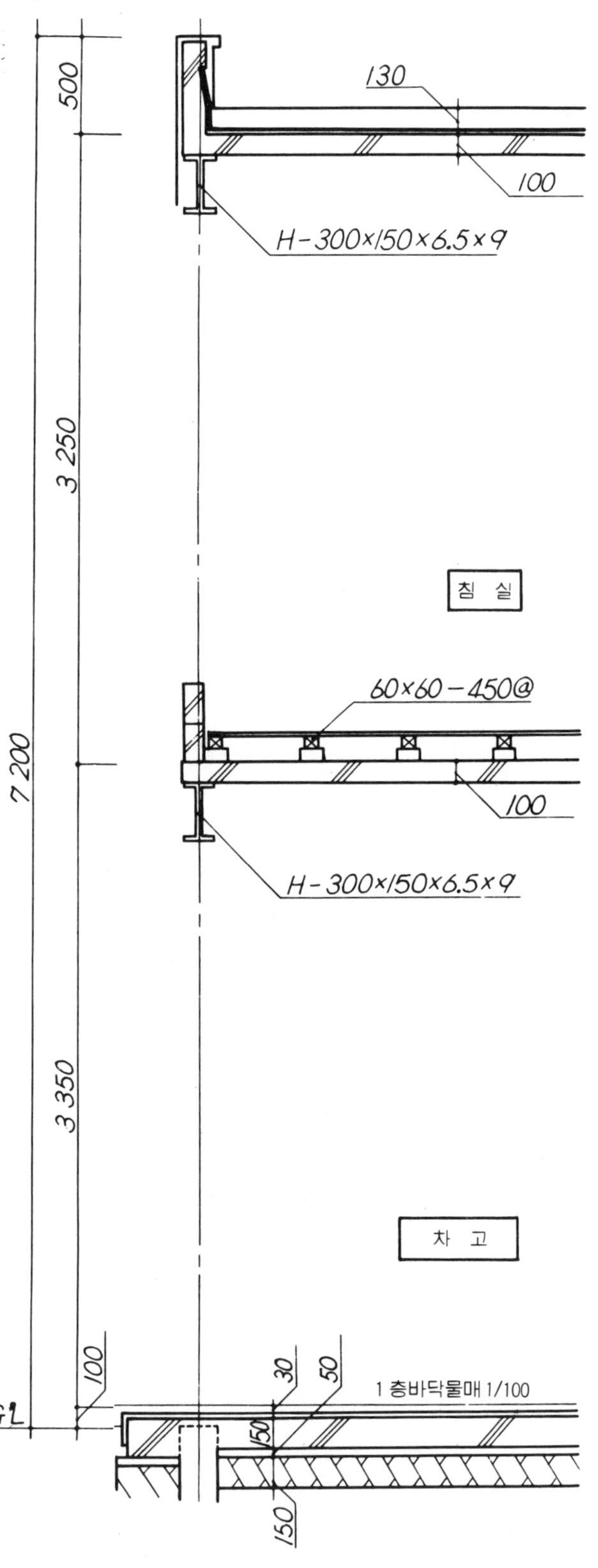

그림 **5-23(b)** 주단면상세도.(1/30)

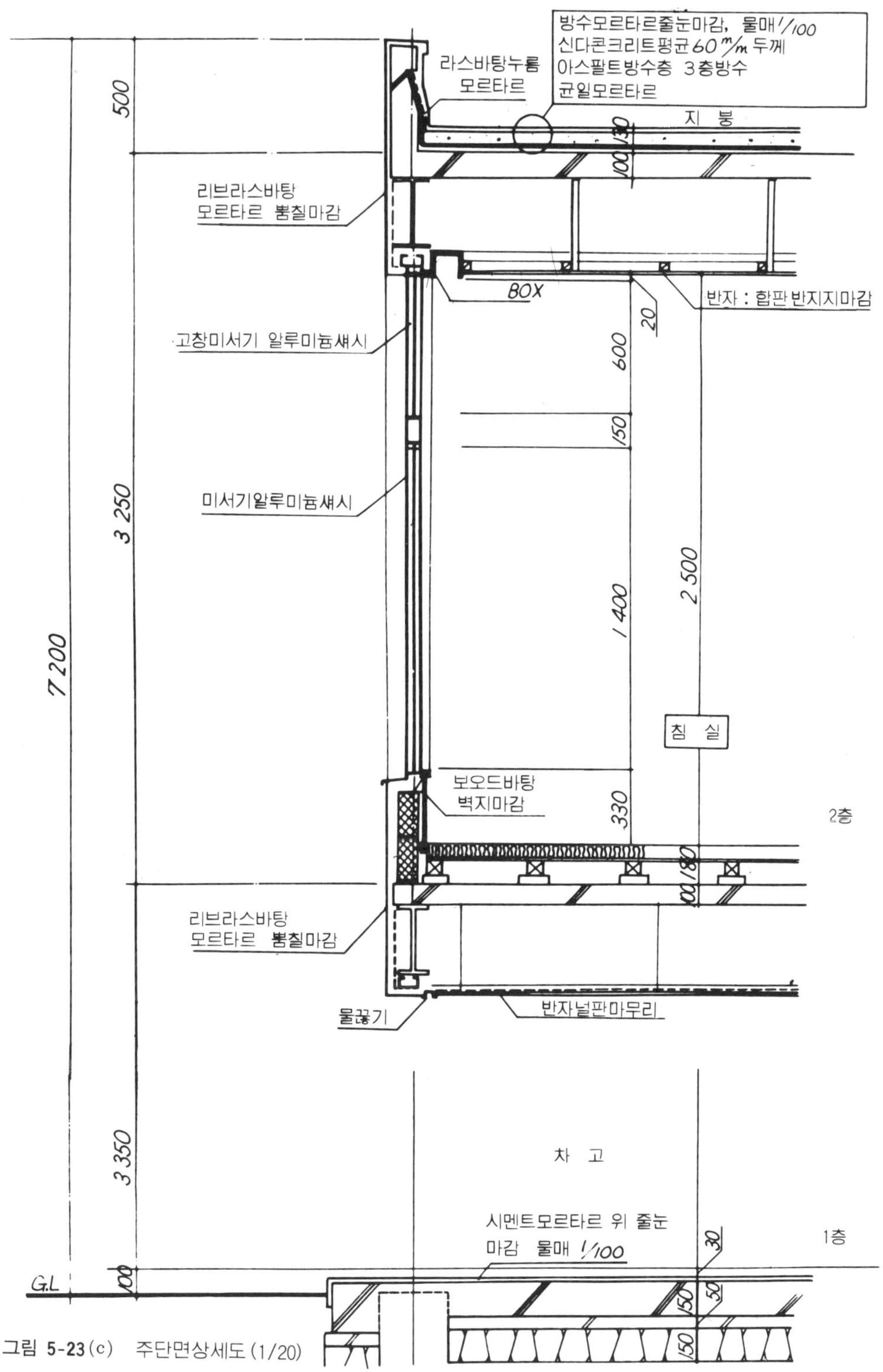

그림 **5-23**(c)   주단면상세도 (1/20)

부록 Ⅰ	그림해설 건축설비 기호

名　　称	記　号	図　　解	名　　称	記　号	図　　解
치　수　선		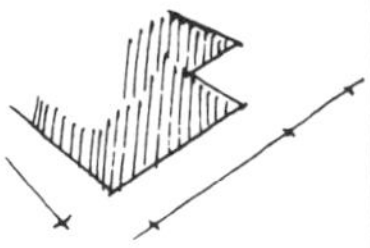	수　목　(3)	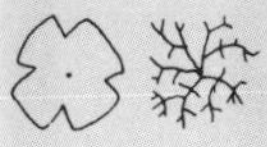	
치　수　선		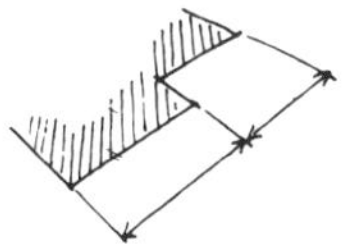	수　목　(4)	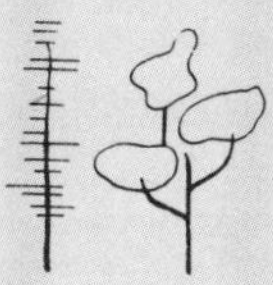	
치　수　선		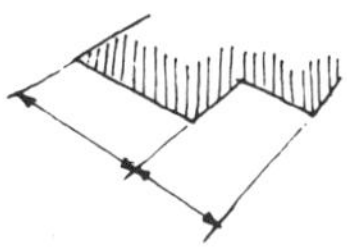	수　목(등)		
기　준　선		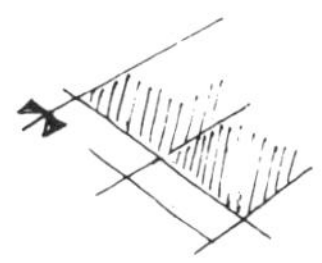	등　나　무 파　고　라	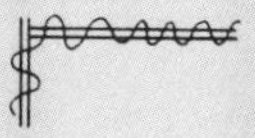	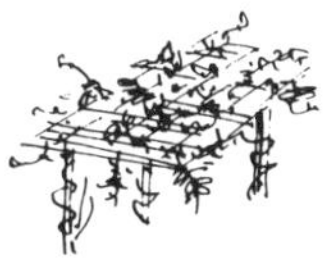
보조기준선		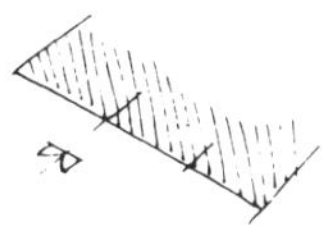	인접경계선	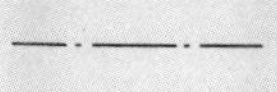	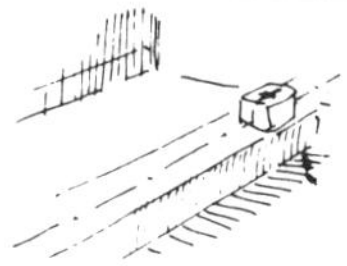
물　　매	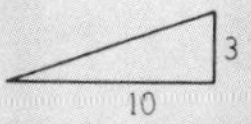	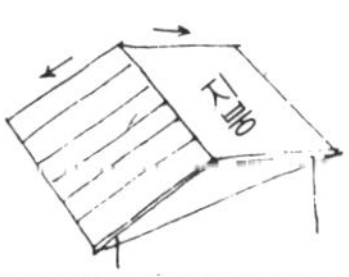	두　　로	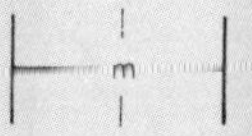	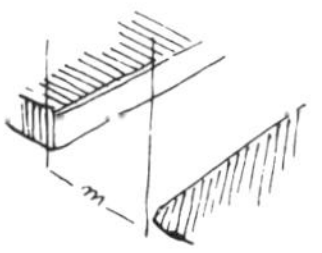
방　　위		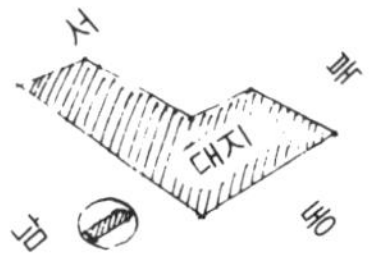	잔　　디	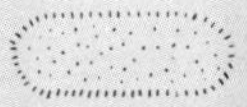	
방　　위	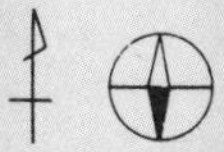	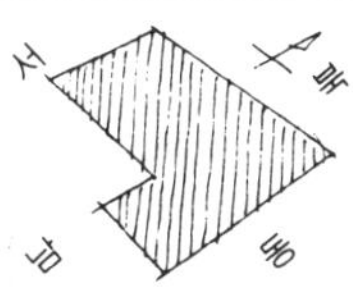	건축면적		
수　목　(1)	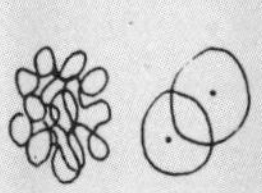		수　목　(5)	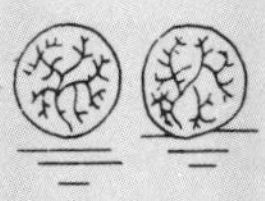	
수　목　(2)			수　목　(6)	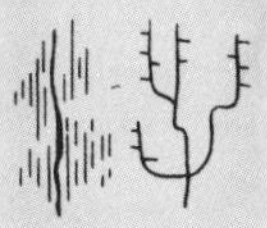	

名　　称	記　号	図　　解	名　　称	記　号	図　　解
수　목 (7)			변　　　소 (소·대변용)		
사　　　람			싱 크 대		
사　　　람			가 스 렌 지		
2 인용침대			욕　　　실 욕　　　조		
양 복 장			장 식 장		
자리 (다다미)			반　　　침		
양 탄 자			흙 바 닥		
계 단 (곧은)			마 루 바 닥		
계 단 (꺾임)			복　　　도		
1 인용침대			툇 마 루		

名　　　称	記　号	図　　　解	名　　　称	記　号	図　　　解
수　세　기	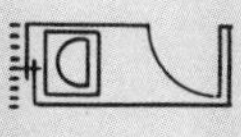	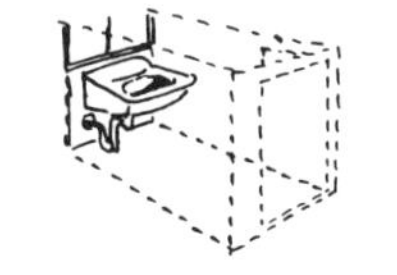	멍　　에		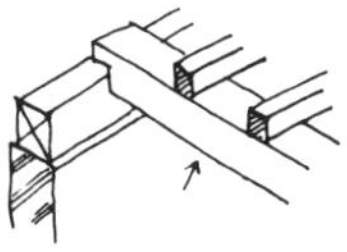
화 장 실(男)			토　　대		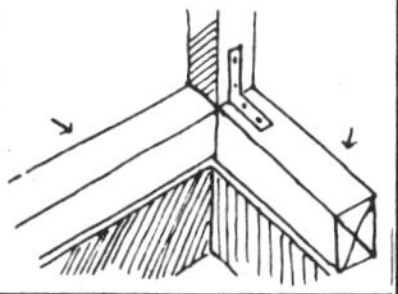
귀 잡 이 보	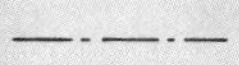	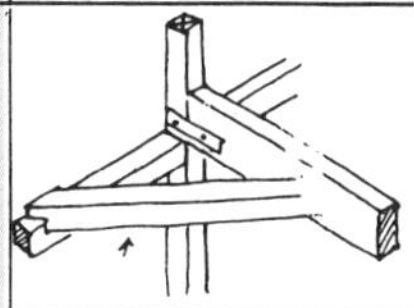	장 선.받 이	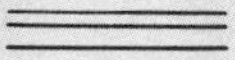	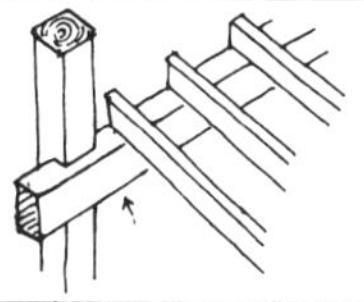
보(깔 도 리)	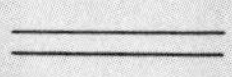	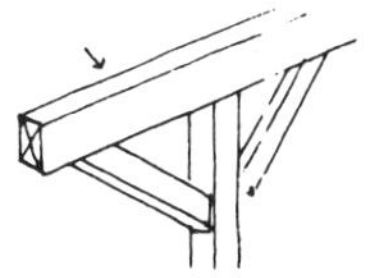	계　　단	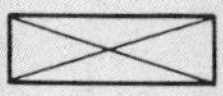	
층　도　리	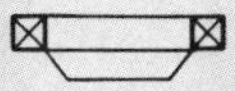	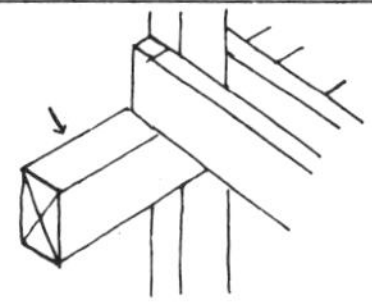	지　붕　보		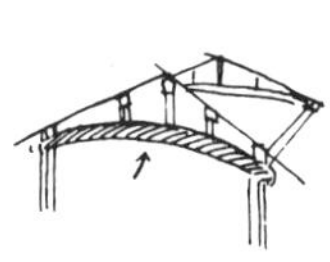
장　　선		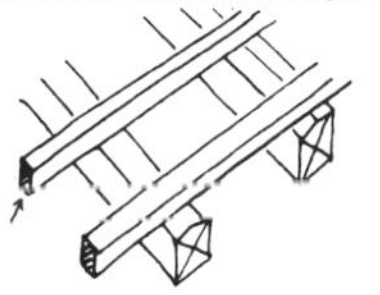	목조기둥(심벽) 1 / 100 심벽	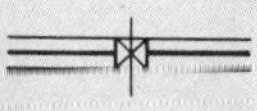	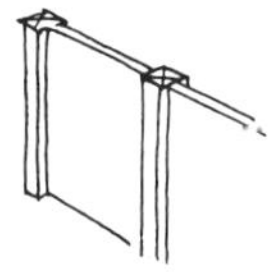
중　도　리		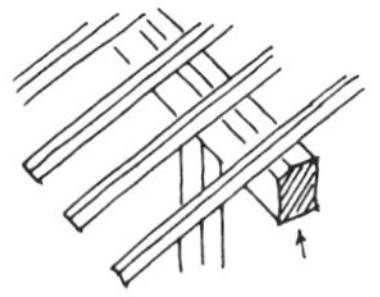	장　　선	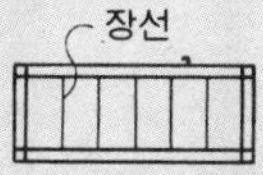 장선	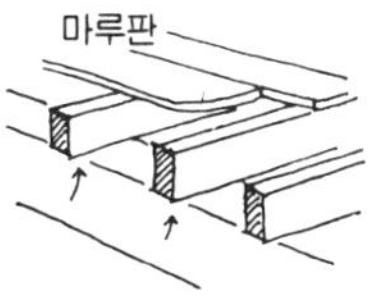 마루판
추　　녀	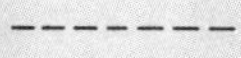	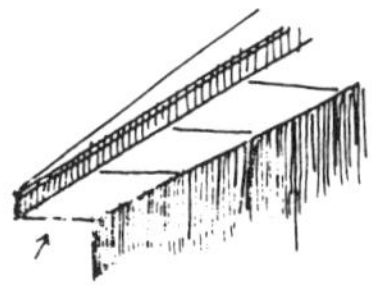	통 재 기 둥		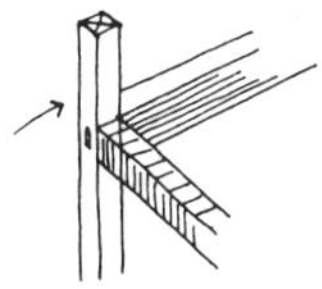
샛　기　둥		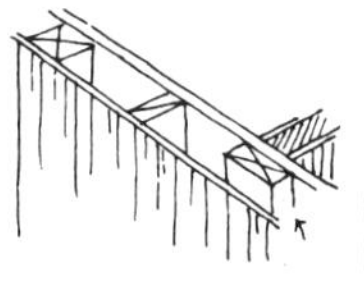	평　기　둥		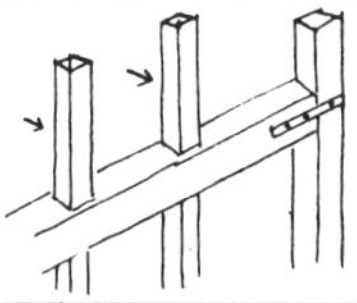
귀 잡 이 토 대		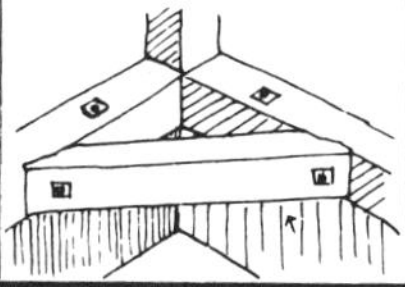	장 선 받 이	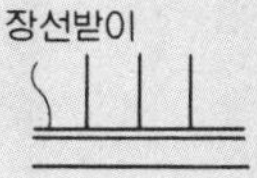 장선받이	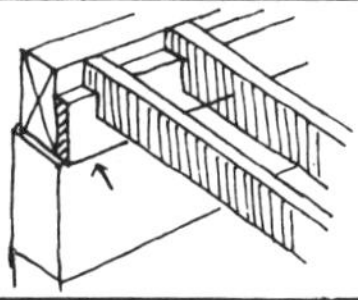

名　　称	記　号	図　解	名　　　称	記　号	図　解
중　도　리	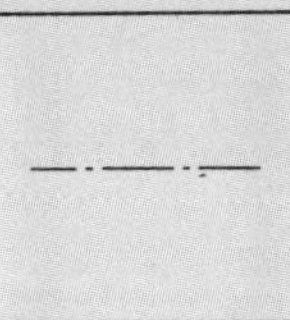	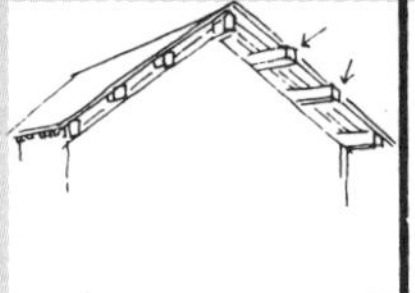	회　전　창	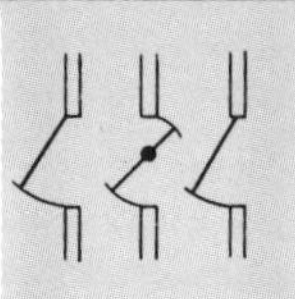	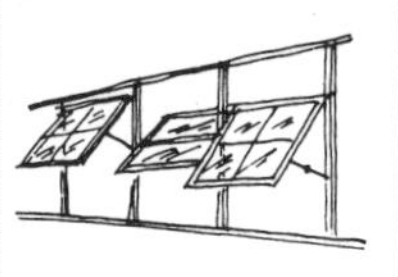
용　마　루	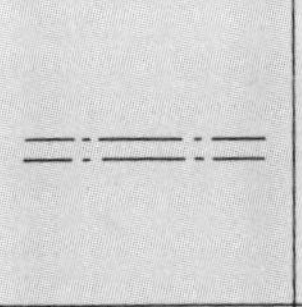	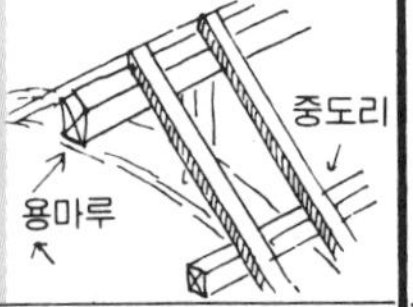	오르내리창	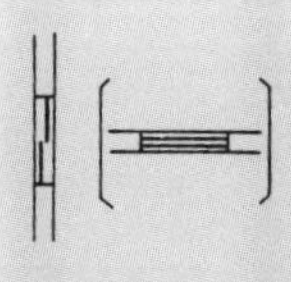	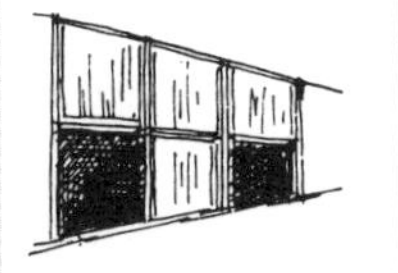
바람막이판			붙박이겸한 여 닫 이 문	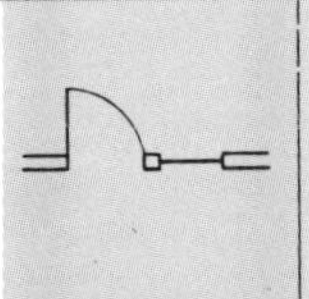	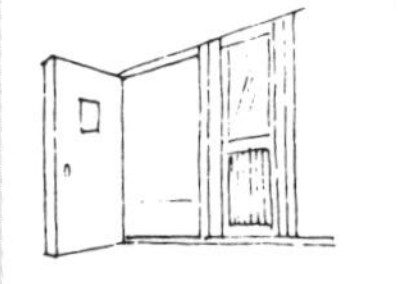
층　도　리	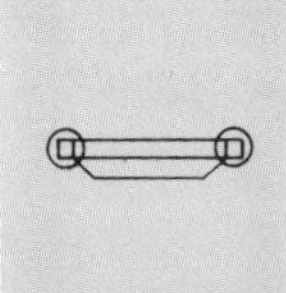	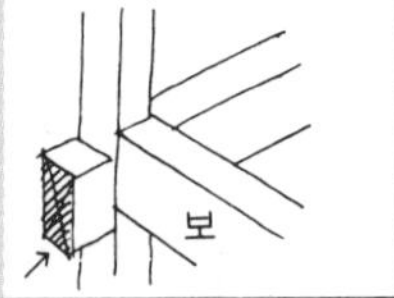	3짝미서기문	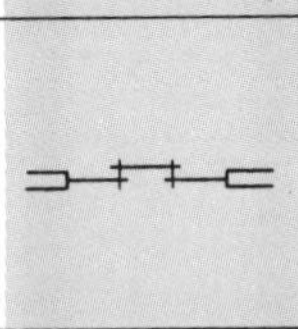	
가　　새		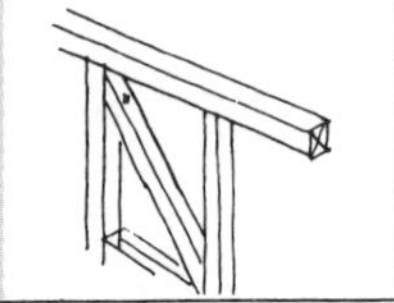	도어아이설치한 쌍 여 닫 이 문	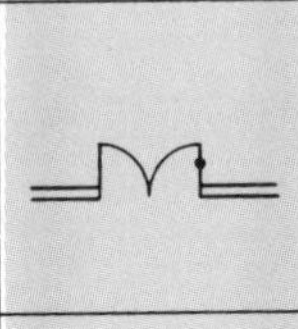	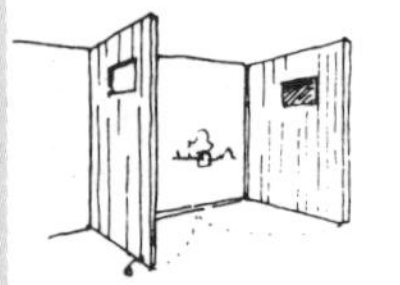
가　　새 (X형)		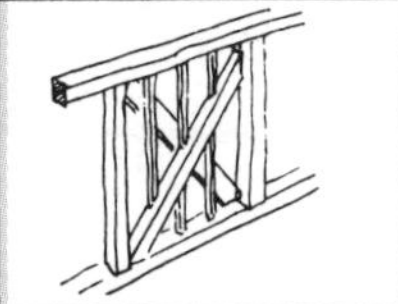	창 호 상 세 (1)	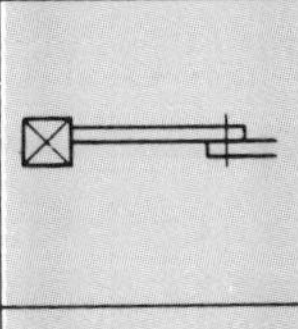	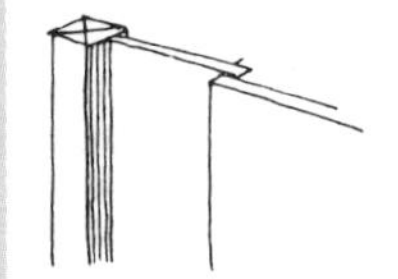
기둥(통재기둥) 1 / 100 (평벽)		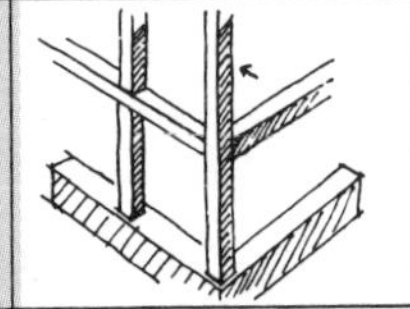	창 호 상 세 (2)	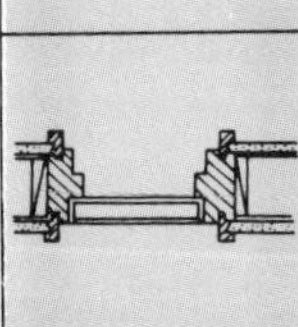	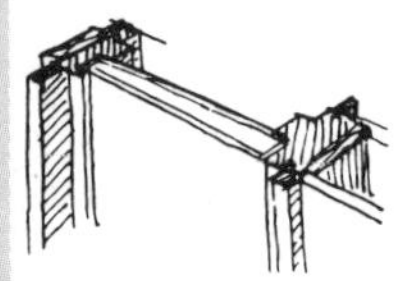
기둥과 샛기둥1/100 (1)	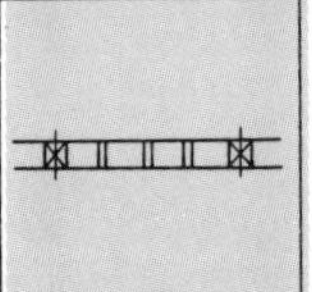	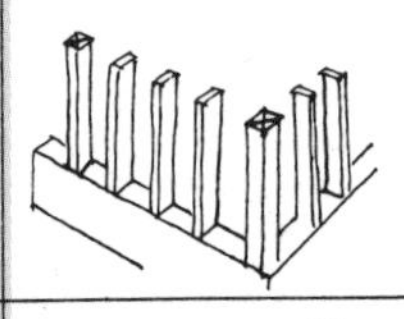	출입문 (단면)	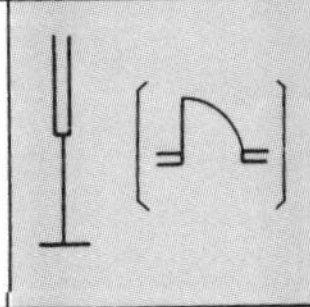	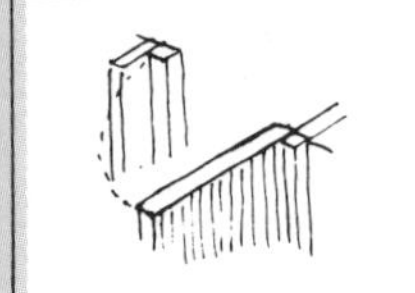
미 서 기 문	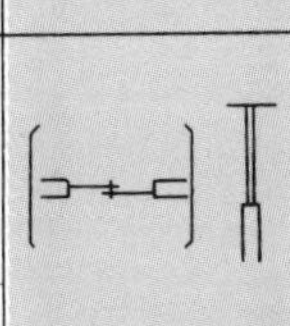		쌍 미닫이문	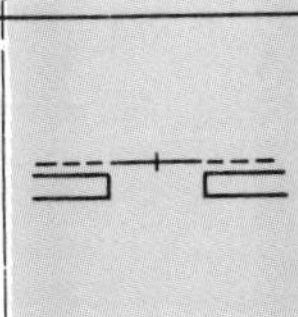	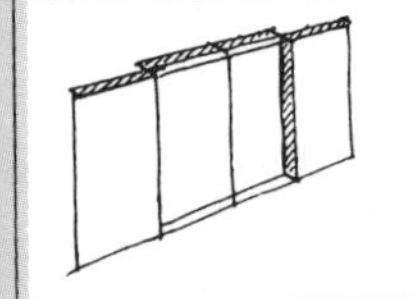
셔　　터	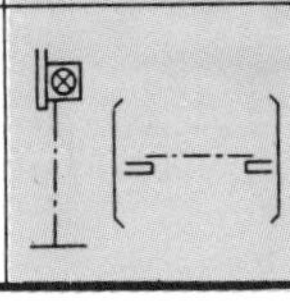		외 미닫이문	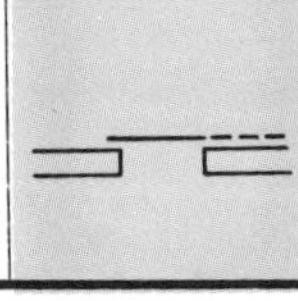	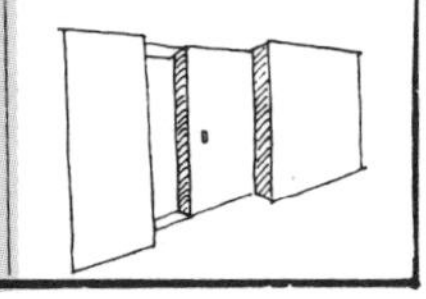

名　　称	記号	図　解	名　　称	記号	図　解
덧　　　문		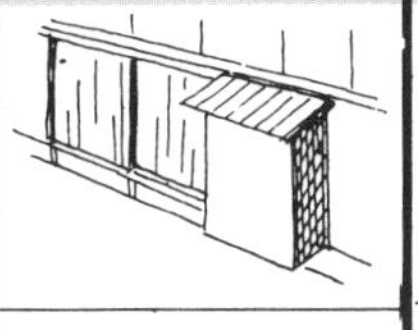	일 반 창		
미닫이문집		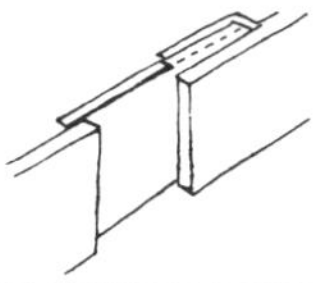	미 서 기 창		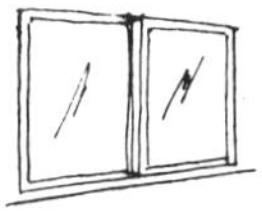
Sliding door 빈 지 문		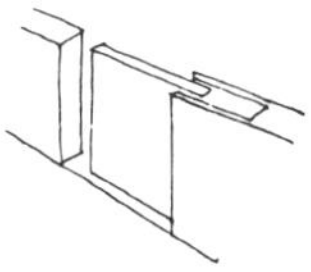	창 살 댄 창		
망 사 문		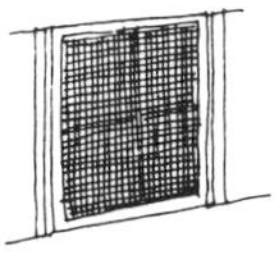	철격자돌출창		
오르내리창			차면시설한창		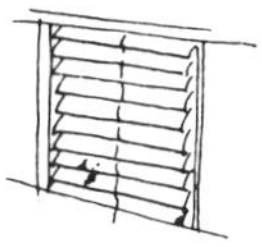
셔터붙인창			고 창 붙 이 창	고창붙임	
갸 라 리 창			망 사 붙 인 미 서 기 창		
세짝미서기창(1)		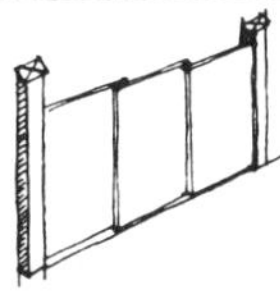	회 전·밀 창 고 정 창		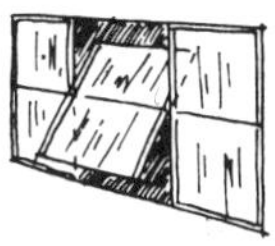
세짝미서기창(2)		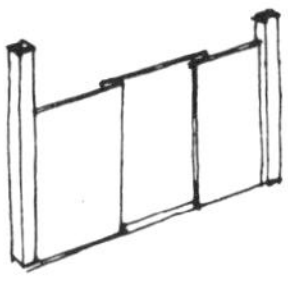	쌍 여 닫 이 창		
네짝미서기창		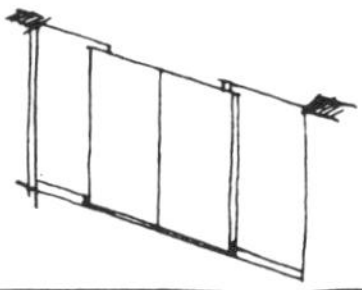	한쪽여닫이창		

名　　称	記　号	図　　解	名　　称	記　号	図　　解
안전창대붙인창	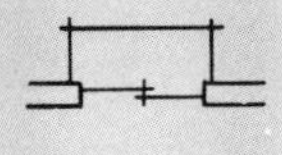		주 름 문 (하모니도어)		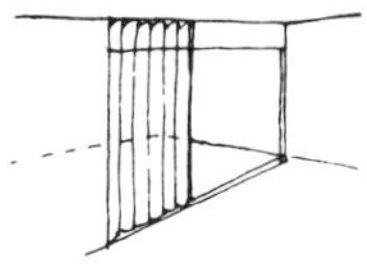
접 문 창	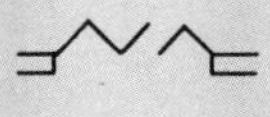	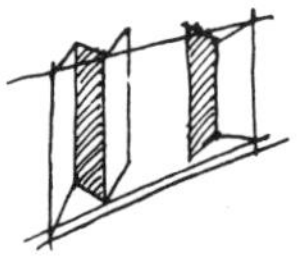	쌍 여닫 이창 여는방향표시	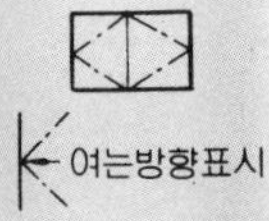	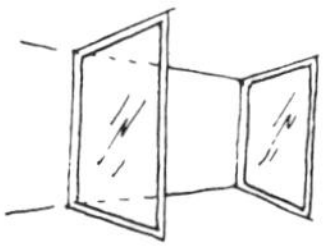
들 창	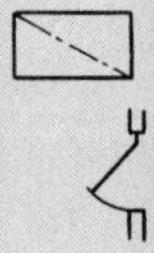		회 전 문	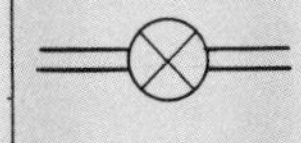	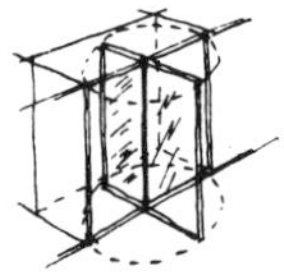
쌍 여닫 이문	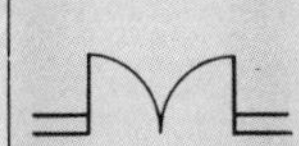		아 코 디 온 문 접 문		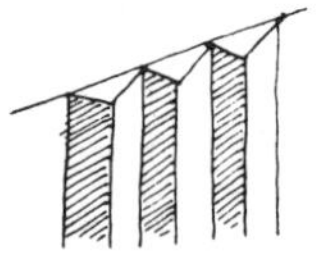
외 여닫 이문	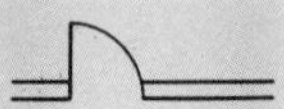		들 창	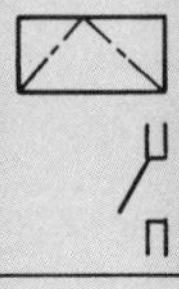	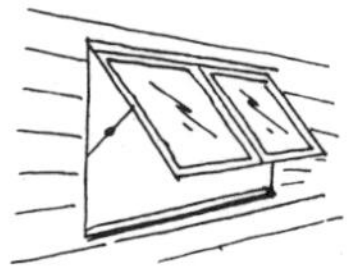
(현 관 문) 쌍 여닫 이문		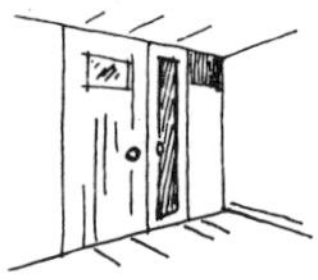	미 서 기 창	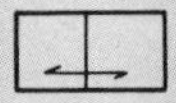	
쌍여닫이방화문	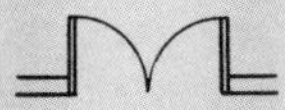	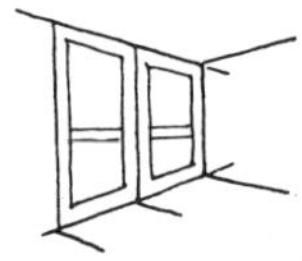	붙 박 이 창 Fix	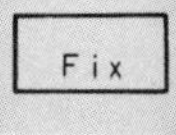	
자재쌍여닫이문			여 닫 이 창	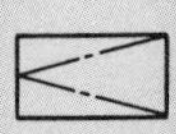	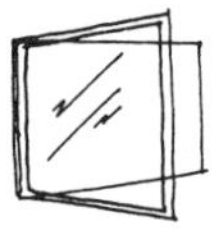
자 재 문	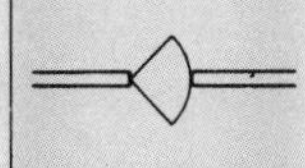	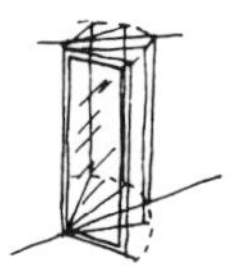	내 밀 창 욕실·화장실용　단면	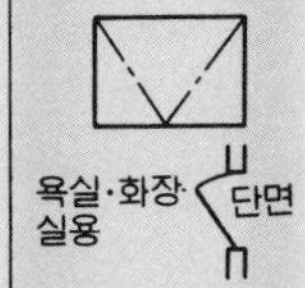	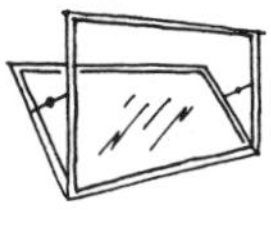
회 전 창	 창호리스트 대략1/50		외 미 서 기 창	 점선쪽으로 여닫는다.	

名　称	記号	図解	名　称	記号	図解
안팎자재여닫이	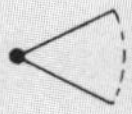	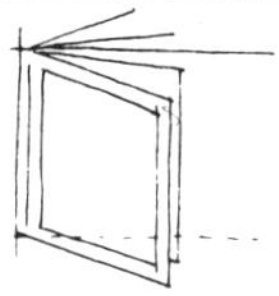	외여닫이창		
안팎자재쌍여닫이		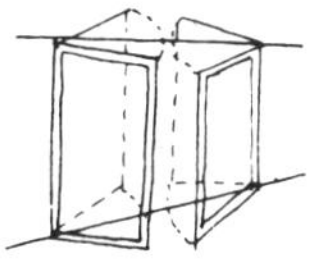	한쪽자재여닫이		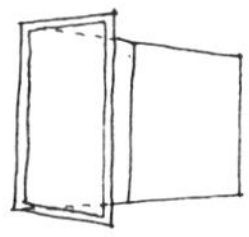
쌍여닫이창		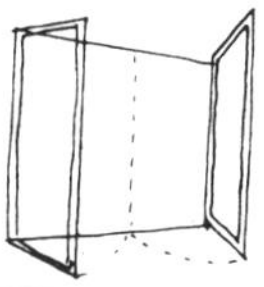	알미늄 쌍여닫이창	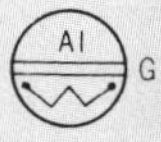 AI G 철근건축 1 개소에 2종류 이상의 개폐 방법이 있을때	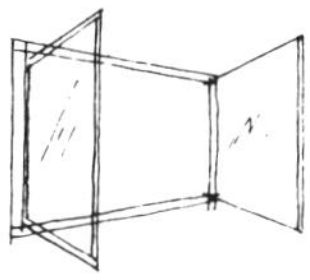
회전창 (가로)		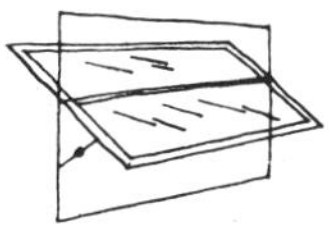	스티일섀시 오르내창	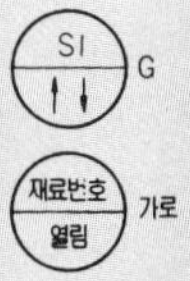 SI G 재료번호 / 열림 가로	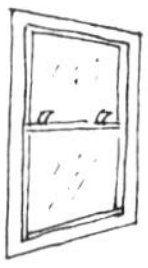
밀어내기창		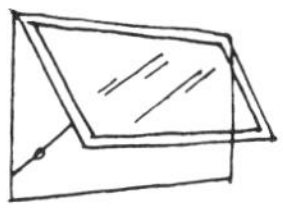	외 접 이		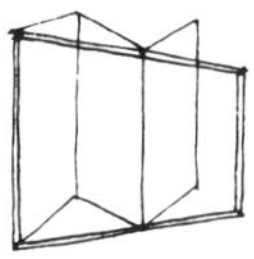
좌우신축(伸縮) (주 름 문)			중 축 접 이		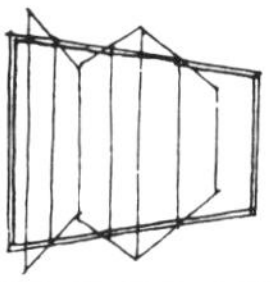
미 서 기 창		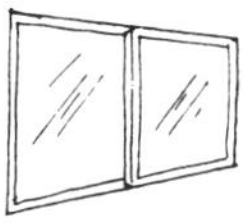	붙 박 이 창 (떼 내 기)		
쌍 미 닫 이		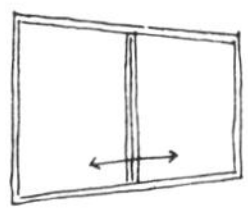	외 미 닫 이		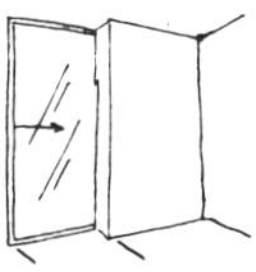
오르내림창		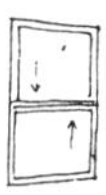	파 단 선		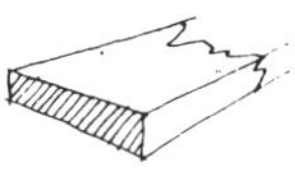
회전창 (가로)		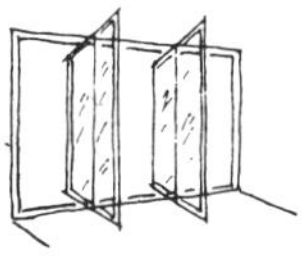	측 면 도	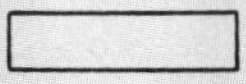	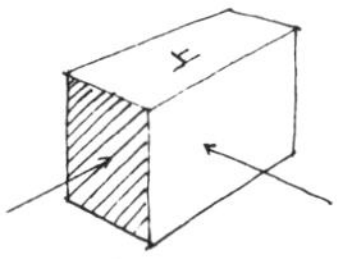

名　称	記号	図　解	名　称	記号	図　解
중　심　선 (일 점 쇄 선)	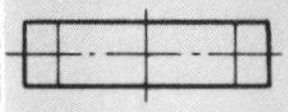	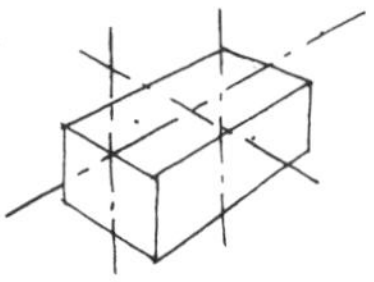	빠데(창호용)	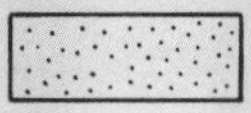	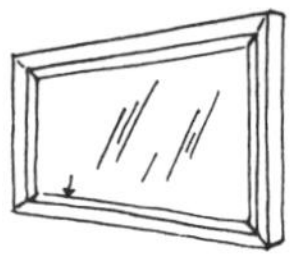
단　　　면		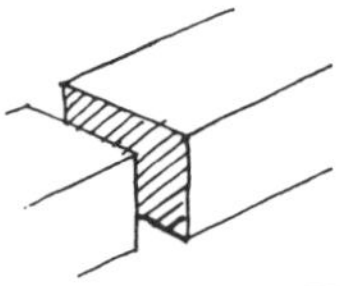	코킹콤파운드	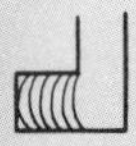	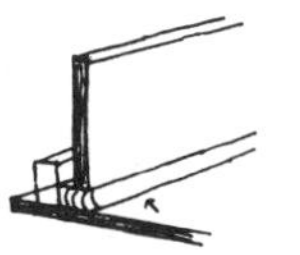
원 형 파 단 선	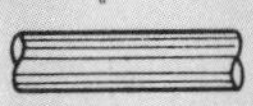	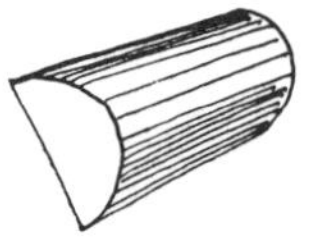	비스·나사못		
숨　은　선	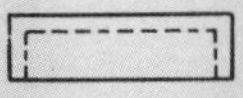	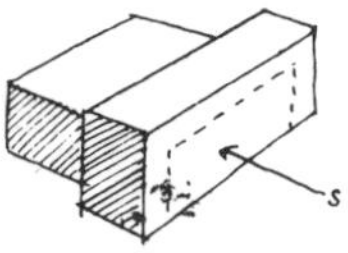	(GL) 지 반 선 (1)		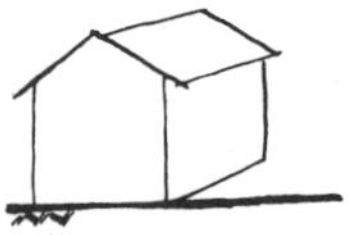
목재의표면(1)		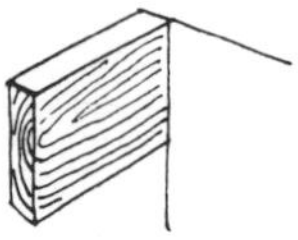	목 제 표 면 (2)	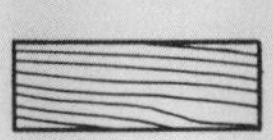	
타　일　(1)		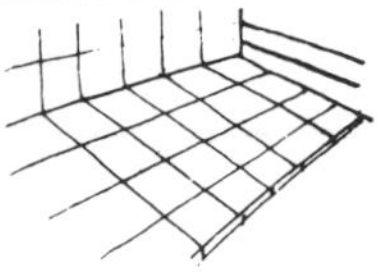	지 반 단 면 (2)		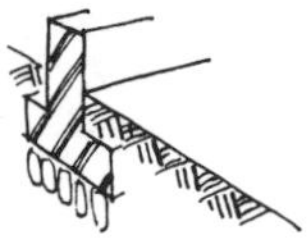
타　일　(2)	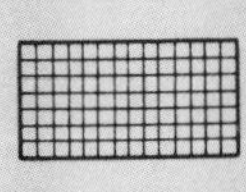	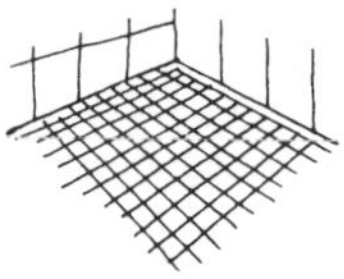	오 지 벽 돌		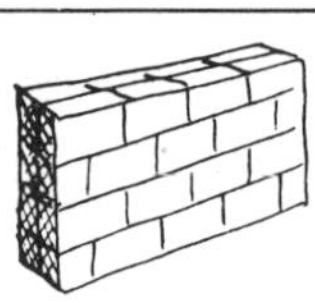
유　　　리		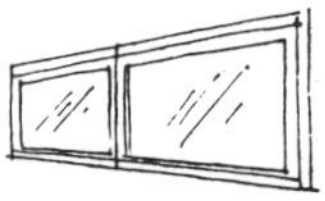	드 리 조 올		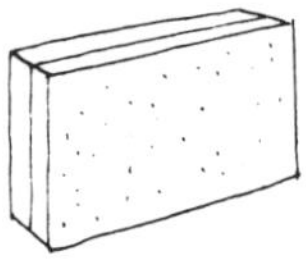
방　충　망	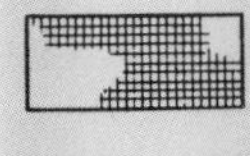	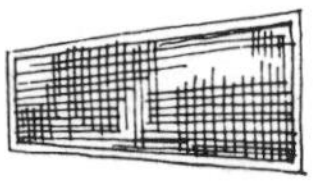	단　열　재		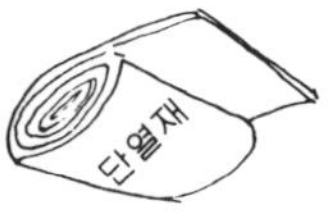
모자익타일 1/100	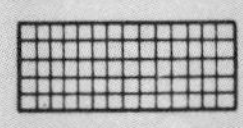	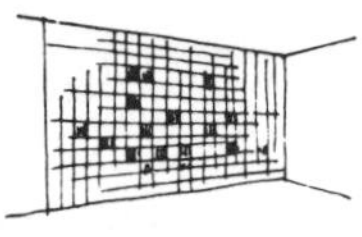	제물치장콘크리트	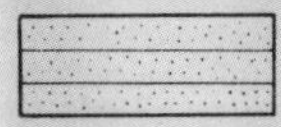	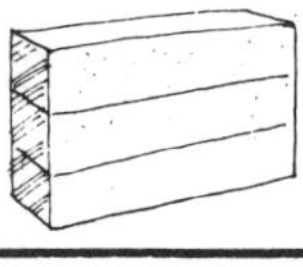

名　　　称	記　号	図　　解	名　　　称	記　号	図　　解
인조석물갈기			판유리(2중유리) (페어그라스)		
테 라 죠 (TERRAZZO)			테라코타타일		
치 장 재			라 스 (1) 메 탈 라 스		
금 속 재			라 스 (2) 메 탈 라 스	메탈라스 와이어라스 리브라스	
석재(대리석)			나무구조벽체(1)		
집 성 목 재			나무구조벽체(2) (심 벽)		
철근콘크리트			나무구조벽체(3) (평 벽)		
무근콘크리트			철 골 벽		
흡음재·단열재			돌붙임벽체(1)		
판 유 리 (1)			돌붙임벽체(2)		

名　　　称	記　号	図　　解	名　　　称	記　号	図　　解
블럭벽체일반(1)		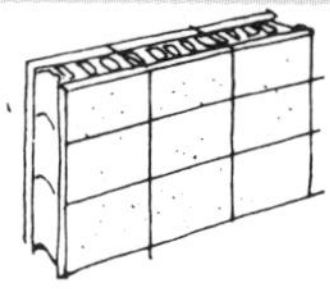	잡 석 다 짐(1)		
경량블럭벽체	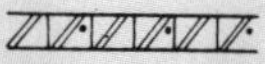	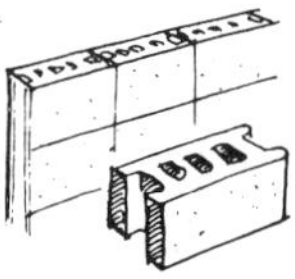	잡 석 다 짐(2)		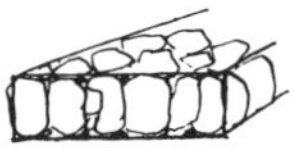
콘크리트블럭벽체	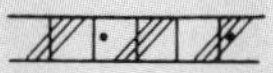	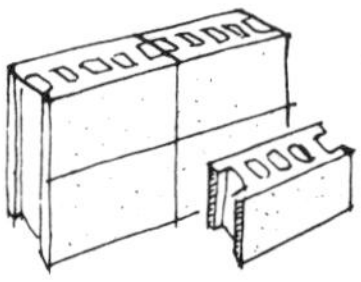	기　둥　재 (목　　　재)		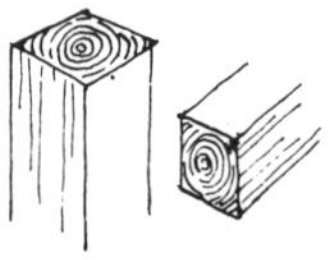
블럭벽체일반(2)		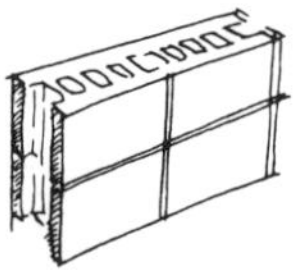	꺽　　　쇠	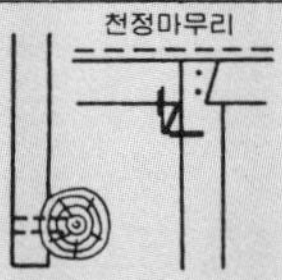	
콘 크 리 트 벽	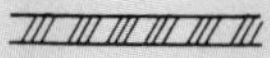	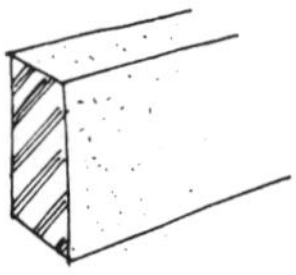	보　울　트	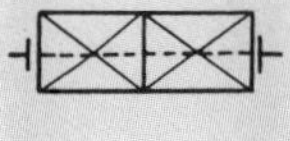	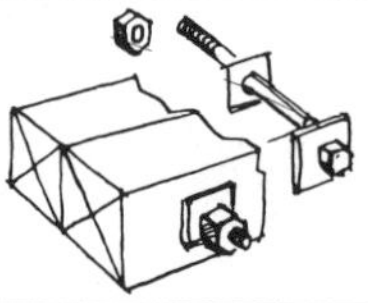
벽　돌　벽		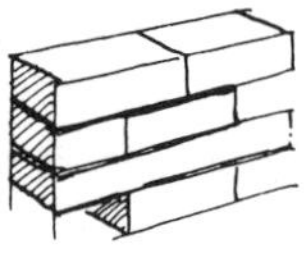	통　나　무		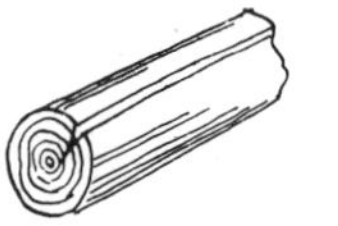
몰 탈 마 감	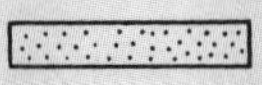	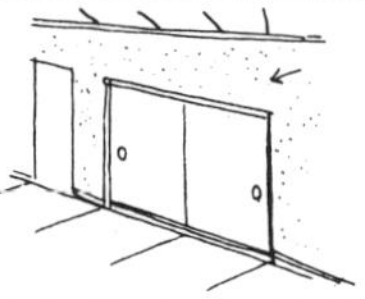	보조재 (단면)		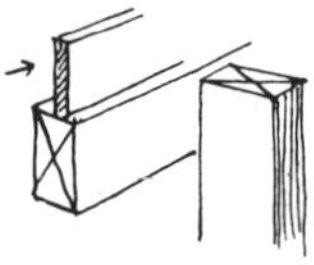
모래·자갈지정(1)		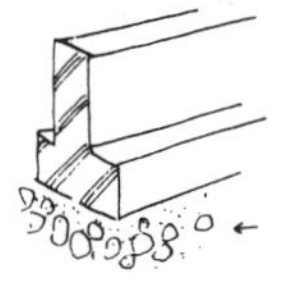	치　장　재		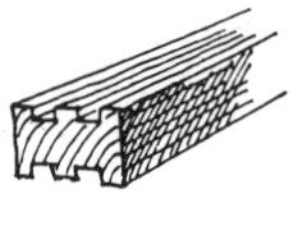
모래·자갈지정(2)	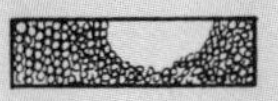	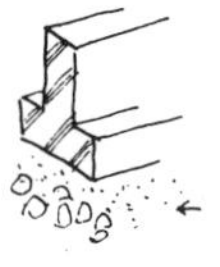	기둥과 벽1/200 (심　벽)		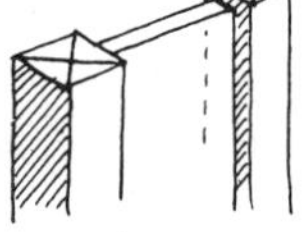
석　　　재	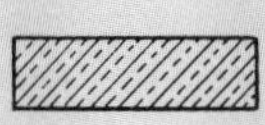	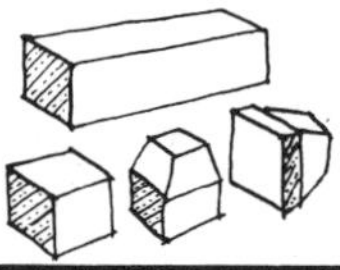	평　　　벽	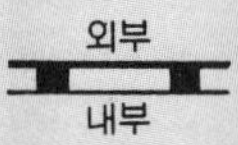	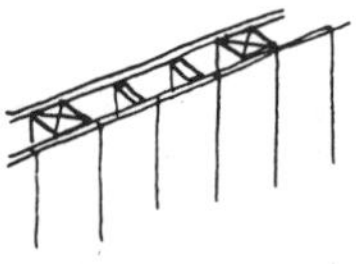

名　　称	記　号	図　　解	名　　称	記　号	図　　解
구조재 (단면)			개구부와 창		
나무구조벽상세			창의 개구부의 안쪽치수 / 1950 / SW7 / 850 / 창호부호 / FL에서 개구부하단의 높이 (콘크리트치수)		
라스몰탈 (1)			출입구의개구부		
경 량 벽 1/50			개구부의 안쪽높이 / 2,310 / SD7 / 30 / 창호부호 / FL 에서 개구부 하단의 높이		
헌　　치	헌치기호 / 1000×350 / 헌치길이　헌치춤		보		
방　하　벽	절골		보의 나비 / 350 / G / 650 / 구조부호　나비×보의 춤 / 350×650 G의 보 / 보의 춤		
바닥판 (slab)	30 / 150		콘크리트 철근콘크리트벽		
자리 (다다미)(2)			철근콘크리트벽		
라스·몰탈(2)			철근콘크리트벽		
절　단　선			철근콘크리트벽		

名　　　称	記　号	図　　解	名　　　称	記　号	図　　解
철근콘크리트벽			독 립 기 초		
경량벽체(일반)			온 통 기 초		
2 중마루판			주 추 돌 기 초		
쪽 마 루 판			리　벳(일반)		
콘크리트바탕에 후 로 링 깔 기			C　형　강	C-125×75×20 경량철골	
방 수 몰 탈 위 타 일 마 감			Z　형　강	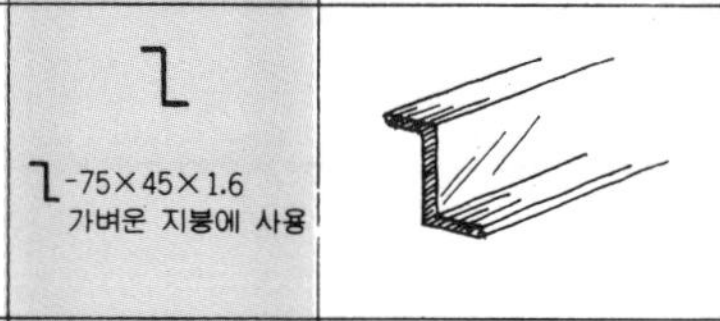 -75×45×1.6 가벼운 지붕에 사용	
프라스틱타일 또는 아스팔트타일			철 골 단 면	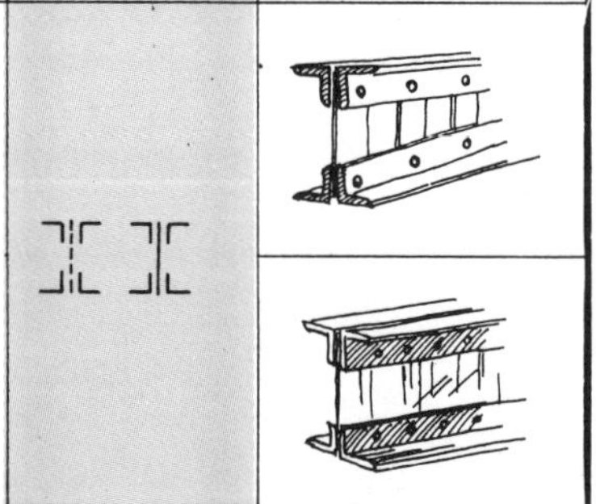	
옥상보호몰탈 옥상방수몰탈			기 둥 · 보 (경량철골재)	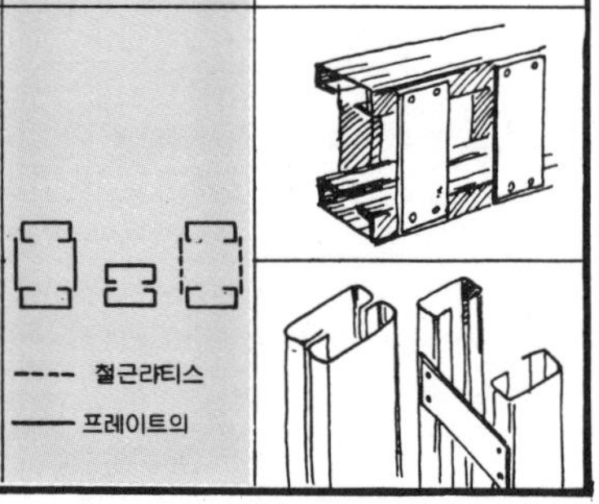 ---- 철근라티스 ── 프레이트의	
연 속 기 초					
복 합 기 초					

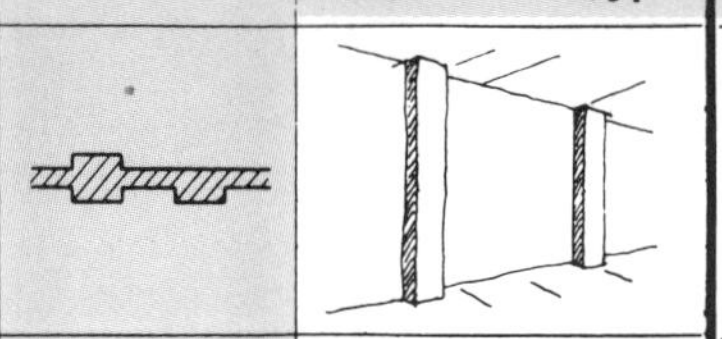

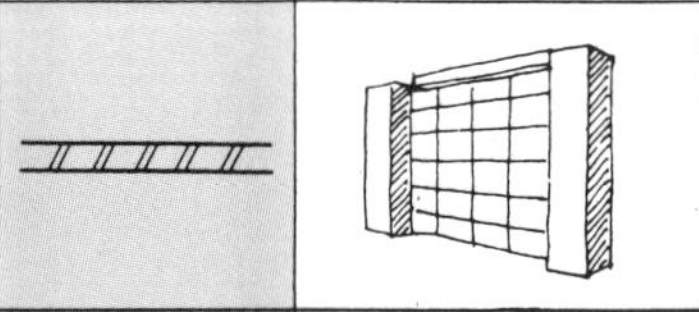

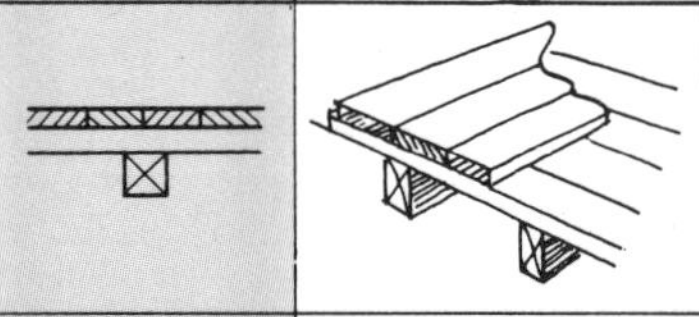

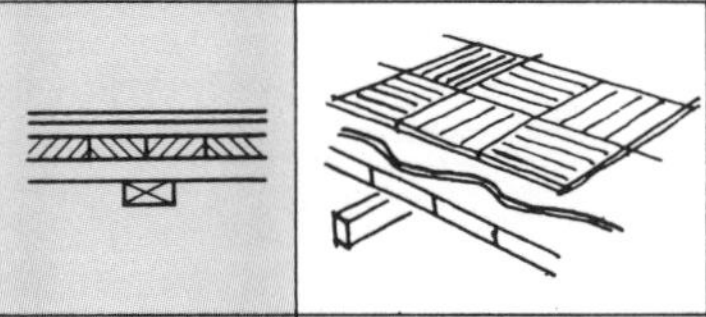

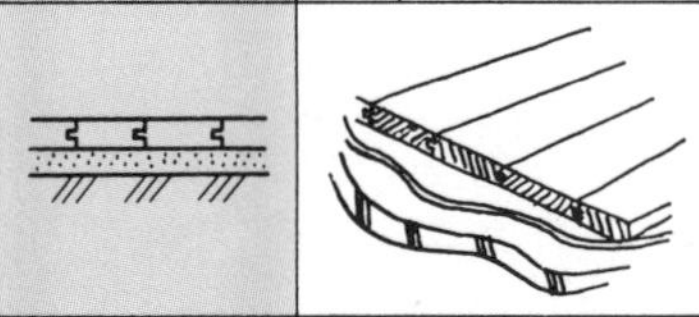

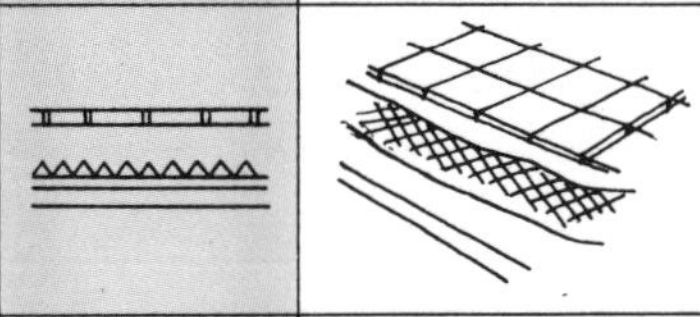

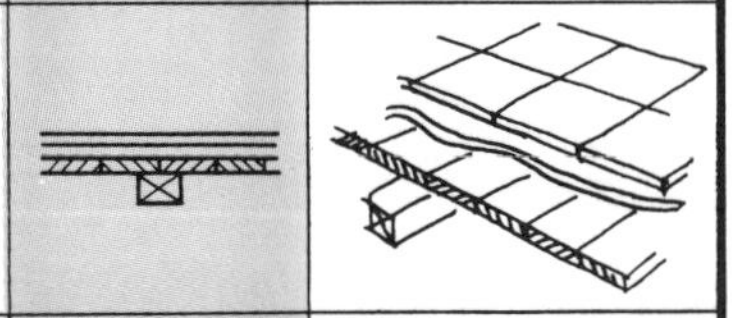

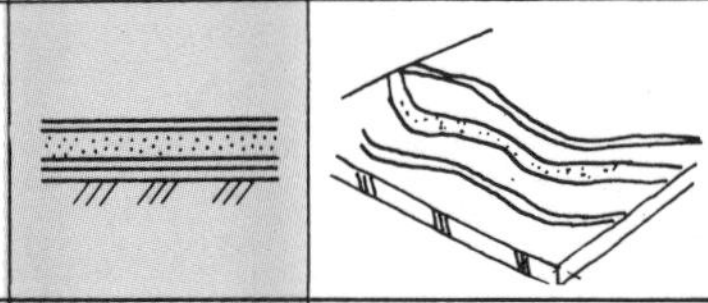

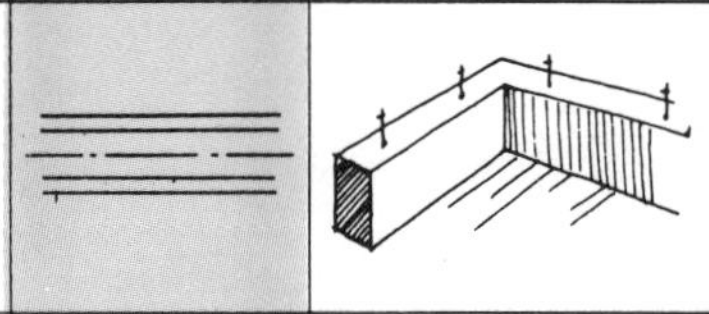

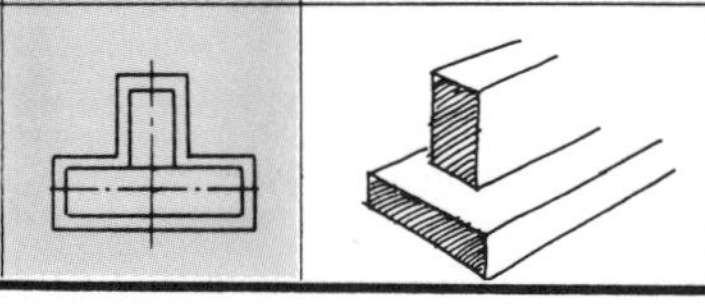

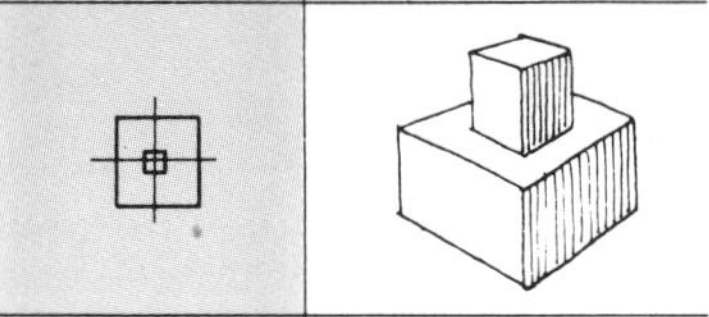

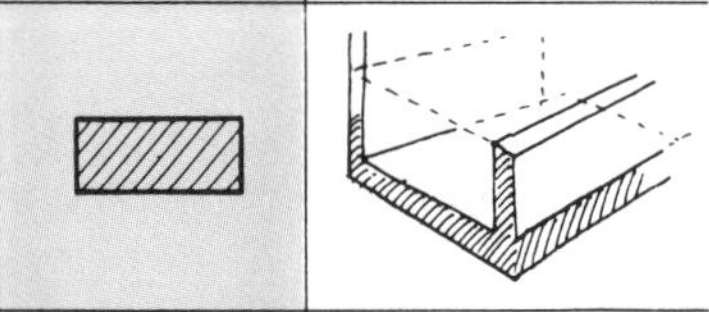

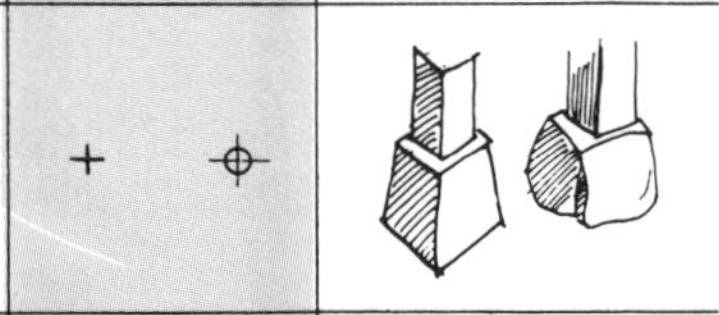

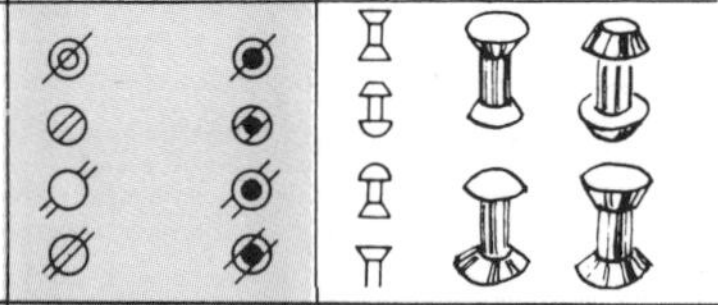

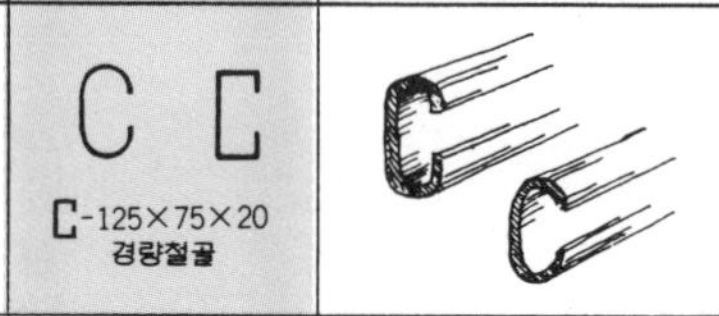

名　　称	記　号	図　　解	名　　称	記　号	図　　解
작 은 보	B　4B₁ Beam의 약자 B 4는 층수표시, 1은 B 보의 1번.	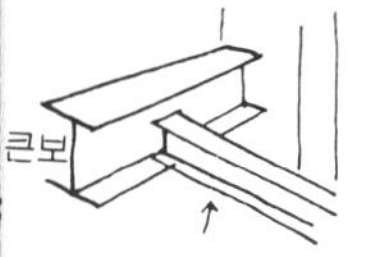 큰보	관 A가 도면과 직각으로 앞방향에 굽혀진 것을 표시하는 경우	 A	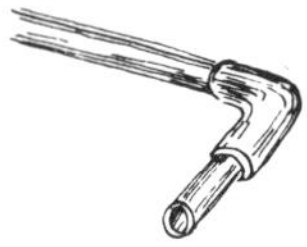
벽	W　W₁₅₀ Wall의 약자 W W 120　W 200		관 B가 앞에서 도면에 직각으로 굽혀진것을 표시하는 경우	 B	
후 프(대 근) HOOP	H P HOOP 의 약자		관 C가 앞에서 도면에 직각으로 굽혀저 관D에 접속하는 것을 표시하는 경우	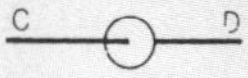 C　D	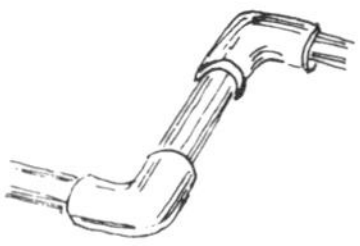
다 이 야 고 날 보 조 대 근	DiA, D·Hoop		세 　로 　관		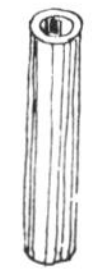
압접이음철근			온수난방송관		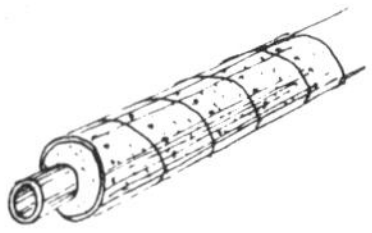
SLEEVE 슬 리 브 250φ			온수난방되돌림관		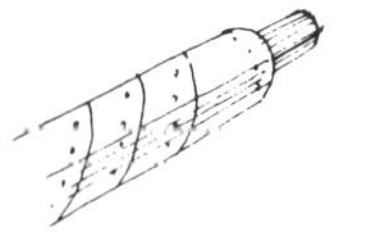
SLEEVE 슬 리 브 300φ			고압증기송관		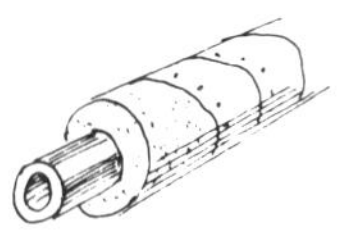
슬 리 브 350φ			고압증기되돌림관		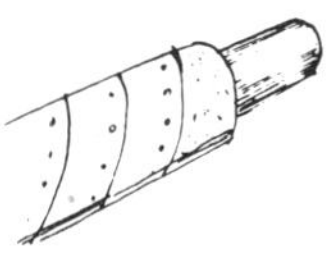
철근콘크리트			중압증기송관		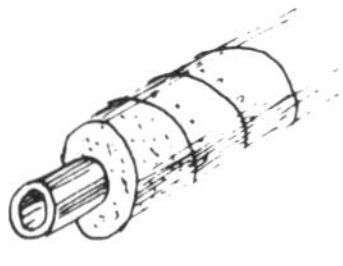
철근콘크리트			중압증기되돌림관	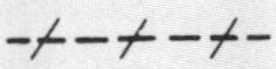	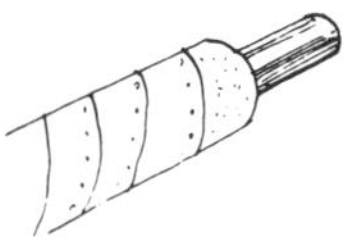

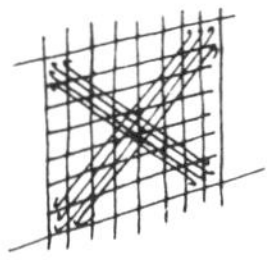

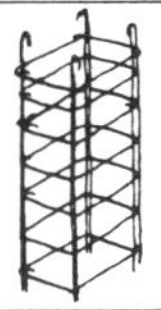

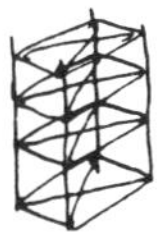

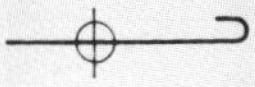

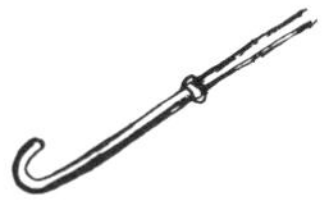

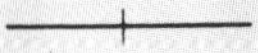

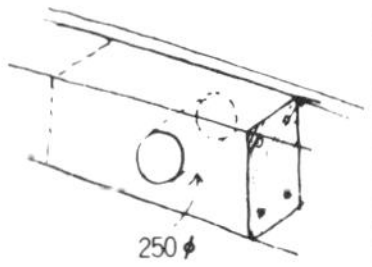

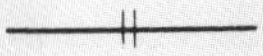

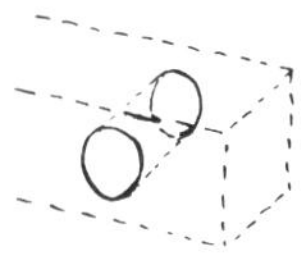

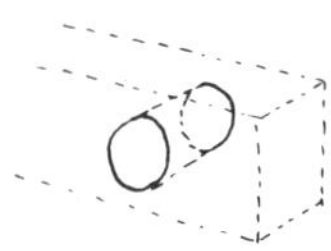

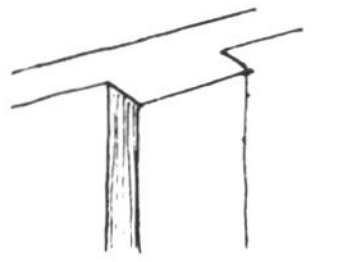

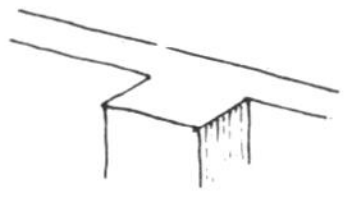

名　　称	記　号	図　　解	名　　称	記　号	図　　解
저압증기송관	————	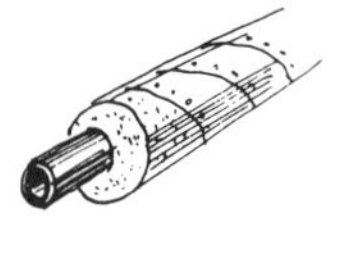	냉매흡입관	--RS----RS--	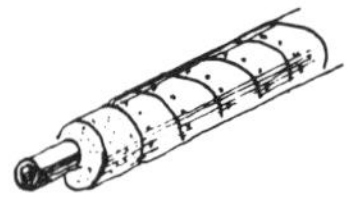
저압증기되돌림관	— — — — —	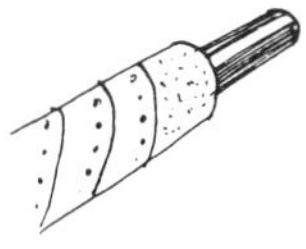	냉매토출관	—RD—FD—	
기　름　관	—— O ——	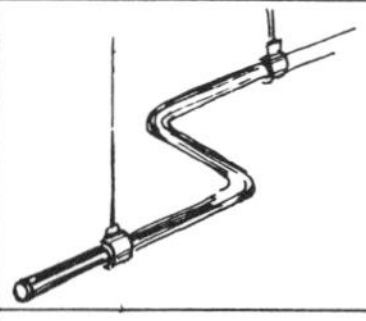	Brine　송관	—B—B—	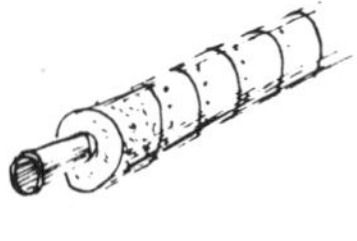
연료기름송관	—FC—FOF—	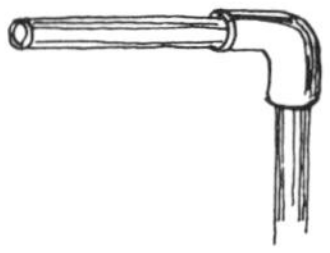	Brine 되돌림관	—BR———BR—	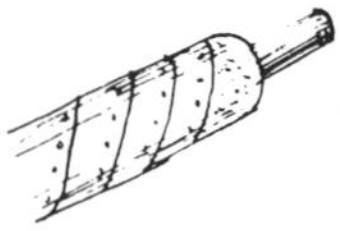
연료기름되돌림관	—FOR———FOR—	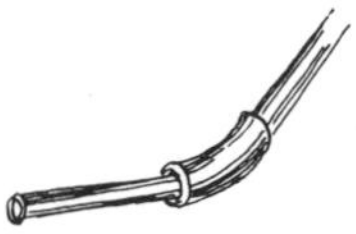	급　수　관	— — — —	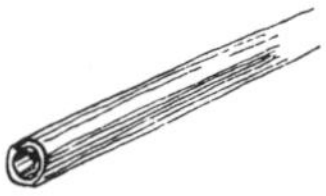
기름저장탱크통기관	-FOV----FOV-		배　수　관	————	
가스공급관	—— G ——	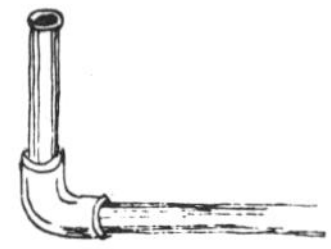	냉수또는냉온수 송　수　관	— CH — CH —	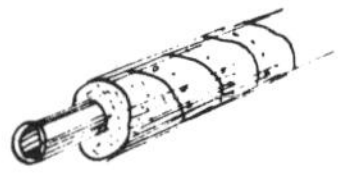
압축공기관	—A—A—	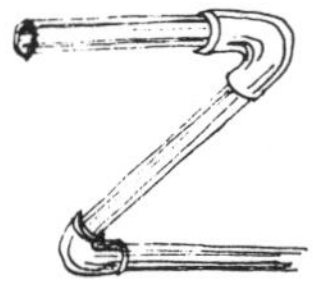	냉수또는냉온수 되돌림관	—CHR---CHR—	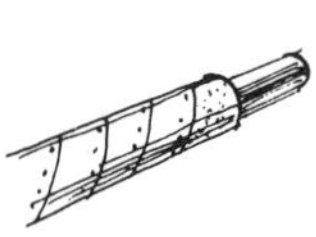
공기빼는관	- - - - - - -		냉각수송수관	—C—C—	
냉매액관	--RL----RL--		냉각수되돌림관	—CR———CR—	

名　　　称	記　号	図　　解	名　　　称	記　号	図　　解
평　철　판	F B 연결판·라티스 등에 FB=6	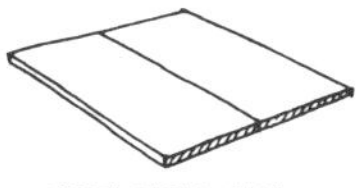	말　　　뚝	⊕　＋ 말뚝의 종류와 길이를 표기함	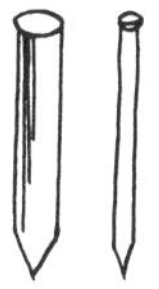
강　철　판	PL plate 의 약자 $1.6^{m/m}$		기초지중보	F 펀디션(기초)의 약자 F G 1 F G 3 이다.	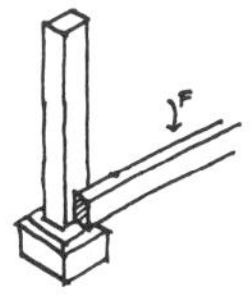
봉　　　강	⌀　● 19ϕ 22ϕ 표기함 파이프의 약자		기　　　둥	C (2 C 1) 콜럼의 약자 C 2는 층수를 표시 (즉 2층 첫번째의 기둥을 말함	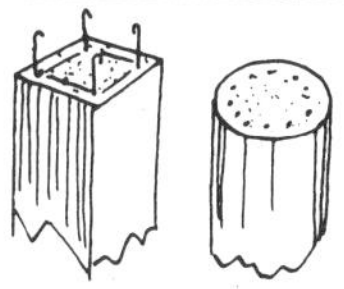
L　형　강 (앵 글)	L L $-50\times50\times6$	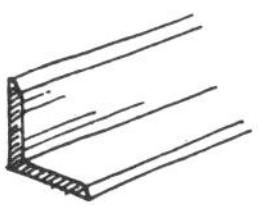	$9^{m/m}$ 철근	× 구조도 (1/30) 1/20	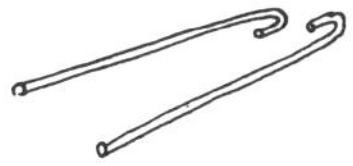
⊏　형　강 (채 널)	C ⊏ $-125\times65\times6$	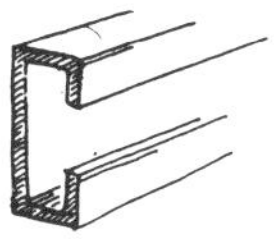	$16^{m/m}$ 철근	○ 보리스트 기둥리스트 등에 사용	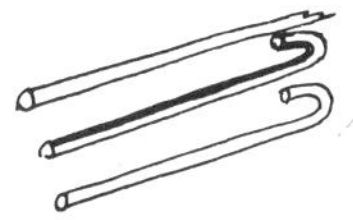
I　형　강 (I Beam)	I I $-125\times75\times55$	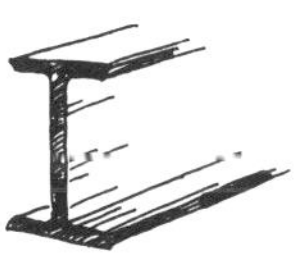	$19^{m/m}$ 철근	●	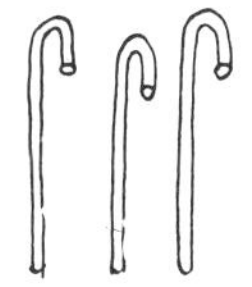
직　　　경	∮	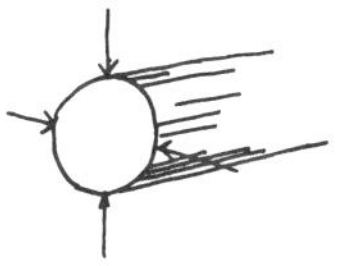	$22^{m/m}$ 철근	∅	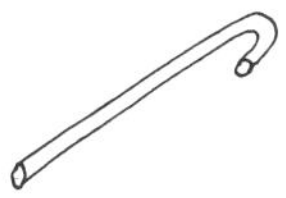
리 벳 의 간 격	@ 피 치	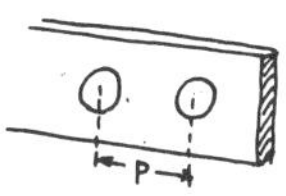	$25^{m/m}$ 철근	⊠	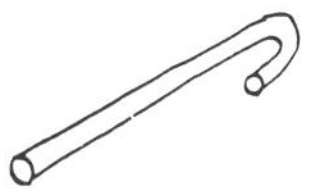
옥 상 난 간	R ROOF의 약자	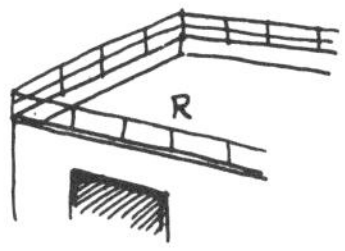	보	G ⟨2G₁⟩ 거어더의 약자 G 2는 2층 1은 보 의 순서	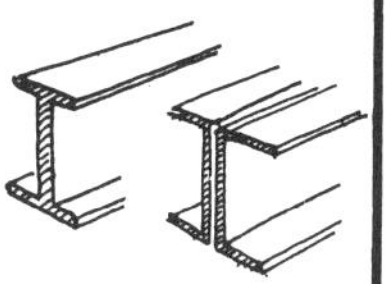
늑근스트랩	S. t	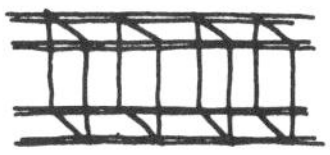	바닥판 (slab)	S ⟨3S₄⟩ 슬라브의 약자 S 3은 3층 4는 바닥 판의 순서	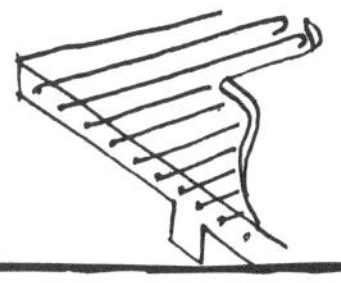

名　称	記　号	図　解	名　称	記　号	図　解
신 축 이 음 (슬 립 형)	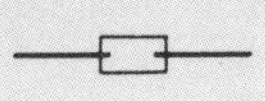	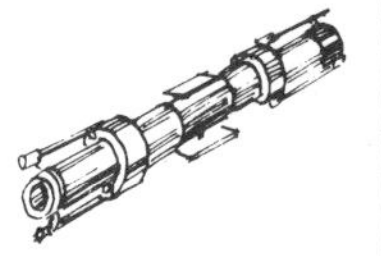	역막이밸브 (Check Valve)	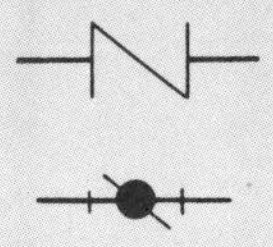	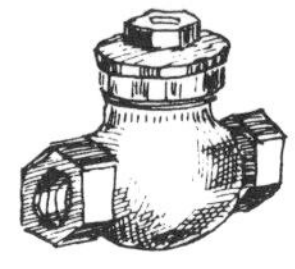
신 축 이 음 (Bellows 형)	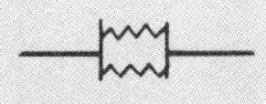	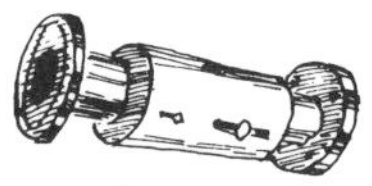	안 전 밸 브		
신 축 이 음 (곡 관 형)		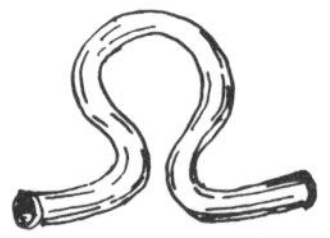	감 압 밸 브	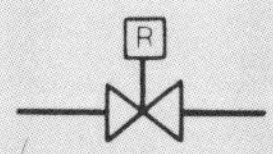	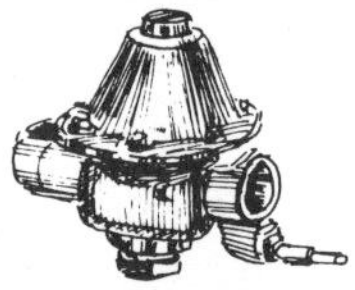
Strainer	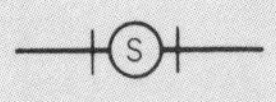	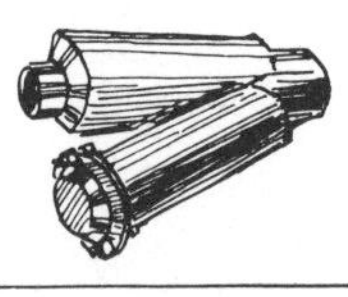	온도조절밸브		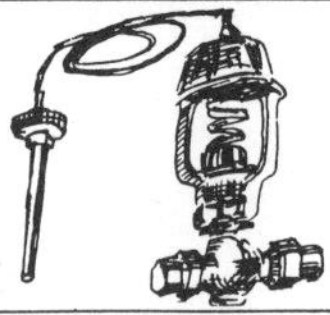
기름분리기	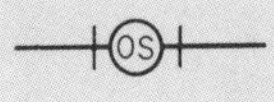		Dia frame Valve	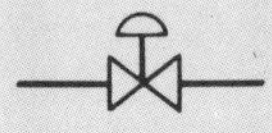	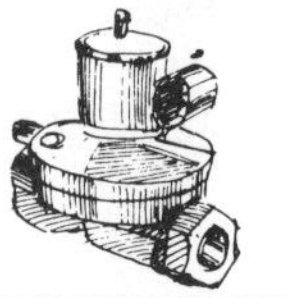
기수분리기	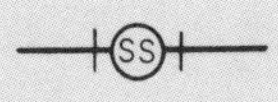	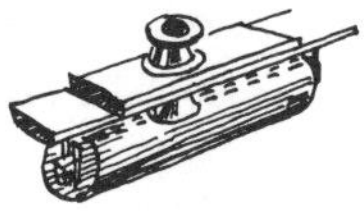	전 자 밸 브		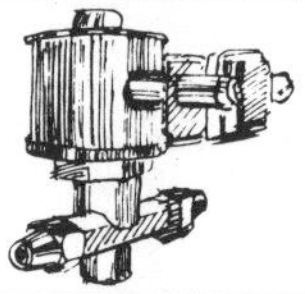
밸브(Valve)	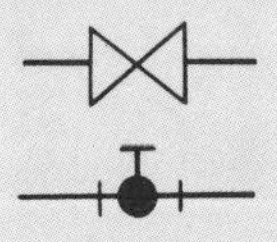	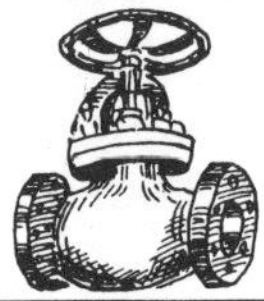	전 동 밸 브	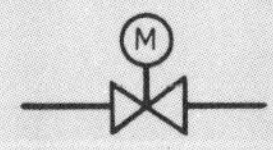	
외돌림 Gate밸브	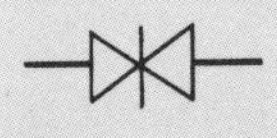		공기빼는밸브	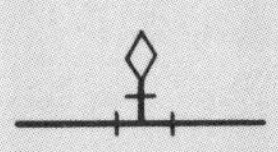	
내돌림 Gate밸브			콕크(COCK)	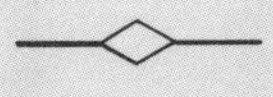	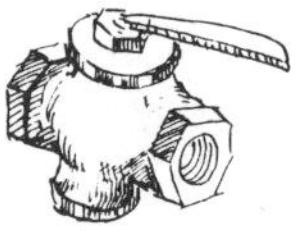
앵 글 밸 브			세 방 향 콕 크 3—Way Cock	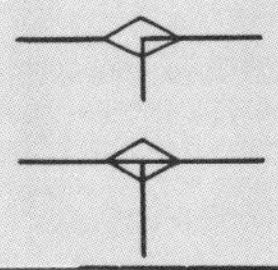	

名　　称	記　号	図　　解	名　　称	記　号	図　　解
Puckless Valve			주 형 방 열 기 표시형식	쪽수 / 종별·형상 / Tapping ; 20 / II－700 / ¾ × ½	
압　력　계			세주형방열기 표시형식	쪽수 / 종별·형상 / Tapping ; 20 / 5－700 / ¾ × ½	
연 성 압 력 계			벽걸이형방열기 표시형식	수평형 4 / W－H / ¾ × ½ ; 쪽수 / 종별·형상 / Tapping ; 세로형 5 / W－V / ¾ × ½	
온　도　계			Filet 부착방열기 표시형식	1m형 3 / G－1 / ¾ × ½ ; S형 4 / G－S / ¾ × ½	
주　　형 세주형 방열기			Cabinet-heater 표준형식	환산방열면적 / 형식×폭×높이 / Tapping ; C－1000 / F×220×800 / ¾ × ½ ; EDR－4.75m² 또는 EDR 4.75m²	
벽걸이형방열기 （벽 걸 이）			Base-board heater 표시형식	Element의 길이 환산방열면적 / 종별×크기×핀피의치×단수 / 태핑 ; B－2500 / 50×108″×6×2 / 1 × ½ ; CL－3000 EDR－10.0m² CL 3000 또는 EDR 10.0m²	
벽걸이형방열기 （수　　평）			송 풍 도 단면		
주물형콘벡타			배기풍도단면		
cabinet-heater （케비네트히타）			배기풍도단면		
Baseboard-heater （베스보드히타）			송 풍 도 단면		

名　　　称	記　号	図　　解	名　　　称	記　号	図　　解
풍　　　도	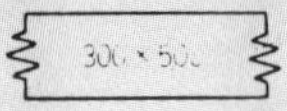 300×500	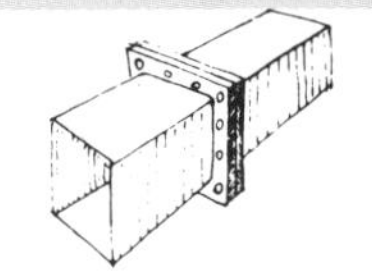	분류 Damper 합류 Damper	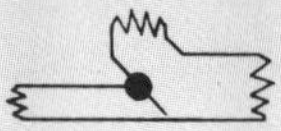	
풍　　　도	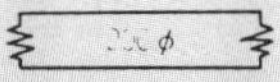 250φ	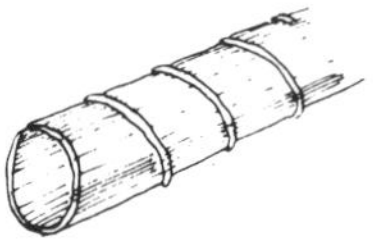	방화 Damper		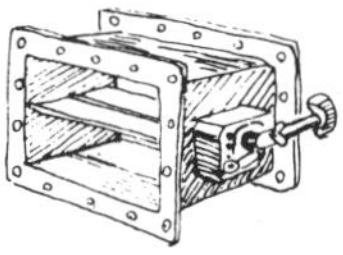
벽 송 기 구	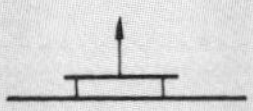	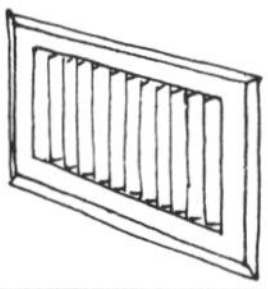	배기 Gallery	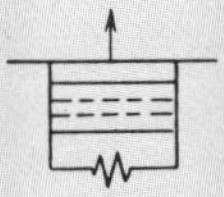	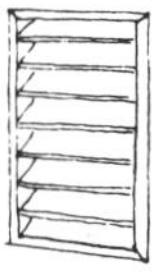
벽 배 기 구			흡기 Gallery	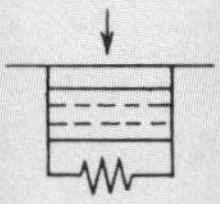	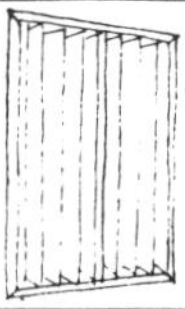
천 정 송 기 구		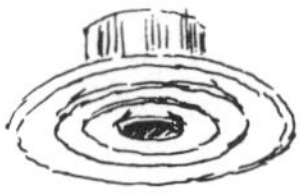	노즐형송기구 (Nozzle)		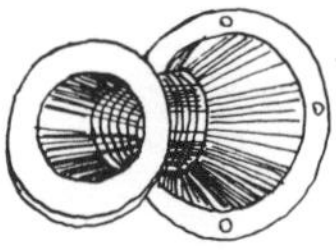
천 정 송 기 구			canvas이음새		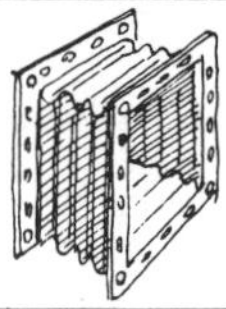
천 정 배 기 구		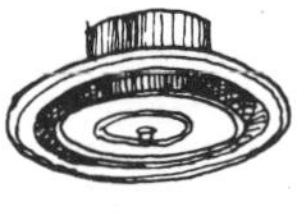	Vane		
천 정 배 기 구	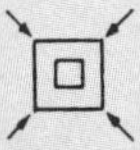	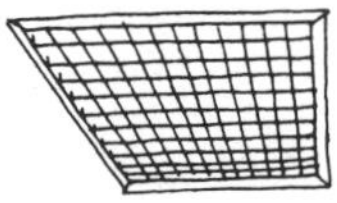	Vane		
풍량조절 Damper			고압증기 Trap		
풍량조절 Damper			저압증기 Trap		

名　　称	記　号	図　　解	名　　称	記　号	図　　解
Heating-coil		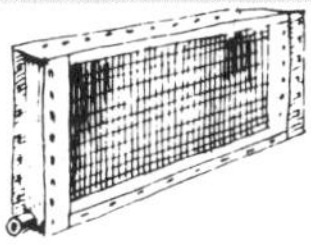	Heating Cooling-Fan-coil-Unit (세로형)		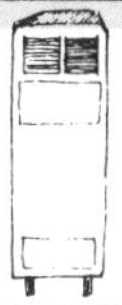
Cooling-coil	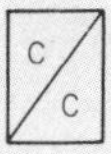	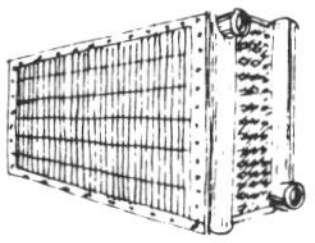	Heating Cooling Fan-coil-Unit (가로형)	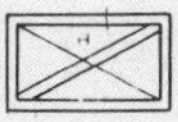	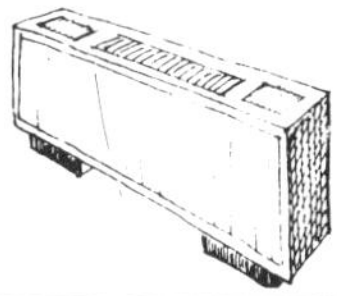
직접팽창형 Coil	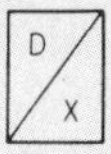	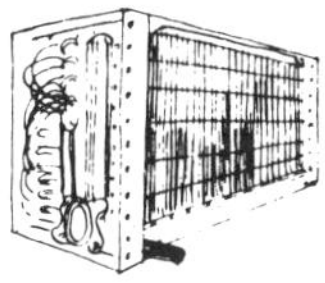	수동팽창밸브		
Heating-cooling coil		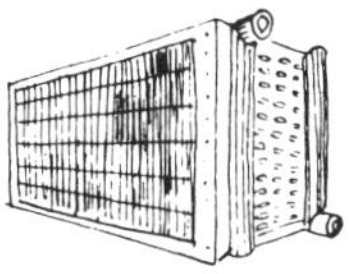	자동팽창밸브	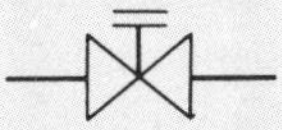	
Heating Fan-coil-Unit (세로형)			고압압력스위치	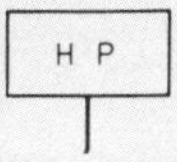	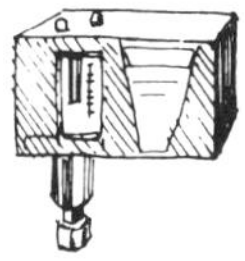
Heating Fan-coil-Unit (가로형)	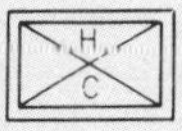	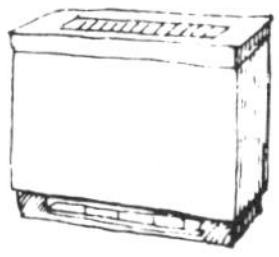	저압압력스위치	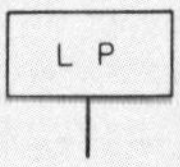	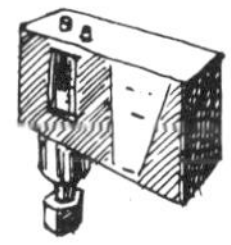
Cooling Fan-coil-Unit (세로형)	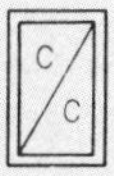	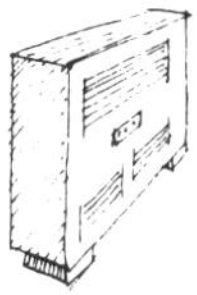	고저압압력스위치	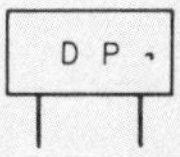	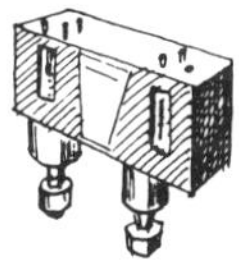
Cooling Fan-coil-Unit (가로형)	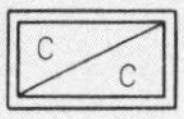	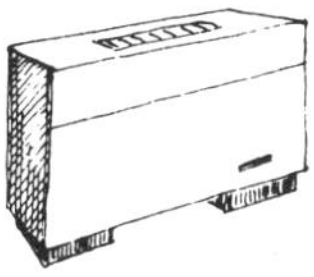	유압보호스위치	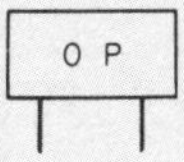	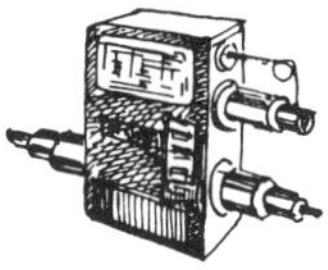
직접팽창형 Fan-coil-Unit (세로형)	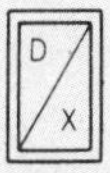		감온통부착 Thermostat	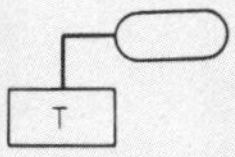	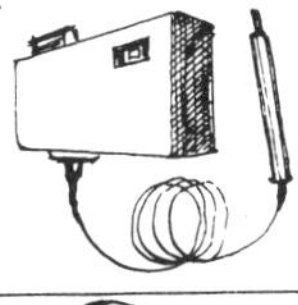
직접팽창형 Fan-coil-Unit (가로형)	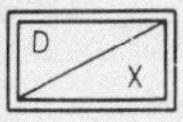	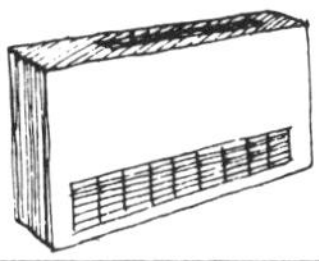	감온팽창밸브	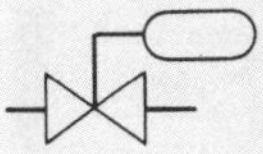	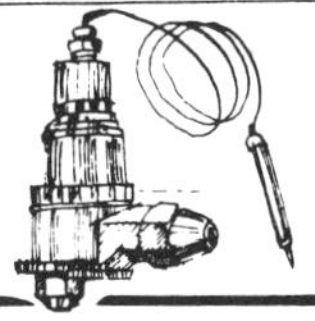

名　　称	記　号	図　　解	名　　称	記　号	図　　解
자동제수밸브			온도조절기 (실내형)	T	
Flexible 이음새			온도조절기 (실내형)	T	
가로형수액기			온도조절기 (실내형)	T	
세로형수액기			온도조절기 (소형 unit 용)	T	
왕복압축기			온도조절기 (삽입형)	T	
Shell Coil 식 수냉응축기 (Condenser)	C		온도조절기 (삽입형, 지시형부착)	T	
Shell Tube 식 수냉응축기	C		온도검출기 (실내형, 전자식)	T	
건식수냉각기	E		온도검출기 (삽입형, 전자식)	T	
만액식수냉각기 (Flooded Type)	E		로점온도검출기 (전자식)	T (DP)	
Dryer			습도조절기 (실내형)	H	

名　　称	記　号	図　　解	名　　　称	記　号	図　　解
습 도 조 절 기 (실내형)	H		전 자 밸 브 (Dia-Frame식)	SV	
습 도 검 출 기 (전자식)	H		Unit형전동밸브	MV	
전동 2 방향밸브	MV		전동 Damper (평행형)	MD	
전동소형2방향밸브	MV		전동 Damper (대향형)	MD	
전동 3 방향밸브	MV		원격(遠隔)설정기	Q	
전동소형3방향밸브	MV		전자관 Panel	P	
공동(空動)2방향밸브	PM V		릴　레　이 (Relay)	R	
공동(空動)2방향밸브	PM V		전원 Trans (변압기)	Tr	
Unit형공동(空動) 밸브	PM V		제어용 Motor	M	
공동(空動)소형3방 향밸브	PM V		스타프콘트롤 (제어용 Motor부착)	M SC	

名　　称	記　号	図　　解	名　　称	記　号	図　　解
급 수 주 철 관			소 화 수 관		
급 수 연 관	13-L		Sprinkler 주관	-S-S-	
급수석면시멘트관	100-A		GAS 공급관	-G-G-	
급 탕 송 관			관A가 도면에 직각으로 앞으로 굽혀진 것을 표시하는 경우	A	
급탕되돌림관			관B가 앞에서 도면에 직각으로 굽어있는 것을 표시하는 경우	B	
배 　수 　관			관C가 앞에서 도면에 직각으로 굽어서 관D에 접속하는 것을 표시하는 경우	C　　D	
통 　기 　관	- - - - - -		세 　로 　관		
배 수 주 철 관			Pipe-Anchor		
배수콘크리트관	150-C		Frange		
도관 (오지토관)	100-T		Union		

名　　称	記　号	図　　解	名　　称	記　号	図　　解
곡 관(曲 管)		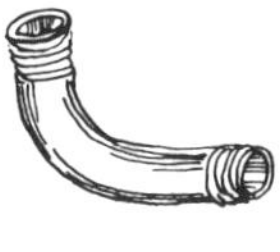	90° 곡 관		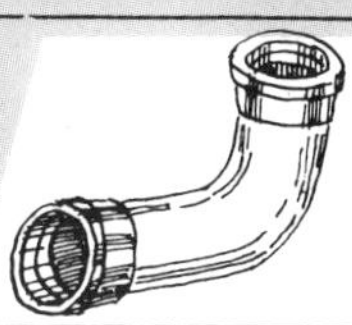
90° Elbow	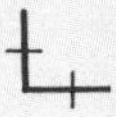		45° 곡 관		
45° Elbow			2 수 J 자 관		
(Tee)			3 수 J 자 관		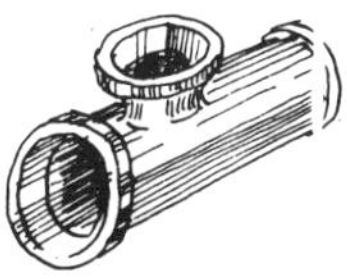
벙어리 Frange (Plug)			3 수 + 자 관	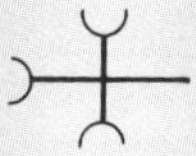	
십　　자	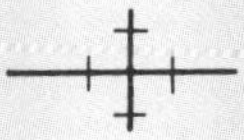		수 차 편 낙 관 (受差片落管)		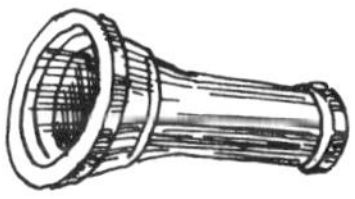
Cap			차 수 편 낙 관 (差受片落管)		
Bushing		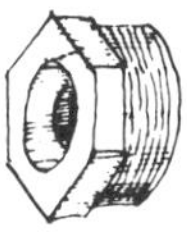	90° 쌍 수 곡 관	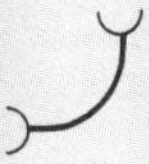	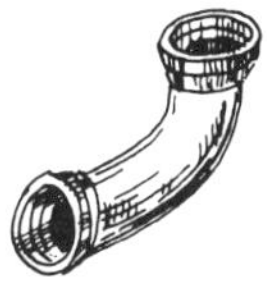
Nipple		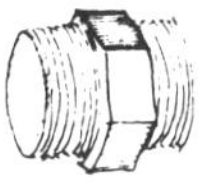	제수밸브부관(갑)	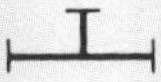	
Socket		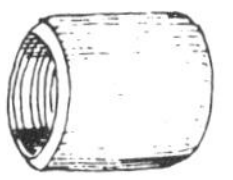	소화전용(갑)관	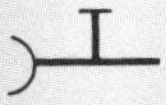	

名 称	記 号	図 解	名 称	記 号	図 解
소화전용(을)관	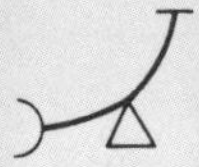		45° 곡 관		
소화전용(병)관		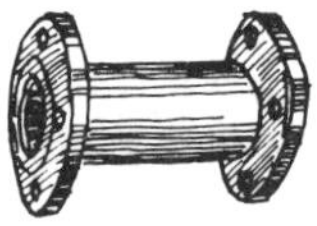	Y 관	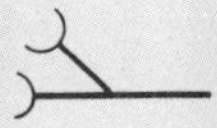	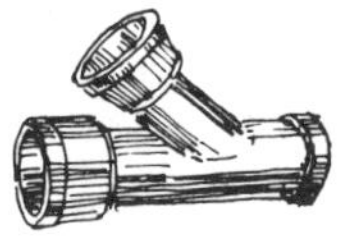
드 레 인 관			쌍 Y 관	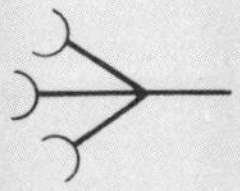	
이 음 링		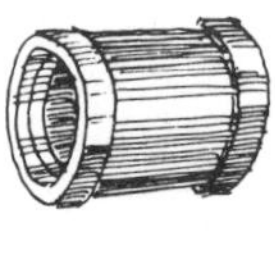	90° Y 관	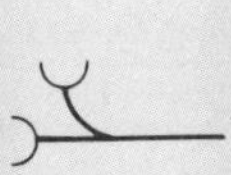	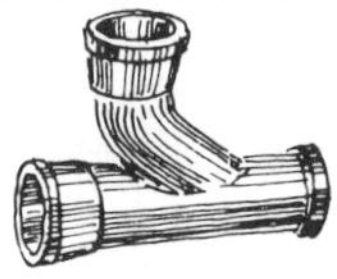
단관(甲 1 호)		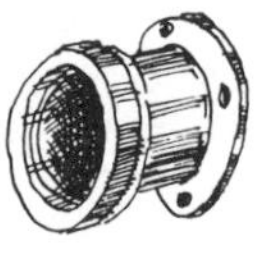	배 수 T 관	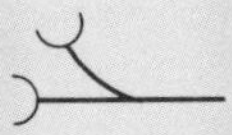	
단관(乙 1 호)		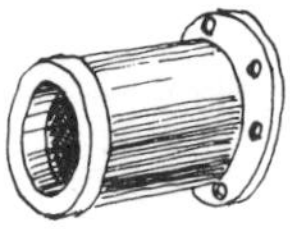	배 수 쌍 T 관	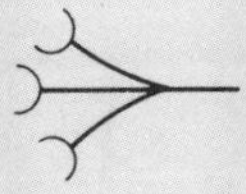	
모 갑(帽 甲)		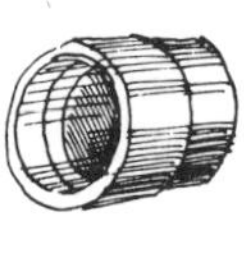	통 기 T 관		
나 팔 구			편낙관(片 落 管)	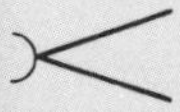	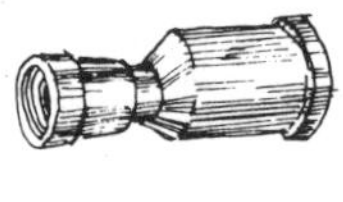
90° 단 곡 관		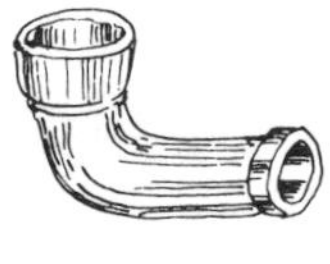	U. Trap	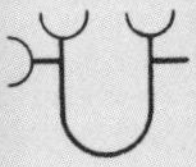	
90° 장 곡 관		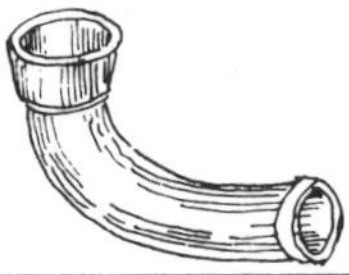	이 음 링	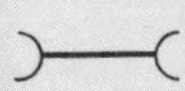	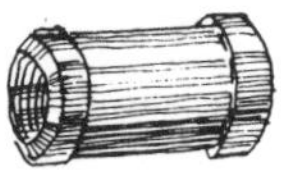

名　　称	記　号	図　　解	名　　　称	記　号	図　　　解
편낙배수 T 관			90° 쌍　　Y		
통기구부착 90°Y 관			90° 대 곡　Y		
Frange부착90°Y관			90° 대곡쌍 Y		
업 라 이 트 관			45°　　Y		
편 심 쌍 Y 관			45° 쌍　　Y		
편심90° 쌍 Y 관			Ducker		
90°　Elbow			Increaser		
90° 대곡 Elbow			U　Trap		
45°　Elbow			밸　　　브		
90°　　Y			되돌림 Gate밸브		

名　　　称	記号	図　解	名　　　称	記号	図　解
내돌림 Gate 밸브			Sleeve형신축이음		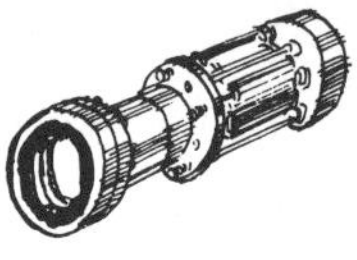
Angle 밸브		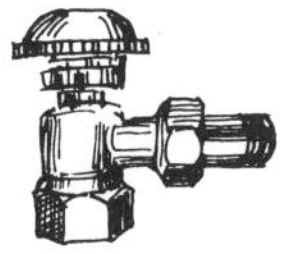	Bellows 형신축이음		
Check 밸브	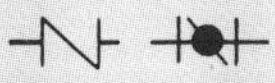		곡관형신축이음		
안 전 밸 브	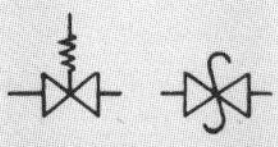	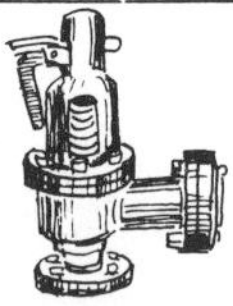	콕 크 (Cock)		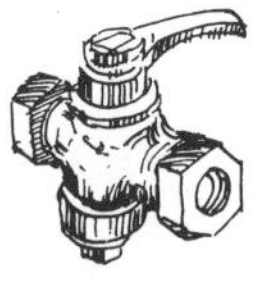
감 압 밸 브	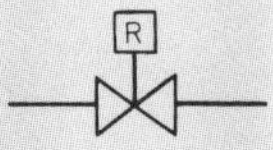		3 방 향 콕 크	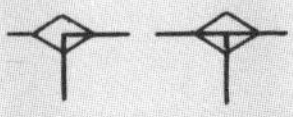	
온도조정밸브	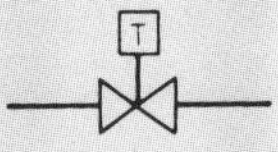	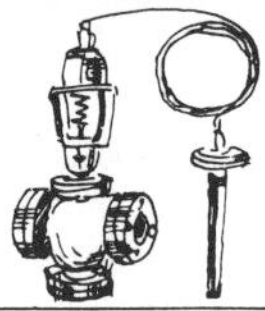	압 력 계	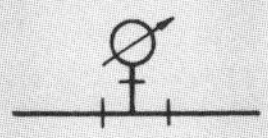	
Dia Frame 밸브			수 량 계	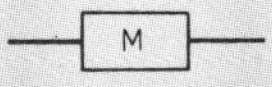	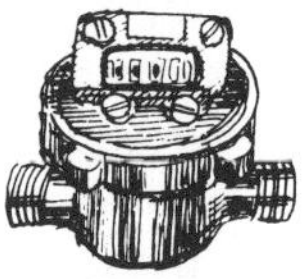
전 자 밸 브			바닥위소제구		
전 동 밸 브			바닥아래소제구		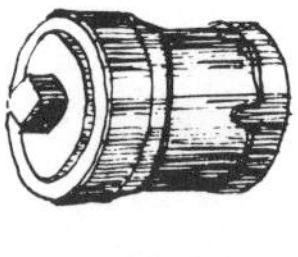
공기빼는밸브		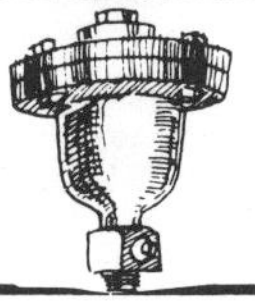	Grease Trap		

名　称	記　号	図　解	名　称	記　号	図　解
기　름 Trap	—(OT)—		Bath Tub	B　B	
바닥배수 Trap	⊘—		세정용 Low Tank	LT　LT	
루프드레인	⊘—		세정용 High Tank	HT	
Trap　통	T　T		대　변　기		
사 설 오 수 통	□　○		대　변　기		
사 설 빗 물 통	⊠　⊗		양　변　기		
공 중 수 채 통	□　◎		소　변　기		
수 도 꼭 지 水栓類(가랑)	⋈　●		Stall 소 변 기		
분 수 음 수 기	□　○ DF　DF		세　면　기	○	
Bath　Tub (베스튜브)	B		수　세　기		

名　　称	記　号	図　　解	名　　称	記　号	図　　解
개　수　기			GAS 꼭지	▲	
청소용개수기	SS		GAS 계량기	GM	
세　정　밸　브			일반수도꼭지		
Bbll-Tap			벽붙이실험실꼭지 Single chemical wall mount faucet		
Shower			세로수도꼭지 Basin cock deluxe		
살수전(撒水栓)			가로자재수도꼭지		
화세전(靴洗栓)			세로자재수도꼭지		
수 탄(水吞) Drinking Fountain			여로(如露)수도꼭지		
목제수도관주			옥 내 소 화 전		
강관, 수 도 관 주			옥 외 소 화 전 (스탠드형)	H	

名　　称	記 号	図　　解	名　　称	記 号	図　　解
옥외소화전 (매 설 형)		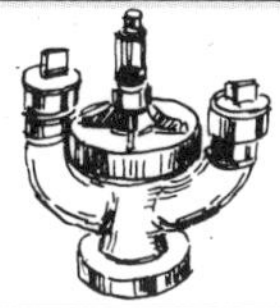	직 선 관 (socket형)		
송　수　구			직 선 관 (Frenge 형)		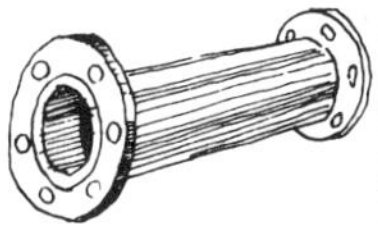
방화전(쌍구)			＋　자　관	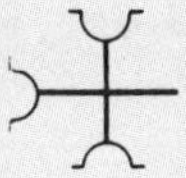	
방화전(단구)			Ｔ　자　관		
GATE 밸브		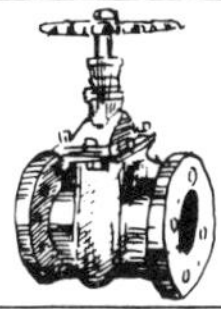	Ｔ 자 관 (소켓형)	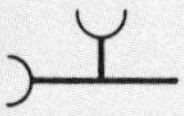	
양　수　기	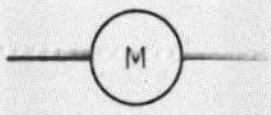		편　낙　관 (片 落 管)		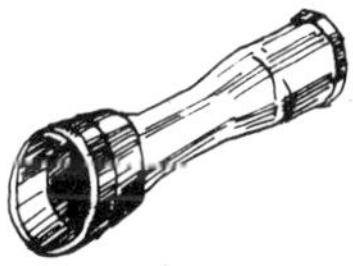
소　화　전	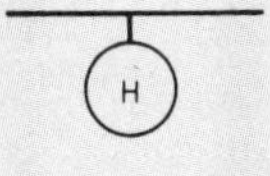		90° 곡 관 (소켓형)		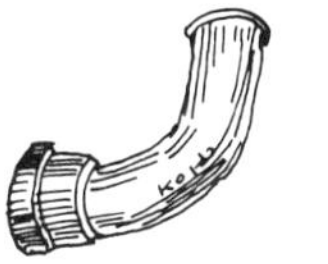
복　월　관 (伏 越 管)	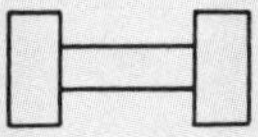	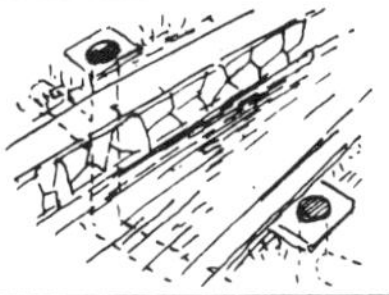	90° 곡 관 (Frange형)		
배수관부착맨홀			乙　자　관	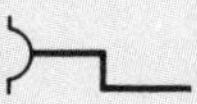	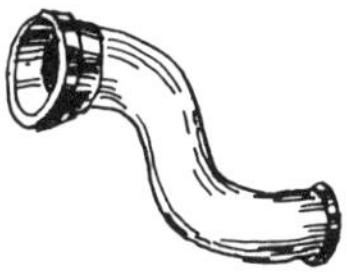
펌　프　장			이 음 새 관		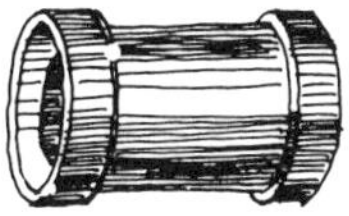

名　　称	記　号	図　　解	名　　称	記　号	図　　解
단　　관 (甲)			화재경보설비 수신기(표시기)		
단　　관 (乙)			화 재 경 보 등	Ⓛ	
차 동 식 Spot형 감 지 기			표 시 판		
보 상 식 Spot형 감 지 기			경　　보 누름Button		
정 온 식 Spot형 감 지 기			배선용전선(일반)		
공 기 관 및 열 전 대 선			배선용전선(2줄)		
감 지 선			접　　지		
자동화재경보 설비의발신기	Ⓕ		단　　자	○　●	
화재경보Bell	F		퓨우즈(Fuse)	(A)　(B)	
화재경보설비 수 신 기			퓨우즈(Fuse)	(A)　(B)	

名　　　称	記　号	図　　解	名　　　称	記　号	図　　解
개　폐　기 (Pull Switch)	S		ス Speaker カ		
전 자 개 폐 기 (Circuit Breaker)	S		화재경보Bell (자동화재경보 설비의발신기)	F (F)	
푸 시 버 튼 (Circuit Breaker push Button)	B		I 형홈용접		
수동자동복귀접점 (누름Button Switch)	a 접점　b 접점		I 형홈용접 (양　측)		
녹　색　등	—(GL)—		V 형홈용접 (기선에 대칭으로 기호를 기재한다)		
적　색　등	—(RL)—		X 형홈용접 (양　측)		
환　풍　기 (환기 FAN)	∞		U 형홈용접 (기선에 대칭으로 기호를 기재한다)		
전　열　기	H		H 형홈용접 (양　측)		
Window 형 Room Cooler	RC		V 형홈용접 (기선에 대칭으로 기호를 기재한다)		
Inter Phone (친)　(자)	t　　t		K 형홈용접		

名　　称	記　号	図　　　解	名　　称	記　号	図　　　解
필 릿 용 접 (연 속)	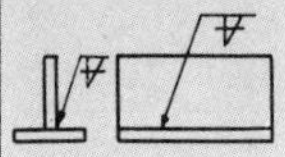		온 둘 레 용 접 (연속필릿용접)	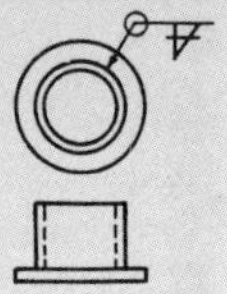	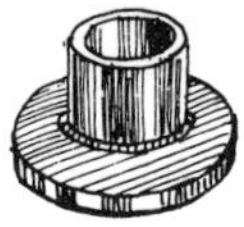
현 장 용 접 (연속필릿용접)	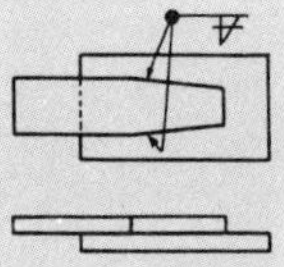	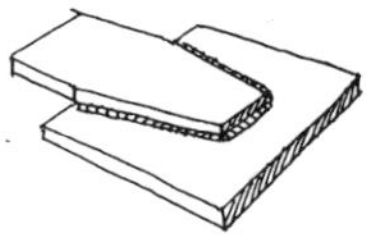	온둘레현장용접 (연속필릿용접)	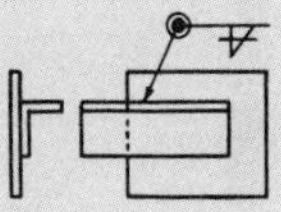	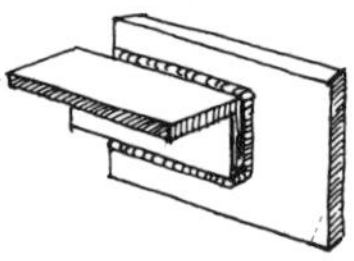

부록 Ⅱ   건축용 약어와 기호표

약 호	원 어	우 리 말 표 기
ⓐ	AT	~에서
A. B.	Anchor Bolt	앵커 보울트
ABBREV.	Abbreviation	약 어
ABS.	Asbestos	석 면
A. C. B.	Asbestos Cement Board	석면 슬레이트관
ACST.	Acoustic	음 향
ACST. PLAS.	Acoustical Plaster	음향 플래스터
ACT.	Actual	실제의
ADD.	Addition	부 기
AGGR.	Aggregate	자갈 (콘크리이트의 골재)
AIRCOND.	Air Conditioning	에어 컨디셔닝
APPD.	Approved	인정하는
ARCH.	Architecture, Architectural	건축 ,건축의
ASRH.	Asphalt	아스팔트
A. T.	Asphalt tile	아스팔트 타일
AUTO.	Automatic	자 동
AX.	Axis	축
B.	Bath Room	욕실
BD.	Board	판
B. H.	Boiler House	독립 보일러실
B. L.	Building Line	건축 기준선
BLDG.	Building	건 물
BLK.	Block	블 록
BLR.	Boiler	보일러
BM.	Beam	보
B. M.	Bench Mark	표준점
B. M.	Bending Moment	휨 모우먼트
BOT.	Bottom	토 대
B. P.	Blue Print	청사진
BR.	Bed Room	침실
B. R.	Boiler Room	보일러실 (옥내)
BRK.	Brick	벽 돌
BRS.	Brass	황 동
BRZ.	Bronze	청 동
BSMT.	Basement	지하실
BT.	Bent	굽 은

약 호	원 어	우리말표기
BT.	Bolt	보울트
C 또는 CL.	Center Line	중심선
CAB.	Cabinet	옷 장
C. B.	Coal Bin	저탄고
CEM.	Cement	시멘트
CEM. MORT.	Cement Mortar	시멘트 모르타르
CEM. P.	Cement Water Paint	물시멘트 페인트
CEM. PLAS.	Cement Plaster	시멘트 플래스터
CER.	Ceramic	사 기
CIG.	Ceiling	천 장
C. J.	Control Joint	컨트롤 조인트
CL.	Closet	골 방
CLA.	Class	반
CLR.	Clear	정확하게
C. O.	Clean Out	청소구
COL.	Column	기 둥
CONC.	Concrete	콘크리이트
CONC. B.	Concrete Block	콘크리이트 블록
CON. C.	Concrete Ceiling	콘크리이트 천장
CONC. F.	Concrete Floor	콘크리이트 바닥
CONST.	Construction	공 사
CONT.	Continuous	연 속
COP.	Copper	구 리
COR.	Corner	모서리
CORR.	Corridor	복 도
CORRG.	Corrugated	골 진
C. T.	Ceramic Tile	사기 타일
C. TO C.	Center to Center	중심에서 중심까지
CTR.	Center	중 심
CTR.	Counter	카운터
CYL. L.	Cylinder Lock	실린더 자물쇠
DET.	Detail	상세도
DIA.	Diameter	지 름
DIM.	Dimension	치 수
DIST.	Distance	거 리
DIST. 또는 DO.	Ditto	앞과 같음
D. J.	Dummy Joint	더미 조인트
DN.	Down	아 래
D. R.	Dining Room	식 당
DR.	Drain	드레인

약 호	원 어	우 리 말 표 기
D. S.	Down Spout	홈 통
DWG.	Drawing	제도 도면
EA.	Each	각 각
EL. 또는 ELEV.	Elevation	압면도
ELEC.	Electric	전 기
ENT.	Entrance	현 관
EQUIP.	Equipment	장비 설비
EST.	Estimate	견 적
E. TO E.	End to End	끝에서 끝까지
EXP.	Exposed	노 출
EXP. BT.	Expansion Bolt	익스팬션 보울트
EXP. JT.	Expansion Joint	익스팬션 조인트
EXT.	Exterior	외 부
F. BRK.	Fir Brick	내화 벽돌
F. D.	Floor Drain	플로어-드레인
F. DR.	Fire Door	방화문
F. H. C.	Fire Hose Cap	소화 호오스 연결구
F. H. W. S.	Flat Head Wood Screw	납작머리 나사못
FIG.	Figure	도 형
FIN.	Finish	끝맺음
FIN. FL.	Finish Floor	끝맺음 바닥
FL.	Floor	바 닥
FND.	Foundation	기 초
F. PRF.	Fire Proof	내 화
FR.	Frame	형 틀
F. S.	Far Side	원 측
F. S.	Full Size	실 측
FT.	Feet, Foot Feet.	피이트
FTG.	Footing	기 초
GA.	Gage	게이지
GALY.	Galvanized	전기 도금한
G. I. S.	Galvanized Iron Sheet	아연 철판
G. L.	Ground Line	지 면
GL. BL.	Glass Block	유리 블록
GRN.	Green	녹 색
GYP.	Gypsum	석 고
HDW.	Hardware	철 물
HGT. 또는 H.	Height	높 이
HOR.	Horizontal	수평의
HTG.	Heating	난 방

약　　　호	원　　　어	우리말표기
I. D.	Inside Diameter	안지름
IN.	Inch	인 치
INCL.	Include	포함하다
INS.	Insulation	절 연
INT.	Interior	내 부
JT.	Joint	조인트
L.	Line	선
L. 또는 LE. 또는 LGTH.	Length	길 이
LAB.	Laboratory	실험실
LAD.	Ladder	사다리
LAV.	Lavatory	세면소
LB(s).	Pound(s)	파운드
LBR.	Lumber	재 목
LEV.	Level	수 평
LINO.	Linoleum	리놀륨
L T.	Light	빛
LVD.	Louvered Door	비늘판 문
MATL.	Material	재 료
MAX.	Maximum	최대의
MEC.	Mechanic	기 계
MECH.	Mechanical	기계의
MET.	Metal	금 속
MH.	Manhole	맨호울
MIN.	Minimum	최소의
MISC.	Miscellaneous	여러가지의
M. O.	Masonry Opening	벽돌 혹은 블록벽돌의 트인
M. PART.	Movable Partition	가동할 수 있는 벽
N. I. C.	Not in Contract	계약에 포함하지 않음
NO.	Nail	못
NO.	Number	번 호
N. S.	Near Side	근 측
N. S.	Non Slip	논 슬립
O. C.	On Center	중심거리
O. D.	Outside Diameter	바깥지름
OFF.	Office	사무실
OPNG.	Opening	개구부
OPP.	Opposite	반 대
O. TO O.	Out to Out	밖에서 밖까지
PARTN.	Partition	분할 구분
PC.	Piece	조 각

약　　　　호	원　　　　어	우 리 말 표 기
PG.	Page	페이지
PLAS.	Plaster	플래스터
PL. 또는 R.	Plate (Steel)	철 판
PLMB.	Plumbing	연판 공사
PLSTC.	Plastic	플라스틱
PNL.	Panel	판 자
POL.	Pollshed	닦은 광택 있는
PR.	Pair	짝
PRMLD.	Premolded	미리 묻어 놓은
P. SL.	Pipe Sleeve	파이프 슬리이브
P. S. I.	Pounds per Square Inch	제곱인치당 파운드
PTD.	Painted	페인트 칠한
R.	Riser	계단 높이
R. 또는 r.	Radius	반지름
RAD.	Radiator	방열기
RD.	Road	길
R. D. REF.	Roof Drain Reference	지붕 드레인
REINF.	Reinforcing	보강한
RF.	Roof	지 붕
RFG.	Roofing	루우핑
RM.	Room	방
RT.	Right	오른쪽
RUB.	Rubber	고 무
SC.	Scale	축 척
SCUP.	Scupper	배수관
SECT.	Section	단 면
SERV.	Service	서어비스
SHT.	Sheet	장
SK.	Sink	개수기
SLV.	Sleeve	슬리이브
S. M.	Surface Measure	표면 측정
SPEC.	Specifications	시방서
SQ.	Square	정사각형
ST.	Stairs	계 단
STD.	Standard	표 준
STG.	Storage	창 고
STL.	Steel	철
STN.	Stone	돌
STR.	Structure	구 조
SUR.	Surface	표 면

약　　　　호	원　　　어	우 리 말 표 기
S. V.	Safety Valve	안전 밸브
SW.	Switch	스위치
SYM.	Symbol	기 호
T.	Toilet	변 소
T. C.	Terra-Cotta	테라코타
TECH.	Technical	기술의
TEL.	Telephone	전 화
TEMP.	Temperature	기 온
TER.	Terrazzo	테라조
THK.	Thickness	두 께
TYP.	Typical	대표적인
UP	Up	위
UR.	Urinal	소변기
VENT.	Ventilate	환기하다
VENT.	Ventilator	환기 장치
VERT.	Vertical	수직의
VEST.	Vestibule	현 관
VOL.	Volume	용 량
W.	Wall	벽 체
W. C.	Water Closet	변 소
WD.	Wood	목재, 나무
W. H.	Water Hole	물구멍
W. HSE.	Ware-House	창 고
WTH.	Width	폭

부록 Ⅲ 현장에서 사용하는 외래어

※ 다음 용어는 표준어가 아니다. 다른 사람이 사용할 때 알아듣기 위해서 참고로 하되 우리 자신이 사용하는 것은 삼가하자.

〔ㄱ〕	
가가도	굽
가가미	거울
가가미이다	양판(兩板)
가게이시기미기사	가경식 믹서
가꼬이	울
가꾸다시	도내기칼
가꾸데쓰보오	각철봉
가꾸멩	모난 면
가구라	농노
가꾸목	각목(角木)
가꾸바시라	네모기둥・사각기둥
가꾸빠이뿌	각파이프
가꾸부찌	문선(門線)・사진틀
가꾸세기	각석(角石)
가꾸아시	모난 다리
가꾸야	가구점・가구공
가꾸이다	각널
가꾸자이	각재(角材)
가꾸항	교반(攪拌)
가기	열쇠
가끼나라시	긁어 고르기
가끼다시	긁어내기
가끼오도시	긁어내기
가끼오도시시아게	줄긋기마무리
가나모노	철물(鐵物)
가나반	쇠숫돌(목수연장)
가네가다	금형
가네고데	쇠흙손
가네기리	쇠톱
가네사꾸	곡자(曲尺)
가다	틀・본・꼴
가다기리	외쪽깎기
가다가리도리	외쪽깎기
가다나가레야네	외쪽지붕
가다도리	본뜨기
가다로꾸	견본책
가다모리	외쪽돋기
가다아시바	외줄비계
가다와꾸	거푸집
가다와꾸이다	거푸집널
가다이다	본판(本板・型板)
가도	모서리
가도가네	모서리쇠・코너비드
가라구사	당초무늬

가라네리	건비빔
가라도	양판문
가라리	루우버
가라스	유리
가라스구찌	오구(烏口)
가라즈미	메쌓기
가랑	꼭지(수도)
가리가꼬이	가설울타리
가리고야	헛간・헛일간
가리구미다데	가조립
가리보루도	가보울트
가리세이산	가청산
가리시메	가조이기
가리지끼	임시깔기
가리요오세쓰	가용접
가리지구도오	가축토
가마	솥
가마찌	울거미
가미이다	지형
가바나	조속기
가베	벽
가베지리	벽쌤
가부리아쯔사	피복두께
가사	진동갓
가사기	두겁대
가사네쯔기데	겹이음
가사아게	돋우기
가사이시	갓돌
가산바이	화산회
가세쓰가키	가설울타리
가세인	카세인
가세쯔고오지	가설공사
가세쯔자이료	가설재료
가스가이	꺾쇠
가스겟도	개스킷
가시메	죄기・눈죽이기
가와라보오	기와가락
가와스나	강모래
가와자리	강자갈
가이깡	애관
가이꼬오부	개구부
가이당	계단
가이시	애자
가주우	하중
가주우시갱	하중시험
가지야	대장간

가쿠코오	확공(擴孔)	고미셍	산지
가쿠테쓰보오	각철봉	고바	좁은면·옆면
가히히시	괴임돌	고바다데	옆세우기
간나	대패	고방가라	바둑무늬
간데라	칸델라	고부다시	혹두기
간소오수우수쿠	건조수축	고쓰자이	골재
간죠	지불·셈·계산	고시	징두리·허리
갓쇼오	ㅅ(시옷)자 보	고시야네	솟을지붕
갭	간격	고야	헛간
게꼬미	챌판	고야구미	지붕틀
게다	보	고야바리	지붕보
게다바꼬	신장	고야스께	날메
게비끼	금쇠·금매김	고오까	경화(硬化)
게쇼오메지	치장줄눈	고고께쓰	응결
게쓰고오자이	결합재	고오데쓰강	강철관
게아게	단높이(계단의)	고오데쓰구이	강철말뚝
게야	부섭집	고오덴죠	우물반자
게야기	느티나무	고오라이	갱내
게이료오렝가	경량벽돌	고오란	난간
게이료오공구리도	경량콘크리트	고오몽	갱문(坑門)
게이사	경사(토목)·물매(건축)	고오바이	물매(건축)·경사(토목)
게지	게이지	고오세끼	경석(硬石)
겐나와	줄자	고오세이게다	합성보
겐노오	쇠메	고오시	격자(格子)
겐노오다다끼	메다듬	고오자이가고오	강재가공
겐노오바라이	메다듬	고오죠오리벳도	공장리벳
겐또	짐작	고오죠오요오세쓰	공장용접
겐바	현장(現場)	고오테이	공정
겐바우찌공구리구이	제자리 콘크리트 말뚝	고오테이효오	공정표
겐바하이고오	현장배합	고와리	오림목
겐세이	견제	곤고오부쓰	혼합물
겐슨즈	현치도	곤와자이료오	혼화재료
겐승	원척도	곤와자이	혼화제
겐승이다	본뜨기판	공고가랑	혼합꼭지
겐찌이시	견치돌	공고오	비비기(혼합)
겐찌이시즈미	견치돌쌓기	공고사	금강사
겟소꾸셍	결속선	공구리	콘크리트
겜마	연마	공구리못	콘크리트못
겡깡	현관	교다이	경대
고까베	실벽(挾壁)	교오도	강도
고구찌	마구리(벽돌의)·마구리(末口)·작은일	교오시타이	공시체
고구찌즈미	마구리쌓기	구강쓰미	공간쌓기
고다다끼	잔다듬	구기	못
고단스	작은장	구라인다	공구연삭기·연마기·그라인더
고데	흙손·납땜인두	구랏사	분쇄기·크럿셔
고데이다	흙받기	구랑구	크랭크
고로	굴대	구로	검정
고로비도에	굴름받이	구로뎃빵	흑철판
고마까시	속임수	구루마	수레
고마이	외	구루미	호도나무
고마이까베	외벽	구리가다	쇠시리

구리뿌	끼우개			
구리시	잡석			〔ㄴ〕
구미꼬	살 (창)		나까가마찌	중간막이
구미다데	짜기 · 조립		나까게다	계단멍에
구미다데기고오	조립기호		나가네	길이 (돌벽의)
구미다데아시	틀비계 · 조립비계		나가네쯔미	길이쌓기
구미도리벤죠	수거식 변소 (收去式便所)		나까누리	재벌바름 (미장) ·
구배	물매 (건축) · 경사 (토목)			재벌칠 (칠)
구사비	쌔기		나가다이 간나	긴대패
구쓰	웰의 끝날		나까마	거간 · 시세
구열	균열		나가시	개수기
구우게키	공극 (空隙)		나가시다이	개수대
구운반셍	누구린 철선		나까오시	불계 (不計)
구이	말뚝		나까치기	속치기
구이우찌	말뚝밖기		나가호조	긴장부
굿사구기	굴착기		나게야리	도급주기
권척	줄자		나나메	사선 (斜線)
규우게쓰세멘도	급결시멘트		나나메자이	사재 (斜材)
규우게쓰자이	급결제		나라까시	떡갈나무
규우고자이	급경제		나라비	줄
규우스이강	급수관		나라시	고르기
규우스이젠	급수전		나마꼬이다	골함석
그라이시바	금잔디		나마리	납 (鉛)
그린	녹색		나마시	소둔
기가다	목형		나미	보통 2mm유리
기까이네리	기계비빔		나미날합판	치장합판
기고데	나무흙손		나오시	고침질
기도리	마름질		나와바리	줄쳐보기
기레빠시	조각 · 잔토막		나이깡	뇌관
기레쓰	균열		나이교오	내업 (內業)
기리	송곳		난네리	묽은비빔
기리까이	바꾸기		난세키	연석
기리꼬미	덤핑 (입찰의)		낫도	너트
기리꼬	다이아몬드무늬		네꼬	굄
기리기자미	바심질		네꾸아시	개다리발
기리도리	깎아내기 (땅깎기)		네다	장선 (長線)
기리바리	버팀기둥 · 버팀대		네다우게	장선받이
기리이시	다듬돌		네당빠이뿌	환수관 (換水管)
기리이시쯔미	다듬돌쌓기		네리	비빔
기리즈마	박공 (朴工)		네리가다	비비기
기리즈마가베	박공벽		네리나오시	거듭비비기 · 다시비빔
기리즈마야네	박공지붕		네리부네	비빔상자
기무네	나사송곳		네리삽	비빔삽
기소	기초		네리쯔미	찰쌓기
기소고오지	기초공사		네리하꼬	비빔상자
기준뎅	기준점		네무	이름
기준멘	기준면		네바리	터파기
기즈 (기스)	흠		네쓰미	기초쌓기
기즈리	줄대		네야끼	그슬음
기즈리가베	졸대벽		네이시	밑돌 · 밑창돌
기지뎅	기지점		네지	나사
기호오공구리도	기포콘크리트		네지마와시	나사돌리개
깅게쯔자이	긴결재		네지테	뒤틀림

넨도	점토 진흙	니마이	두장두께 벽
넷떼루	상표	니방	이번
노가다	토공 (土工)	니부	두푼
노깡	토관 (土管)	니스	니스
노꼬	톱	니승	두치
노꼬기리야네	톱날지붕	니뿌르	니플
노꼬리	나머지	니오로시	짐부리기
노끼	처마	니즈꾸리	짐묶으기
노끼게다	처마도리	니쥬마와시	곱돌리기
노끼다까	처마높이	니쥬우마도	겹창·이중창
노끼도이	처마홈통	니혼	두가닥
노기스	버어니어캘리퍼스	닛빠	니퍼
노로	횟물·시멘트풀		
노로비끼	횟물먹이기		〔ㄷ〕
노리	비탈·해초풀		
노리가다	비탈머리	다가네	끝이넓은날정
노리까이	갈아타기	다까사	높이
노리멘	비탈면	다께와리	반달타일
노리비끼	시멘트풀칠	다꼬	달구
노리시아게	비탈다듬기	다꼬쯔끼	달구질
노리지리	비탈끝	다나	선반
노무리	단풍	다니	지붕골
노미	끌	다니기리	모치기
노미구찌	유입구	다니도이	골홈통
노미기리	정다듬	다다기	도드락망치
노바시	늘이기	다데	세로
노보리 삼바시	비계다리	다데가마쩨	선내·세로틀
노뿌	손잡이·노브애자	다데꼬	수직갱도
노부찌	반자틀대	다데구	창호 (窓戸)
노비	늘음	다데구가나모노	창호철물
노즈라	거친면·제면	다데구고오지	창호공사
노지	지붕널·개판	다데구야	창호공
노지이다	지붕널·개판	다데도이	선홈통
논스리뿌	미끄럼막이·논슬립	다데마에	세우기
누끼	꿸대·빼냄	다데메지	세로줄눈
누끼다이	깔판	다데보	세움대
누노기소	줄기초	다데와꾸	선틀
누노마루타	나사돌리개	다루끼	서까래·붙임대
네지테	뒤틀림	다루끼와리	서까래나누기
넨도	점토 진흙	다루마스위치	애자개폐기
넷떼루	상표	다마	구슬
누끼다이	깔판	다마부찌	구슬선
누노기소	줄기초	다마이시	호박돌
누노마루타	비계띠장	다마쟈리	구슬자갈
누노보리	줄기초파기	다메마스	수채통
누리까에	재칠	다보	꽂임 (촉)
누리시로	바름두께	다뿌방	단자판
누리지	바름바탕	다시방	앞서랍
뉴에끼	유액	다이	대
니까와	아교	다이까렝가	내화벽돌
니고부	이오토막	다이꼬바리	양면붙이기
니다에	짐받이	다이꼬오도시	양면치기
		다이꾸	대목

다이나모미타	동력계	도꼬시메	바닥다짐
다이루	타일	도고오	토공 (土工)
다이루고오지	타일공사	도고오지	토공사
다이알	다이얼	도구루마	문바퀴
다이와	밑둘레	도꾸이	단골
다찌아기리	치올림	도노꼬	토분 (土粉)
단다이간나	짧은대패	도노꾸누리	토분먹임
단도리	마련	도다나	선반
단멘즈	단면도	도다이	토대 (土台)
단스	옷장	도당	함석
담뿌도라꾸	덤프트럭	도도리	객토 (客土)
담뿌카	덤프카	도도리바	토취장
답바	높이	도도메	흙막이 (防築)
답뿌	탭	도라무	드럼
당까	들것	도라무미기사	드럼 믹서
당고오	담합 (談合)	도라뿌	트랩
당기리	층단깎기	도라이바	나사돌리개
데꼬	지렛대	도라스	트러스
데꼬보꼬	오목볼록	도락다아	트럭터
데끼다까	기성고	도란스	변압기
데나오시	재손질	도레라	트레일러
데네리	삽비비기	도로꼬	트로이차
데마	품	도로바꼬	흙상자
데마도	내달이창	도로뿌함마	떨공이
데마쩨	대기	도리쯔게	붙이기
데모도	조력공	도마	다짐바닥
데보리	손파기	도메	연귀 (燕口)
데뿌	테이프	도보꼬자이료오	토목재료
데쓰이다	철판	도보꼬고고가	토목공학
데우쩨	손치기·인력치기	도보꾸료	두끼비집
데즈라	출역 (出役)	도비	비계공
데쯔가부도	안전모	도비이시	디딤돌
데쯔고오시	쇠창살 (鐵格子)	도사죠	사토장
데즈리	난간·난간두겁	도사	토사 (土砂)
데즈리파이프	난간관·난간파이프	도소고오지	칠공사
덴마도	천창 (天窓)	도아다리	문소란
덴바	윗면	도아다리사꾸리야	문받이턱
덴아쓰	전압 (轉壓)	도오고오	도갱 (導坑)
덴자이	채움재	도오자시	충도리
덴죠가와	모래내	도오카센	도화선
덴죠오	천정·천장	도와꾸	문틀
덴지	전지	도이	홈통
덴찌	회중전등	도이시	숫돌
뎃고쓰고오지	철골공사	도죠오	양토 (土粉)
뎃낑	철근	도죠오	양토 (壤土)
뎃낑고오지	철근공사	돈내기	도급·하청
뎃낑공구리도	철근콘크리트	드리루	드릴
뎃빵	철판		
도가다	토공 (土工)		〔ㄹ〕
도카이	등외벽돌	라스	철망
도깡	토관 (土管)	라셍뎃낑	나선철근
도꼬보리	터파기	라이닝구	라이닝

라이칸	뇌관	리와인딩	되감기
라이트	조명	리쯔멘즈	입면도
라지에타	방열기	리카피	복사 (recoppy)
란낑간나	썰매대패	릴	두루마리
란쯔미	막쌓기 (亂積)	릴리프밸브	안전밸브 (relief valve)
람마	고창 (高窓)	링구	링 (ring)
랩핑	포장		
레바	손잡이 · 레버		〔ㅁ〕
레베루	레벨 · 수평 · 수준기	마가리	꼬부림
레에기	쇠갈퀴	마가리요쯔메	곡사
레에루	레일	마고우께	재삼도급
레지스타	저항기	마구라기	침목 (枕木)
레키세이	역청	마구사	웃인방
렝가	벽돌	마구사바리	인방보
렝가고데	벽돌흙손	마꾸라	받침목
렝가고오지	벽돌공사	마그네트	자석
렝가망치	벽돌망치	마그네트보당	기동단추
렝가와리	벽돌나누기	마끼까이	되감기
렝가죠오	벽돌구조	마끼다네	라이닝 (lining)
렝가쯔미	벽돌쌓기	마끼도리	두루마리 · 감개
로가	여과	마끼	두루마리 · 권 (卷)
로가기	여과기	마기리	엘보우 (elbow)
로가마구	여과막	마끼자꾸 · 마끼자	테이프자
로가스나	여과모래	마다구기	거멀못
로가자이	여과재	마도	창
로가지	여과지	마도다이	창대
로꼬부가꾸	육푼각	마도리	간살잡기
로꾸부이다	육푼널	마도메	막음질
로꾸인치브로꾸	육인치블록	마도와꾸	창틀
로그	원목	마루	둥근
로끼	처마	마루간나	원형대패
로라	로울러 (roller)	마루내	죽
로라비아링	로울러베어링	마루노꼬	둥근톱
로링	압연 (rolling)	마루노미	둥근끌
로스	손실	마루도	둥근칼
로오까	복도 (corridor)	마루메지	둥근줄눈
료오비라키	쌍여닫이	마루빠찌	원형세면기
루바	루우버	마루뻰찌	둥근펜치 (plier)
루베	입방미터 (m³)	마루메지고데	둥근줄눈흙손
류베	입방미터 (m³)	마루비끼	원목자르기
류우쯔보	입방형	마루맹	둥근면
리구바시	육교 · 구름다리	마루보	둥근봉
리꾸사꾸	배낭	마루오도시	오르내리꽂이쇠
리꾸야네	평지붕	마루다	통나무
리마	리이머 (reamer)	마루다아시바	통나무비계
리빠	니퍼 (nipper)	마루펜	둥근펜
리벳도	리벳	마리옹	멀리온 (mullion)
리벳도데우지	리벳손치기	마바시라	샛기둥
리벳도아나	리벳구멍	마사끼	사철나무
리벳도우지	리벳치기	마사	석비례
리야카	손수레	마사메	곧은결 (grain)
리와인다	되감개	마와리부찌	돌림띠

마이가리	가불	모도구찌	밑마구리
마와리	둘레	모데링구	모델링 (modeling)
마와리부찌	돌림대	모루	줄무늬유리
마즈끼리	간막이벽	모루따루	모르타르
마찌고바	영세공장	모리도	흙쌓기
마호병	보온병	모미지	단풍나무
만땅	가득	모부라	못쓸벽돌
말구 (末口)	끝마무리・끝지름	모요	무늬・상황・형세
맛내끼	바이스	모야	중도리
맛뜨	매트	모자이	모재
망홀	맨호울 (manhole)	모찌고미	안고돌기・떼어맡기
매너 (manner)	태도	모찌다시즈미	내쌓기 (벽돌의)
매취	성냥	모찌오꾸리	까치발
맨션	처택	모타	전동기
메	눈	목소구	목측 (visual observation)
메가네	안경・복스렌치	몽키	몽키스패너 (monkey
메가네이시	구멍돌		spanner) 낙하메・떨공이
메꾸라가베	민벽	무네	지붕마루
메꾸라암거	맹암거・속도랑	무가다	민모양
메꾸라마도	벽창호	무시로	거적
메뉴	식단	무라나오시	고름질
메다 (meter)	계기	무킹공구리도	무근콘크리트 (plain
메가폰	확성기		concrete)
메다데	날세우기	문비	문짝
메다루	금속	문와꾸	문틀
메로메	눈먹임	문하시라	문기둥
메모리	눈금	미꼬미	옆면 (側面)
메쓰부시	틈막이	미가끼판	마강판
메스콘	암코운 (femalecone)	미끼리부찌	선두름
메이다	틈막이대	미끼샤	믹서 (mixer)
메이카	제조회사 (maker)	미끼샤도라꾸	믹서트럭 (mixertruck)
메이크업 (make-up)	치장	미다시공구리도	제치장콘크리트
메지	줄눈	미도리즈	목측도 (目側圖)
메지고데	줄눈흙손	미미시바	갓떼 (eargrass)
메지보	줄눈쇠	미수뻬뻐	물연마지
메지보리	줄눈파기	미쓰모리	견적
메지보오	줄눈대	미즈끼리	물끊기
메지와리	줄눈나누기	미즈가에	물푸기
메쯔부시	틈막	미즈네리	물비빔
메트레스 (mattress)	두꺼운자리	미즈누끼	규준대
멕끼	도금	미즈누끼공 (孔)	물빼기구멍
멘끼	면대	미즈다리	물흘림
멤버	회원 (member)	미즈모리	수평보기
멘나라시	면고르기	미즈다다기	물받침
멘도리	모접기	미즈미가끼	물갈기
멘도리간나	쇠시리대패	미즈시메	물다짐
멘도이다	착고	미즈이도	수평실・수평줄
멘시아게	면마무리	미아이	맞봄 (對面)・맞선
모꾸고오지	목공사		
모꾸네지	나사못		〔ㅂ〕
모꾸렝가	나무벽돌	바겐세일	염가매출
모꾸리	나뭇결 (木理)	바께스	양동이

바꾸라	향나무	보까시	불명
빠나	버어너	보강사꾸리	방풍개탕
빠데	퍼티	보당	단추
빠데도메	퍼티땜	보당핀셋트	고정집게
바란스	균형	보도	보울트
빠루	노루발못빼기	보도시메	보울트죄이기
바르브	밸브	보디	차체·몸통
바리깡	이발기	보로	걸레
바이캇타	바이컷터·절단기	보로꼬	블록
바이다	밑창판(블록제작의)	보루방	드릴머시인
바이또	바이트	보링	보오링
빠이루함마	말뚝해머	보링구	보오링
빠이뿌	파이프·관	보링기까이	보오링기계
빠이뿌렌치	파이프렌치	보오스이자이	보울트죄이기
빠이뿌아시바	파이프비계	보오루답	보올탭
바캉스	휴양	보오스이사이	방수제
바이스다이	바이스대	보오후사이	방부제
박낑	패킹	보오도	보울트
박스	상자·곽	보오고사쿠	방호책
반네루	패널	보이라	보일러
반도	띠·밴드	복스	복스렌치
반도브레이끼	밴드브레이크·띠제동기	본사이	분재(盆栽)
반셍	굵은철선	뽄치	펀치
발근(拔根)	뿌리뽑기	뽈	포올·표적대
발브	밸브	볼베어링	보올베어링
밤바	범퍼	볼방	드릴머시인
빳다	배트	볼트메다	전압기
밧데리	축전지	뽐뿌	펌프
밧데리에끼	축전지액	묘오	리벳
방웃짜	지반고르기	보오꼬오	리벳구멍
뼁꾸	펑크	묘오데우치	리벳손치기
배트	받침대	묘오우치	리벳팅
백라이트	조명	부가가리	품셈
빽미러	뒷거울	부각	내림각
벌류(筏流)	멧목	부라사게	꼬리손잡이
베니다	합판	뿌라구	플러그(plug)
베니야	합판	부라시	솔·브러시
베니야이다	합판	뿌라이야	플라이어
베드	침대	브레끼와야	브레이크와이어·제동줄
베다기소	온통기초(總基礎)	부레끼레바	브레이크레버·제동간
베루도콤베야	벨트콘베이어·피대운반기	부로뼤라	프로펠러
베리마쯔	잣나무	부로커	소개업자
뻬빠	페이퍼·연마지	부록	블록
베스라인	기선(基線)	부리	바퀴
뻬인또	페인트	부싱구	붓싱(bushing)
벤또	도시락	부지	대지
벤딩	구부리기	부토	덮인흙(건축)·포토(토목)
뺀찌	펜치	분빠이	나누기·분배
뻰찌마크	기준점	분산사이	분산제
벵가라	빨강칠·주토	붐	부움·사태
벵기	변기	브리게	함석
뻬끼	페인트	비니루	비닐

비니루카바	비닐커버·비닐덮개	세고오	시공
비아링	베어링	세고오게이각구	시공계획
비젼	미래상	세고오즈	시공도
삔	핀 (pin)	세꼬오난도	시공연도
삔용	피니언 (pinion	세끼사이바고	적재상자
빔	보 (beam)	세끼상	적산
		세끼이다	거푸집널
〔ㅅ〕		세끼자이	석재
		세끼훈	돌가루
사까메	엇결	세루모다	기동전동기
사까메구기	가시못	세리	아아치
사깡	미장공·미장이	세리쓰미	아아치틀기
사깡고오지	미장공사	세멘도간	시멘트건
사게부리	다림추	세이	춤
사게후리이드	춧줄	세이고가쥬우	정하중
사구강기	착암기	세이다	죽널
사구라	벗나무	세이뎃낑	정철근
사구리	짚어보기	세이소오즈미	바른층쌓기
사꾸리	홈파기	세이즈	점토
사라네지고데	평줄눈흙손	세조끼	여과기
사비도메	녹막이	섹가이	석회
사비도메누리	녹막이칠	섹게이구깡	설계구간
사사라게다	따낸옆판	섹게이즈	설계도
사시가네	곡척	센	산지·비녀장
사시꼬미 (죠오)	꽂이쇠·콘센트	센방	선반
사시꾸찌	낄구멍	센죠	세척
사양서	시방서	센토루	아아치받침
사이	재 (才)	센칸	잠함·공기케이슨
사이가시껭	재하시험	셋팅	장치·고정
사이뉴우사쓰	재입찰	소十료오	측량
사이레이	재령	소고쓰자이	굵은골재
사이세끼	부순돌	소데	팔걸이
사이코쓰자이	잔골재	소도비라끼	밖여닫이
사이풀이	재적풀이	소리야네	욱은지붕
사진가꾸	사진틀	소에이다	덧판
사카마키	역라이닝 (inverted lining)	소오보리	온통파기
사카사	인버트 (invert)	소지	청소
산승	세치 (三寸)	소켓도	소켓
산승가꾸	세치각 (三寸角)	솟각구	안식각
살수	물뿌리기	쇼꾸닝	직공
삼방	3번	쇼구멘즈	측면도
삼부	세푼	쇼멘즈	정면도
삿보도	받침기둥	쇼오사이즈	상세도
상	살	쇼오지	장지
샘풀	견본·시료·샘풀	쇼오트	합선
샤꾸리	홈파기	수채공	물푸기
샤꾸리간나	홈파기대패	슈뎃낑	주철근
샤꾸즈에	장척 (長尺)	슈우스이도오	취수탑
샤후드	샤프트 (shaft)·축	슝고오	준공
샷다	셔터 (shutter)	슝고오식기	준공식
샷슈	새시 (sash)	슝고오즈	준공도
서어치라이트 (search-light)	탐조등	쓰까보오	다짐대

스까시	오려내기·도려내기	스이츄우요오세이	수중양생
쓰께가다마	다짐	스이헤이멘	수평면
스께보오	다짐대	스지까이	가새
쓰꾸레이빠	스크레이퍼	쓰찌스데바	사토장
쓰꾸에	책상	스지시바	줄떼
스끄야	직각자	스카시대	실톱대
스기	삼나무	스카시에미	완공
쓰끼가다메	다지기	스케루	축척
쓰기메	줄눈이음쇠	스킨파스	표면닦기
소끼이다	무늬목	스타트다마	점등관
스나	모래	스타프 (staff)	함척·표척
스나까베	모래벽 (砂壁)	스테이지	무대
스다레기리	정줄다듬	스토브	난로
스데공구리	밑창콘크리트	스트링 (string)	줄
스데이시	사석	스틸 (steel)	강·강철
스뎅	스테인레스	스팡	스팬·간사이
스레또	슬레이트	스페아 (spare)	예비
쓰르봐라	덩굴장미	스페아깡	예비통
스리	간유리	스포크	바퀴살
스리가라스	간유리·뽀얀유리	스폰지	스펀지
스리꼬이	멱임	스프링클러 (sprinkler)	살수기
쓰리보리	구덩이파기	쓴도매	치 (寸) 끊기
스마스끼	테두리애관	승보	치수
스미	먹긋기	승시쩌다루까	1치 7 푼붙임대
쓰미	쌓기	시젠가쥬우	시험하중
스메리도메	미끄럼막이	시껭구이	시험말뚝
스미 갓쇼오	귓자보	시껑보리	시험파기
스미고오바이	귀물매	시꾸이	회반죽
스미기	추녀	시구찌	맞춤
스미끼리	모따기	시그날	신호
스미다시	먹매김	시끼	문지방
스미다이	구석탁자	시끼게다	깔도리
스미바리	귓보	시끼리가베	간막이벽
스미바시라	모서리기둥	시끼빠데	받침퍼티
스미사시	먹칼	시끼이	밑홈대
스미우찌	먹줄치기	시끼지	대지
스미쯔게	먹줄치기	시다가마찌	밑막이
스빠나	스패너	시다고야	일간
스베리도메	미끄럼막이	사다누리	초벌칠
스보기리	평띠기	사다마리	밑둘레
스보리	온통파기	시다미이다	비늘판
쓰보호리	구덩이파기	시다바	밑면
스사	여물	시다우께	하도급
쓰야게시누리	무광칠	시다우께오이	하도급
쓰야다시	광내기	시다지	바탕
스에구지	밑마구리	시다지고리라에	바탕만들기
스이로	수로	시다지누리	바탕바름
스이미쓰세이	수밀성	시라메지	평줄눈
스이아쓰	수압	시라메지고대	평줄눈흙손
스이준기	수준기	시로	백색
스이준뎅	수준점	시로꾸	4 × 6 재
스이지바	취사장	시로도	무쟁이·기능이 없 는사람

시료오	시료	아라뻬뻬	거친연마지
시링구소켓도	천정소켓	아라이다시	씻어내기
시마이	마감	아라이시	뗀돌
시메	조이기 · 조짐	아라오꼬시	막가리 (rough plowing)
시바	잔디	아라히쟈리	씻은자갈
시보리	조이기	아리다도	앨리데이드 (alidade)
시부	십장	아리호조	주먹장부
시부이지	소란	아마오사에	비홀림
시스이이다	지수판	아마지마이	비아무림 (flashing)
시아게	마무리	아미	그물
시아게 간나	치장대패	아미도	그물문
시요오쇼	시방서	아미후루이	망채
시이트베르또	시이트벨트 · 안전대	아바라낑	늑근
시쥰센	기준선	아시	발
시찌꼬	7 · 5토막	아시가다메	밑둥잡이
시지료꾸	지지력	아시바	비계 · 비계발판
시찌부	7 푼	아시바마루다	비계통나무 · 비계목
시키나라시	펴고르기	아시바이다	발판
시테이교오도	지정강도	아시바자이	비계목
시호코호	동바리	아야	무늬
신다시	심내기	아오리	갈구리걸쇠
신도오기	진동기	아오리도매	문버팀쇠
신슈구조인또	신축이음	아오샤싱	청사진
신쮸우	놋 (쇠) · 황동	아이가끼	반턱
신쮸우부라쉬	놋 (쇠)솔	아이가다	Ⅰ형강
신쓰까	왕대공	아이구찌	맞댐자리
심베기	심벽	아이롱	다리미
심보	축 · 축대	아이롱부라쉬	쇠솔
싱꾸이	회반죽	아이바	돌접촉부 · 돌물림
싱까뻬	심벽	아찌	아아치
싱고오기	신호기	안떼나	안테나
싱고오쇼	신호기	암메다	전류계
싱스미	심먹	안쏙각구	안식각
씽크대	개수대	안젠리쓰	안전율
		안젠가쥬우	안전하중
		안젠벤	안전변
	〔ㅇ〕	알리바이	부재증명
		압가랑	누름전
아까	빨강	앙까	앵커 · 정착
아까렝가	붉은벽돌	앙각	올림각
아까보	짐꾼	앙꼬도이	깔대기홈통
아까징끼	머큐럼	앙교	암거
아게사게마도	오르내리창	앙구르	앵글
아게이시	따낸돌	앙케이트	설문
아나방	구멍철판	앨보	엘보우
아나자라이	구멍가심	야구라	네모틀
아다리	맞닿기	야기리	박공벽
아다마	머리	야끼스기렝가	괄벽돌
아데	덧댐	야나기	버드나무
아데방	버커 (bucker)	야네	지붕
아도가다즈께	끝정리	야네고오지	지붕공사
아도도리	뒤차지	야네마도	지붕창
아라까베	초벽		
아라간나	거친대패		

야네후끼	지붕잇기	오시부찌	누름대
야또꾸	집게	오시이다	밑판
야리가다	규준틀	오시이래	반침
야리꾸리	변통	오야	우두머리
야리끼리	도급주기	오야가다	우두머리
야리나오시	다시하기	오야지	주인
야마	톱니	오오가네	큰 직각자
야마내다	톱니내다	오오까베	평벽
야마도메	흙막이널	오오기리	많이깎기
야마모리	고봉쌓기	오오모리	높이쌓기
야마석수	채석공	오오바리	큰보
야마스나	산모래	오오비끼	멍애
야마쟈리	산자갈	오오헤기	옹벽
야마짓기	무더기쌓기	오이꼬시	앞지르기
야미	암거래	오이와라	짚덮기
야스리	줄	옴메다	저항계
야이다	널말뚝	와까마쓰	소나무
야죠오	야장	와꾸	틀·울거미
야지	야유	와니스	니스
어어스	접지(接地)	와리구리이시	잡석
에노구	그림물감	와리이시	깬돌
에도기리	두모접기	와요단스	일본장
에르보	엘보우	와이어가라스	와이어유리
에아부레끼	에어브레이크·공기제동기	와이어레스	무선
에아함마	에어해머·공기해머	와이어로프	쇠밧줄
엔도쯔	굴뚝	와이어브랏시	쇠솔
엔세끼	연석(綠石)	왓또	와트
연목	서까래	왓또메다	적산전력계
연와	벽돌	왓또아와메다	와트아워메터·적산전력계
연장	공구	요꼬	가로
오가베	평벽	요꼬메지	가로줄눈
오까자이	가로재(橫材)	요꼬하메	가로판벽
오께	나무통	요구찌	오픈렌치
오꾸	안길이	요로이도	비늘문
오니가와라	용머리	요로이마도	비늘창
오도리바	계단참	요모리	더돋기·더쌓기
오리마게멧낑	절곡철근	요비링	초인종
오리보루또	가시보울트	요비셍	예비선
오리쟈꾸	접자(尺)	요세기바리	쪽매널깔기
오비기	멍애	요세무네야네	모임지붕
오비끼	거푸집보	요소데책상	양수책상
오비낑	대근(帶筋)	요오깡	반절(벽돌의)
오비노꼬	줄톱	요오세키하이고오	용적배합
오비멧낑	띠철근	요오죠오	양생
오비데쯔	띠쇠	요오헤키	옹벽
오사마리	아무리기	용인찌부로꾸	4인치 블록
오사에	누름	우께도리	도급
오사에빠데	누름퍼티	우께이이	도급
오사에보	누름대	우께이시	뜬돌
오삽	평삽	우데기	팔대
오스답	나사내기	우라고메	뒤채움
오시다시쯔미	내쌓기	우라고미	뒤채움

우라고메이시	우김돌	이시와다	석면
우라이다	뒤판	이시와리	돌나누기
우료우	우량(雨量)	이시즈미	돌쌓기
우마	발돋음대	이어링	귀걸이
우메꼬미스위찌	매입형스위치	이중마도	이중창
우메다데	메우기	이중와꾸	이중창틀
우메모도시	되메우기	이찌링데구루마	1균수차·외바퀴수레
우시비끼	쇠갈구	이찌마이가베	벽돌한장 두께 벽
우와가마찌	웃막이	이찌마이항	한장반
우와누리	정벌바름·정벌칠	이찌방	1번
우와바리	정벌바름	이찌브베니야	3 mm두께 합판
우인찌	윈치	이게이뎃낑	이형철근
우찌꼬미	부어넣기·콘크리트치기	인쇼오뎅구이	보조말뚝
우찌노리	안목	인찌사시	인치자
우찌누리	초벌바르기	입빠이	잔뜩
우찌도이	안홈통	잉꼬트	강괴·잉곳
우찌마끼	속말기		
우찌바나시공구리또	제치장 콘크리트		

〔ㅈ〕

우찌쓰기메	시공줄눈·시공이음새	자다나	찬장
우찌와께메시사이쇼	내역명세서	자동센방	자동선반
우찌쯔기	이어붓기	자유조방	자유정첩
우키이시	뜬돌	자이료오오끼바	재료둘곳·재료장
운형자	곡선자	자이료오효오	재료표
원구(元口)	밑지름·밑마구리	잔도	잔토
윈찌	윈치	잣세끼	잡석
유까	바닥	쟈가고	돌망태
유까이다	마루널	쟈리	자갈
유까트랩	바닥트랩	쟈바라	돌림띠
유끼도메	눈막이	쟈바라샤워	줄샤워
유니온	이음쇠	전면센방 정	정면선반
유니폼	제복	젠다이	창선반
유루미	느슨하다	젯다이요오세키	절대용적
유우코오스이료오	유효수량	조기(대)	규준대
이게이강	이형관	조방	정첩
이게이뎃낑	이형철근	죠오	자물쇠
이다	널	죠오까쇼오	정화조
이다도	널문	죠오고오	배합(配合)
이다메	널결·무늬결	죠오기(定規)	규준대
이다자이	널재·판재	죠오끼	증기·스팀
이도	우물	죠오끼요오죠	증기양생
이도가다와꾸	이동거푸집	죠오나	자귀
이도노꾸	실톱	죠오방	정첩(丁蝶)
이도마사	가는곧은결	죠오사꾸	수장(修裝)
이로쯔께	색올림(着色)	죠인또	이음새·조인트
이리모야야네	합각지붕	죽척(竹尺)	대자
이모노	주물	쯔까	동바리
이모노가다	주형	쯔게쯔게	맞댄이음
이모노보이라	주철보일러	쯔끼가다메	다짐
이모노시	주물사	쯔끼노리	손끌
이모메지	통줄눈	쯔기데	이음새
이승	한치	쯔기보오	다짐대
이시가기	석축	즈리	버력

쯔리가나모	달쇠(吊鐵)	하께누리	솔칠
쯔리기	달대	하께비끼(시아게)	솔질마무리
쯔리기우게	달대받이	하꼬	감잡이쇠
쯔리덴죠오	반자	하꼬방	판자집
쯔리아시바	달비계(懸飛階)	하꼬조오	함자물쇠
쯔리히모	고패줄	하기기	걸레받이
쯔미오르시	싣고부리기	하나가꾸시	처마돌림
쯔아다시	광내기(光내기)	하라끼	여닫이
쯔야게시누리	무광칠	하라이시	여장
쯔이다	줄눈대	하라이시(張石)	돌붙임
쯔이다데	가리개	하리	보
쯔이쯔까고야구미	쌍대공지붕틀	하리시바	건축:잔디심기·토목:메붙이기
지기리	은장	하리이시	돌붙임
지나라시	땅고르기(地均)	하메고로시마도	붙박이창
지도리	엇모	하바	폭(幅)·나비
지리	벽쌤·벽홈	하바끼	걸레받이
지미쓰	치밀	하시꼬	사닥다리
지방	지반	하시고바리	사다리보
지자이죠오방	자유정첩	하시고바시라	사다리기둥
진조오세끼	인조석(人造石)	하시라	기둥(柱)
진조오세끼고다다끼	인조석단다듬	하시라와리	기둥나누기(柱配置)
진조오세끼누리쓰게	인조석바름	하마스	반토막(벽돌의)
진조오세끼누리	인조석바름	하이킹	배근(配筋)
진조오세끼도기다시	인조석갈기	하이고오교오도	배합강도
진조오세끼아라이다시	인조석 씻어내기	하이고오섹게이	배합설계
		하이낑	배근
〔ㅊ〕		하찌마께(바리)	테두리보(臣梁)
청부	도급(都給)	하찌인치부로꾸	8인치블록
초자(硝子)	유리	하청	하도급
		하후이다	박공널(朴工板)
〔ㅋ〕		한다	땜납
카프	마개	한다고데	납땜인두
캇다	절단기·커터	한다쓰께	납땜(鑞接)
콘베야	컨베이어	한다쯔기데	납땜이음
쿠사비	쐐기	한도루	(철근공사의) 비아벤더
큐승	9치	한도메	반연귀(半燕口)
크로스타이	입자잇기	한바	밥집·가처소
키이	열쇠	한사이	1재
		함마	쇠메
〔ㅌ〕		함마이쯔에	반장쌓기
티가다	T형틀	합바	발파
		핫빠	조각유리
〔ㅍ〕		핫승	8치
파내루	패널	핫빠리	담김공
파이푸	장횟대	헤라	주걱
파이프	파이프·관	호네구미	뼈대(骨體)
파이프렌치	파이프	호리가다	터파기·흙파기
판넬	패널	호리꼬미히끼데	오목손걸이
피트랲	피트랩	호소	장부(柄)
		호오교오야네	모임지붕
〔ㅎ〕		호오즈에	버팀대
하가네	강·강철		
하께	솔		
하께구찌	배출구		

호조미조	가는홈	후앙	환풍기 · 통풍기
호조사미	장부맞춤	훅꾸	갈고리
호꾸낑	부근(副筋)	후쿠코오	라이닝
효오준후누이	표준채	후키쓰케	뿜어붙이기
혼다나	책상	훈도오	추
혼다데	책꽂이	훈마쓰도	분말도
혼바꼬	책장	훗찌	테
혼바시라	본기둥(本柱)	히까에	돌길이
흥아시바	쌍줄비계	히까에바시라	버팀기둥(支柱)
후끼스께	뿜기	히까에시쓰	대기실
후끼쓰께누리	뿜어바르기	히꼬미	안옥음
후끼칠	뿜칠	히꾸이	처반죽
후노리	해초풀(海草糊)	히기다시	서랍
후란스오도시	민고두꽂이쇠	히끼도	외미닫이
후란지	플랜지	히끼와께	쌍미닫이
후레도메	대공밑잡이	히끼찌가이	미서기
후로링	플로어링	히끼찌가이도	미서기문
후리도바	문틀홈	히끼찌가이마도	미서기창
후미즈라	디딤바닥	히라	면(벽돌의)
후세즈	평면도 · 기초평면도 · 지붕평면도	히로고마이	평고대
		히사시	채양
후시도메	옹이땜	히즈꾸리	화조(火造)

구독법(인치자)

일본식

$\frac{1}{64}''$ 이찌링, 니모고시		$\frac{5}{8}''$ 고부	
$\frac{1}{32}''$ 니링고모		$\frac{3}{4}''$ 로꾸부	
$\frac{1}{16}''$ 고링		$\frac{7}{8}''$ 나사부	
$\frac{1}{8}''$ 이찌부		$1''$ 이찌인치	
$\frac{3}{16}''$ 이찌부 고링		$1\frac{1}{4}''$ 이찌인치 니부 (인치니부)	
$\frac{1}{4}''$ 니부		$1\frac{1}{2}''$ 이찌인치 욘부 (인치항)	
$\frac{3}{8}''$ 산부		$2''$ 니인치	
$\frac{7}{16}''$ 산부 고링		$10''$ 쥬인치	
$\frac{1}{2}''$ 욘부		$20''$ 니쥬인치	
$\frac{9}{16}''$ 욘부 고링		$100''$ 햐꾸인치	

구독법(척관법)

일본식

1푼(分) 이찌부		1치(寸) 잇승	
2푼(分) 니부		2치(寸) 니승	
3푼(分) 산부		3치(寸) 산승	
4푼(分) 욘부		4치(寸) 욘승	
5푼(分) 고부		5치(寸) 고승	
6푼(分) 로꾸부		6치(寸) 록승	
7푼(分) 히찌부 · 나나부		7치(寸) 나나승	
8푼(分) 하찌부		8치(寸) 핫승	
9푼(分) 큐부		9치(寸) 큐승	
$3\frac{1}{2}$푼(分) 산부고링		$8\frac{1}{2}$치(寸) 핫승고부	
3.5푼(分) 산부고링		8.5치(寸) 핫승고부	

알기 쉬운
건축설계도 그리는 법

1983. 2. 5. 초 판 1쇄 발행
2023. 4. 12. 초 판 31쇄 발행

저자와의
협의하에
검인생략

엮은이 | 편집부
펴낸이 | 이종춘
펴낸곳 | **BM** (주)도서출판 **성안당**
주소 | 04032 서울시 마포구 양화로 127 첨단빌딩 3층(출판기획 R&D 센터)
　　　 10881 경기도 파주시 문발로 112 파주 출판 문화도시(제작 및 물류)
전화 | 02) 3142-0036
　　　 031) 950-6300
팩스 | 031) 955-0510
등록 | 1973. 2. 1. 제406-2005-000046호
출판사 홈페이지 | www.cyber.co.kr
ISBN | 978-89-315-6324-5 (93540)
정가 | 20,000원

이 책을 만든 사람들
기획 | 최옥현
진행 | 이희영
교정·교열 | 문 황
전산편집 | 이지연
표지 디자인 | 박원석
홍보 | 김계향, 뉴비나, 이준영, 정단비
국제부 | 이선민, 조혜란
마케팅 | 구본철, 차정욱, 오영일, 나진호, 강호묵
마케팅 지원 | 장상범
제작 | 김유석

■ **도서 A/S 안내**

성안당에서 발행하는 모든 도서는 저자와 출판사, 그리고 독자가 함께 만들어 나갑니다.
좋은 책을 펴내기 위해 많은 노력을 기울이고 있습니다. 혹시라도 내용상의 오류나 오탈자 등이 발견되면 **"좋은 책은 나라의 보배"**로서 우리 모두가 함께 만들어 간다는 마음으로 연락주시기 바랍니다. 수정 보완하여 더 나은 책이 되도록 최선을 다하겠습니다.
성안당은 늘 독자 여러분들의 소중한 의견을 기다리고 있습니다. 좋은 의견을 보내주시는 분께는 성안당 쇼핑몰의 포인트(3,000포인트)를 적립해 드립니다.
잘못 만들어진 책이나 부록 등이 파손된 경우에는 교환해 드립니다.